"十四五"职业教育国家规划教材

高等职业教育电类在线开放课程
新形态一体化教材

传感器应用技术

应用技术

（第2版）

梁长垠 ○————○ 编著

AR
教学视频

CHUANGANQI YINGYONG JISHU

中国教育出版传媒集团
高等教育出版社·北京

内容提要

本书是"十四五"职业教育国家规划教材、高等职业教育电类在线开放课程新形态一体化教材，亦是国家职业教育电子信息工程技术专业教学资源库配套教材。

本书创造性地将 AR 技术与教材内容相结合，将纸质教材、3D 实训电路、视频演示、混合式教学等多种功能融于一体，通过扫码下载 App、扫描识别图，即可享受增强现实带来的全新体验。同时，本书还配有理论微课、实训视频、动画、教学课件等多种教学资源，可通过配套的在线开放课程网站进行学习，具体的使用说明请见"智慧职教"服务指南。

全书分为 8 个项目，涵盖了传感器的基础知识与常用传感器的应用，分别介绍传感器基础知识、温湿度传感器、光敏传感器、力敏传感器、超声波传感器、磁敏传感器、气敏传感器、无线传感器网络技术等内容。对各类常用传感器，在引入知识的基础上，详细介绍各种传感器的结构、特性与工作原理，并给出相应传感器典型的应用案例。本书结合全国大学生电子设计大赛、全国职业院校技能大赛等对传感器技术与应用的要求，通过引入典型、实用、趣味的项目案例加深对传感器选型、应用等方面的技能培养。为进一步提高学生对传感器实际工程应用项目的真实体验，还给出了若干典型传感器综合应用的案例。

本书可作为高等职业本科院校、高等职业专科院校、应用技术大学、成人教育等的电子信息工程技术、应用电子技术、物联网应用技术、嵌入式应用技术、自动控制技术、机电一体化以及相关专业的教学用书，也可作为电子信息类相关专业技术人员自学及企业培训用书。

图书在版编目（CIP）数据

传感器应用技术 / 梁长垠编著. --2 版. -- 北京：高等教育出版社，2023.10（2025.5重印）

ISBN 978-7-04-060476-4

I. ①传… II. ①梁… III. ①传感器 – 高等职业教育 – 教材 IV. ① TP212

中国国家版本馆 CIP 数据核字（2023）第 079080 号

Chuanganqi Yingyong Jishu

| 策划编辑 | 孙　薇 | 责任编辑 | 孙　薇 | 封面设计 | 赵　阳 | 版式设计 | 杜微言 |
| 责任绘图 | 杨伟露 | 责任校对 | 刘娟娟 | 责任印制 | 刘弘远 | | |

出版发行	高等教育出版社		网　址	http://www.hep.edu.cn
社　址	北京市西城区德外大街 4 号			http://www.hep.com.cn
邮政编码	100120		网上订购	http://www.hepmall.com.cn
印　刷	天津鑫丰华印务有限公司			http://www.hepmall.com
开　本	889mm×1194mm　1/16			http://www.hepmall.cn
印　张	16.5		版　次	2018 年 3 月第 1 版
字　数	460 千字			2023 年 10 月第 2 版
购书热线	010-58581118		印　次	2025 年 5 月第 6 次印刷
咨询电话	400-810-0598		定　价	48.80 元

开启 AR
体验式学习

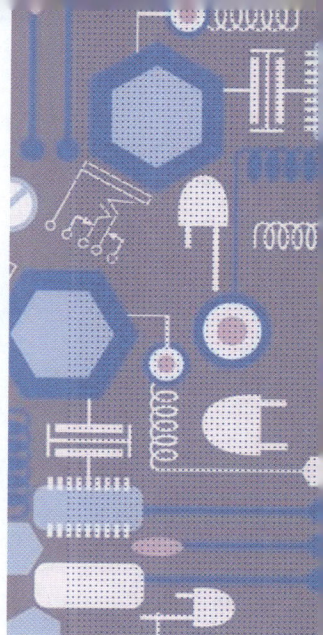

一、本书特色

- 包含 38 个典型、实用、在一般学习环境下可以实现的传感器应用训练项目
- AR 技术应用于书中全部实训教学、传感器工作原理以及应用电路仿真等
- 扫描边栏二维码，轻松观看 AR 视频、微课、动画等资源，随扫随学
- 配有智慧职教平台在线开放课程，方便读者自学、教师搭建 SPOC 及组织翻转课堂教学
- 校企联合开发传感器综合应用创新实训平台

二、本书配套核心资源类型及数量

AR 视频（39 个）　　　　　　　理论微课（74 个）

实训视频（38 个）　　　　　　　教学课件（74 个）

动画（46 个）

三、AR 体验式学习说明

1. 扫描书中 AR 体验二维码，下载驱动程序，安装成功后扫描识别图即可进行 AR 体验式学习。

2. 技术原因，暂时只支持安卓系统扫描安装。

3. 由于每个 AR 体验视频包含实训器材介绍、实训电路介绍、分步实训演示、整体实训演示等多个模块，因此驱动程序包容量较大，建议在 WiFi 环境下下载安装学习。

AR抢先体验：

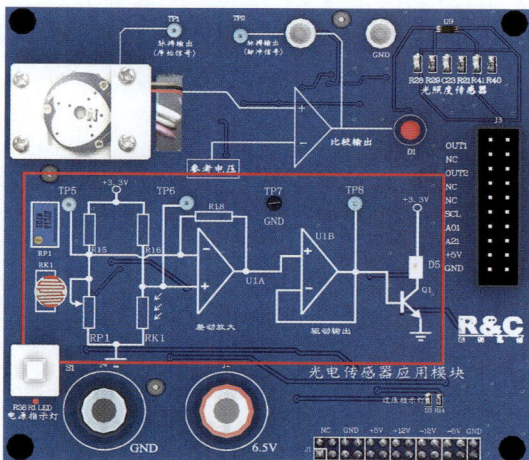

驱动程序二维码　　　　　　　　　光敏电阻感光灯电路 AR 体验识别图

"智慧职教"

服务指南

"智慧职教"（www.icve.com.cn）是由高等教育出版社建设和运营的职业教育数字教学资源共建共享平台和在线课程教学服务平台，与教材配套课程相关的部分包括资源库平台、职教云平台和App等。用户通过平台注册，登录即可使用该平台。

- 资源库平台：为学习者提供本教材配套课程及资源的浏览服务。

登录"智慧职教"平台，在首页搜索框中搜索"传感器应用技术"，找到对应作者主持的课程，加入课程参加学习，即可浏览课程资源。

- 职教云平台：帮助任课教师对本教材配套课程进行引用、修改，再发布为个性化课程（SPOC）。

1. 登录职教云平台，在首页单击"新增课程"按钮，根据提示设置要构建的个性化课程的基本信息。

2. 进入课程编辑页面设置教学班级后，在"教学管理"的"教学设计"中"导入"教材配套课程，可根据教学需要进行修改，再发布为个性化课程。

- App：帮助任课教师和学生基于新构建的个性化课程开展线上线下混合式、智能化教与学。

1. 在应用市场搜索"智慧职教 icve" App，下载安装。

2. 登录 App，任课教师指导学生加入个性化课程，并利用 App 提供的各类功能，开展课前、课中、课后的教学互动，构建智慧课堂。

"智慧职教"使用帮助及常见问题解答请访问 help.icve.com.cn。

前言

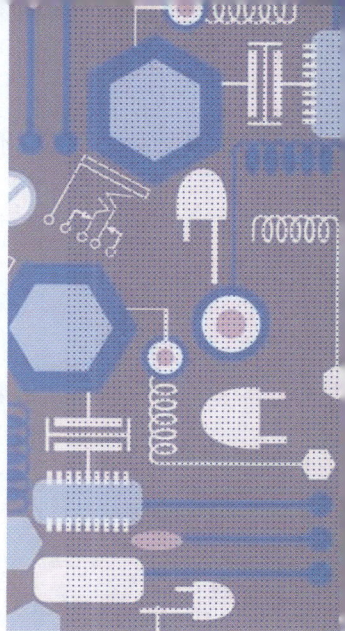

本书是国家职业教育电子信息工程技术专业教学资源库配套教材之一。课程资源丰富，开发有供读者自主学习的资源包，配备有全程理论微课、教学课件、实训视频、动画等，并将最新的现实增强技术（AR技术）应用于课程的全部实训教学、传感器工作原理以及应用电路仿真等相关内容，为自主学习提供真实、有效、沉浸式的学习资源。

传感器种类繁多，分类方法各异。教材重点突出科学性、实用性、趣味性，选取日常生活中容易接触、电子竞赛中频繁使用、实际工作中经常遇到的典型传感器，例如温湿度传感器、光敏传感器、力敏传感器、超声波传感器、磁敏传感器、气敏传感器等作为教学内容。为体现传感器在物联网技术中的应用，在项目8增加了无线传感技术应用内容。教材编排上采取"项目引导、任务驱动"模式，突出"做中学"的基本理念，在介绍每大类传感器知识的基础上，通过引入各子类传感器实用、典型的应用案例作为训练项目。在增加对各子类传感器感性认识的基础上，重点分析各传感器的结构、特性与工作原理，加深对传感器应用技术的理解，符合学习者认识事物的规律。

深圳职业技术学院"传感器应用技术"课程教学团队，经过20多年的教学改革与实践，结合多年的企业项目开发经验与电子设计大赛、职业技能大赛指导经验，与百科荣创（北京）科技发展有限公司联合开发完成了传感器综合应用创新实训平台，该平台采取模块化设计，配备有多路直流稳压电源、数字表头、智能控制器、转速表/频率计、单片机智能显示终端、无线传感器网络通信模块等。单片机系统不仅可以自动识别实训用各种传感器模块，直接用于各种传感器测量电路数据处理与显示，也可以进行进一步编程软件的开发，既满足学习传感器技术所需要开展的38个典型实用的训练项目指导、电路模块，还为学习者提供利用该平台进行创新设计、毕业设计等综合应用。

本书第1版自2018年出版以来，基于广大院校师生的教学及使用反馈，结合最新的课程教学改革成果，并不断优化、完善教材内容，本次修订将反映传感器最新发展的新技术、新工艺、电路仿真等相关内容纳入本书，进一步提升教材的实用性。

为贯彻落实党的二十大精神，结合新一代信息产业的发展趋势，落实好立德树人根本任务，本书通过引入传感器在智慧农业、航空航天、智慧医疗等领域的应用案例，将思政元素有机融入教学内容，让学生体会到社会主义制度的优越性，培养学生的民族自信心、自豪感，激发学生的学习热情与爱国热情。

本书使用学时为64~96学时，其参考学时分配为：项目1建议4~6学时，项目2建议14~20学时，项目3建议12~16学时，项目4建议8~12学时，项目5建议8~12学时，项目 6 建议 8 ~ 12 学时，项目 7 建议 8 ~ 12 学时，项目 8 建议 2 ~ 6 学时。

　　本书由深圳职业技术学院梁长垠教授编著。百科荣创（北京）科技发展有限公司张明伯、石浪、黄文昌、杨贵明等技术人员提供常用传感器在企业实际工程应用、电子设计大赛以及职业技能大赛中的典型应用案例，深圳职业技术学院宋荣、苏全、梁召峰、韩君、张胜宇等老师对本书的编写提供了宝贵的参考意见和课程资源，在此一并表示衷心的感谢。

　　由于时间仓促，编者水平有限，书中难免出现欠妥和考虑不周之处，热忱欢迎读者提出批评与建议。

编著者

2023 年 6 月

目　录

项目 1
传感器认知与测量系统搭建

项目调研

随着科学技术的发展，大数据应用、物联网技术得到迅猛发展，进而带动传感器技术飞速发展。近年来，传感器被广泛应用在工业、农业、国防、环保以及人们生活的各方面。在学习传感器技术应用之前，要求读者通过数字媒体、纸质材料等搜集并归纳总结出传感器在工业生产、智慧农业、智能穿戴、移动机器人、无人驾驶汽车等领域应用的类型与作用，对传感器的使用具备基本的认识与了解。

实施方案

针对智慧农业对温湿度、二氧化碳浓度、光照强度等参数的要求，参考相关资料制订智慧农业常规参数检测与控制系统方案，并对检测与控制过程进行描述。

知识目标

（1）了解传感器的定义与作用
（2）熟悉传感器的组成、分类与基本特性
（3）了解传感器的发展历史与未来发展趋势
（4）掌握测量误差的分类与处理方法

技能目标

（1）能认识常用传感器，并区分不同种类传感器的功能
（2）能用万用表初步检测常用传感器的质量
（3）能搭建简单的传感器测量系统

素质目标

（1）培养学生爱党、爱国、爱社会主义，科技强国的信念
（2）培养学生爱岗敬业、爱护设备、团结合作的职业操守
（3）培养学生严谨、细致、规范的职业素质

（4）培养学生跟踪新技术与创新设计能力

（5）培养学生获取信息并利用信息的能力

任 务 1 认知传感器

学习目标

（1）了解传感器的概念与作用

（2）熟悉传感器的基本组成与分类

（3）了解传感器的发展历史与重点应用领域

（4）掌握传感器的主要特性与选用原则

（5）能借助万用表对常用传感器质量进行初步的检测

1.1 传感器基础知识

1.1.1 传感器的定义与作用

教学课件：
传感器定义与
作用

理论微课：
传感器定义与
作用

1. 传感器的定义

传感器是一种能够感受规定的被测量并按照一定规律转换成可用输出信号的器件或装置。其含义如下：

① 传感器是一种检测器件或测量装置，能完成检测任务。

② 输入量是某一被测量，既可能是物理量，也可能是化学量、生物量等。

③ 输出量是某种物理量，便于传输、转换、处理、显示等，可以是光、电、气等参量，但主要是电参量。

④ 输出、输入之间有对应关系，且应有一定的精确程度。

由于传感器所检测的信号种类繁多，为对各种各样的信号进行检测及控制，就必须获得尽量简单易于处理的信号，这样的要求只有电信号能够满足。电信号能比较容易地进行放大、反馈、滤波、微分、存储、远距离操作等。

因此，传感器又可狭义地定义为：将外界的输入信号变换为电信号的一类元（器）件。

传感器有时又称为变换器、换能器、探测器、检转器等。

2. 传感器的作用

在日常生活中，人们通过五官（视、听、嗅、味、触）接受外界的信息，经过大脑的思维（信息处理），做出相应的动作。

在工业生产、自动化检测与控制系统中，通常由传感器来取代人的五官，用计算机取代人的大脑对传感器感知、变换来的信号进行处理，并控制执行机构对外界对象实现自动化控制。图 1-1 为人与机器系统对比的结构示意图。

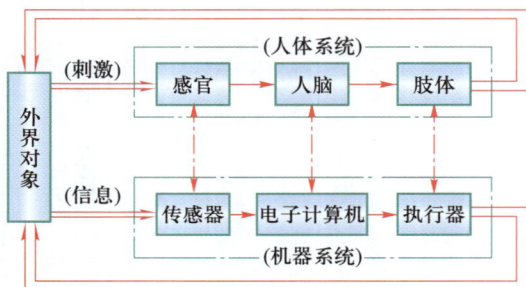

图 1-1　人与机器系统对比的结构示意图

由此可见，传感器是获取自然领域中信息的主要途径与手段。

📖 小常识

传感器的发展史

最早的震动传感器——地震仪，发明于公元 132 年；

1593 年，伽利略发明了气体温度计；

1821 年，德国物理学家赛贝巴将温度转换为电信号，成为后来的热电偶。

1876 年，德国西门子发明了铂热电阻；

20 世纪 30 年代，传感器的研究开始起步；

20 世纪 80 年代，日本将传感器技术列为优先发展的十大技术之首；

美国学术界认为，20 世纪 80 年代是传感器的时代；

我国传感器发展起步较晚，从 1986 年"七五"时期开始才将传感器技术列入国家重点攻关项目；

近几十年来，与传感器技术、科学仪器密切相关的诺贝尔奖获得者达 38 人；

"没有传感器就没有现代科学技术"的观点已为全世界所公认。

思政聚焦：
传感器技术发展与科技革命

1.1.2　传感器的组成与分类

1. 传感器的基本组成

按照传感器的基本定义，传感器实际上是一种功能模块，其作用是将来自外界的各种信号转换成电信号，实现非电量 / 电量的转换。

传感器的组成主要包括敏感元件、转换元件、测量电路、辅助电源等部分，如图 1-2 所示。

敏感元件：敏感元件的作用是直接感受被测量，并输出与被测量成确定关系的某一物理量的元件。例如：应变式压力传感器的敏感元件是弹性膜片，其作用是将压力转换成膜片的变形。

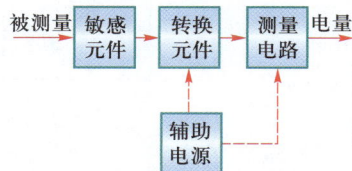

图 1-2　传感器的组成

转换元件：转换元件的作用是将敏感元件的输出转换成电路参量。例如：应变式压力传感器的转换元件是应变片，其作用是将弹性膜片的变形转换为电阻值的变化。

测量电路：测量电路的作用是将转换元件得到的电路参量进一步变换成可直接利用的电信号。

最简单的传感器可以由一个敏感元件（兼转换元件）组成，它感受被测量时直接输出电量，如热电偶。有些传感器由敏感元件和转换元件组成，没有测量电路，如压电式加速度传感器，其中质量块是敏感元件，压电片（块）是转换元件。而有些传感器，转换元件不止一个，需要经过若干次信号转换。

教学课件：
传感器组成与分类

理论微课：
传感器组成与分类

2. 传感器的分类

传感器种类繁多，分类方法各异。常用传感器的分类方法与特性如表 1-1 所示。

表 1-1　常用传感器的分类与特性

分类方法	型式	特性	应用举例
按照构成原理分	结构型	以转换元件结构参数变化实现信号转换	电容式传感器
	物性型	以转换元件本身物理特性变化实现信号转换	热电偶

动画：
结构性传感器原理

分类方法	型式	特性	应用举例
按照基本效应分	物理型	采用物理效应进行转换	热电阻
	化学型	采用化学效应进行转换	电化学传感器
	生物型	采用生物效应进行转换	生物分子传感器
按照能量关系分	能量控制型	从外部供给能量并由被测输入量控制	电阻应变片
	能量转换型	直接由被测对象输入能量使其工作	热电偶
按照工作原理分	电阻式	利用电阻参数变化实现信号转换	电阻应变片
	电容式	利用电容参数变化实现信号转换	电容式传感器
	电感式	利用电感参数变化实现信号转换	电感式传感器
	热电式	利用热电效应实现信号转换	热敏电阻
	压电式	利用压电效应实现信号转换	压电式传感器
	磁电式	利用电磁感应原理实现信号转换	磁电式传感器
	光电式	利用光电效应实现信号转换	光敏电阻
	光纤式	利用光纤特性参数变化实现信号转换	光纤传感器
按照工作时是否需外接电源分	无源式	工作时不需要外接电源	压电式传感器
	有源式	工作时需要外接电源	应变式传感器
按照输入量分	温度	按照被测物理量，即按照用途分类	温度传感器
	压力		压力传感器
	流量		流量传感器
	位移		位移传感器
	角度		角度传感器
	加速度		加速度传感器
	⋮		⋮
按照输出信号类型分	模拟量	输出量为模拟量	应变式传感器
	数字量	输出量为数字量	光栅式传感器

按照物理原理，传感器还可分为如下种类。

电参量式传感器：电阻式传感器、电感式传感器、电容式传感器等；

磁电式传感器：磁电感应式传感器、霍尔传感器、磁栅式传感器等；

压电式传感器：声波传感器、超声波传感器等；

光电式传感器：光电式传感器、光栅式传感器、激光式传感器、光电码盘式传感器、光导纤维式传感器、红外传感器等；

热电式传感器：热电偶、热电阻等；

半导体式传感器：霍尔器件、热敏电阻等；

射线式传感器：热辐射式传感器、γ 射线式传感器等；

波式传感器：超声波传感器、微波传感器等。

技能训练 1　传感器认知与质量检测

实训视频：
传感器认知与
质量检测

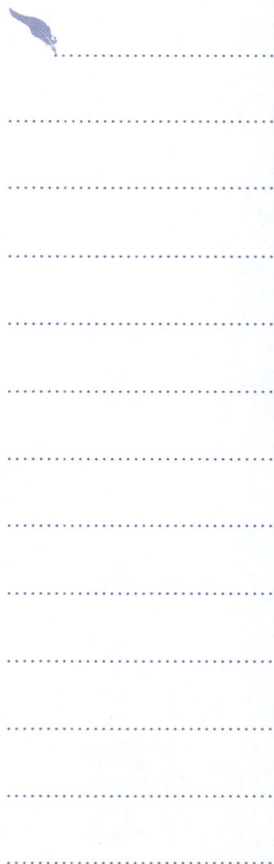

任务描述：

通过对常用传感器的外观、结构与功能辨识，了解常用传感器的功能，熟悉常用传感器的结构，掌握常用传感器的质量检测与使用方法。

要求对给定的部分常用传感器进行辨识，使用万用表的相关功能挡位对传感器进行简单的质量鉴别。

器材准备：

K 型热电偶、Pt100 热电阻、5k 正温度系数热敏电阻、3k 光敏电阻、霍尔元件、电阻应变式传感器、超声波探头、气敏传感器、万用表等。

传感器认知与检测过程：

1. 常用传感器辨识

根据本项目提供的器材，辨识图 1-3 中的传感器，并说明其相应的功能。

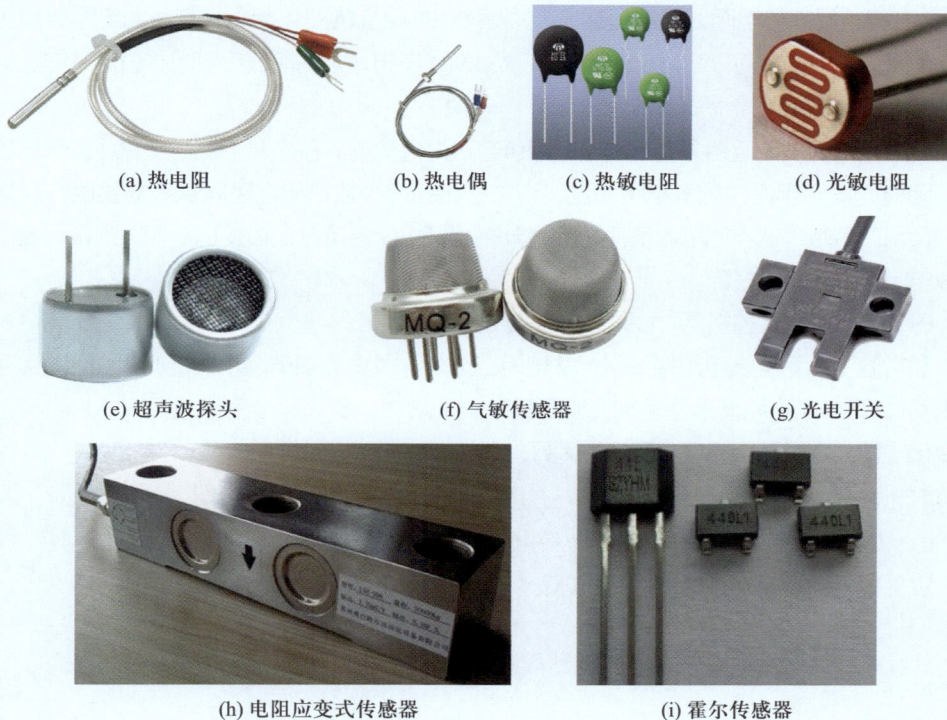

(a) 热电阻　　　(b) 热电偶　　　(c) 热敏电阻　　　(d) 光敏电阻

(e) 超声波探头　　　(f) 气敏传感器　　　(g) 光电开关

(h) 电阻应变式传感器　　　(i) 霍尔传感器

图 1-3　常用传感器外形结构

用于传感器认知的增强现实（AR）体验识别图如图 1-4 所示。

2. 常用传感器质量检测

（1）热电偶质量检测

在常温下用万用表电阻挡测量热电偶的电阻值。正常状态下所测量的电阻值应在 5 Ω 以下。另外，也可用万用表直流 mV 挡测量热电偶输出热电动势的大小，通过改变热电偶热端的温度，观察热电动势的变化情况。若热电动势大小随温度升高而增大，则说明该热电偶质量是好的。

AR 体验：
扫描二维码下载驱动程序，安装成功后扫描“传感器认知的 AR 体验识别图”进行体验

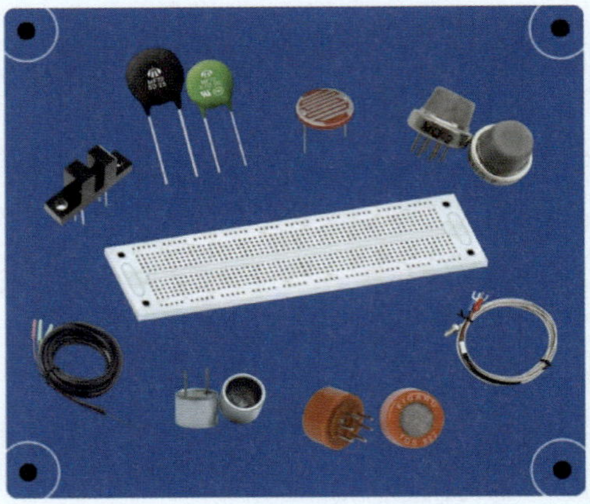

图 1-4　传感器认知的 AR 体验识别图

（2）热电阻质量检测

通过用万用表电阻挡测量 Pt100 电阻值方法进行检测。在室温下测量得到的电阻值应在 110 Ω 左右。提高热电阻测量端的温度，观察 Pt100 阻值的变化情况，若所测电阻值随温度升高而变大，且温度每升高 10 ℃，电阻增大 3.9 Ω 左右，则说明该热电阻质量是好的。

（3）热敏电阻质量检测

通过用万用表电阻挡测量热敏电阻阻值方法进行检测。在常温下测量正温度系数热敏电阻的阻值，再用手捏住热敏电阻加温，正常的正温度系数热敏电阻阻值应随温度升高而增大，负温度系数热敏电阻的阻值应随温度升高而减小。若符合上述变化规律，则说明被检测热敏电阻质量基本是好的。

（4）光敏电阻质量检测

在常温下用万用表电阻挡测量光敏电阻的阻值。改变光敏电阻表面的光照强度（用手遮挡即可），观察电阻阻值是否会随光照强度减弱而增大、随光照强度增强而减小。若符合这种变化规律，则说明该光敏电阻质量完好。

问题思考：

（1）如何利用万用表检测超声波传感器探头的质量？

（2）如何判断光电开关的质量好坏？

1.2　传感器相关知识

教学课件：
传感器的特性

理论微课：
传感器的特性

1.2.1　传感器的特性

1. 传感器的基本特性

传感器的基本特性主要是指输出与输入的关系。

当输入量为常量或变化极慢时，这一关系称为传感器的静态特性；

当输入量随时间较快的变化时，这一关系称为传感器的动态特性。

传感器的输出与输入具有确定的对应关系，最好呈线性关系。但一般情况下，输出与输入不会符合所要求的线性关系，同时由于存在迟滞、蠕变、摩擦、间隙和松动等各种因素以及外界条件的

影响，使输出与输入对应关系的唯一确定性也不能实现。

2. 传感器的静态特性

（1）测量范围与量程

① 测量范围（measuring range）。传感器所能测量到的最小输入量与最大输入量的范围（从 x_{min} 到 x_{max}）称为传感器的测量范围。

② 量程（span）。传感器测量范围的上限值与下限值的代数差 $X_{max}-X_{min}$ 称为量程。

传感器的测量范围与量程如图 1-5 所示。

注意：测量范围的含义是指一个测量区间，量程是一个具体数字（包含参数单位）。

例如，某温度计测量的温度下限是 -50 ℃，上限是 100 ℃，那么它的量程就是 150 ℃，而测量的范围是 -50～100 ℃。

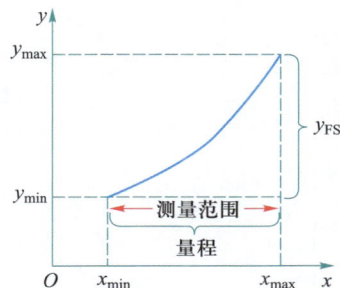

图 1-5　传感器的测量范围与量程

（2）线性度（linearity）

传感器输出与输入的关系或多或少地存在非线性。在不考虑迟滞、蠕变、不稳定性等因素的情况下，其静态特性可用下列多项式代数方程表示为

$$y=a_0+a_1x+a_2x^2+a_3x^3+\cdots+a_nx^n \qquad (1-1)$$

式中，　　y——输出量；

　　　　　x——输入量；

　　　　　a_0——零点输出；

　　　　　a_1——理论灵敏度；

a_2，a_3，$\cdots$，a_n——非线性项系数。

上述各项系数不同，决定了特性曲线的具体形式。

传感器的线性度是指传感器的校准曲线与选定的拟合直线之间的偏离程度，也称为非线性误差。传感器的线性度如图 1-6 所示。

传感器的线性度一般用引用误差 δ_L 来表示，即

$$\delta_L = \frac{\pm\Delta y_{max}}{y_{FS}}\times100\% \qquad (1-2)$$

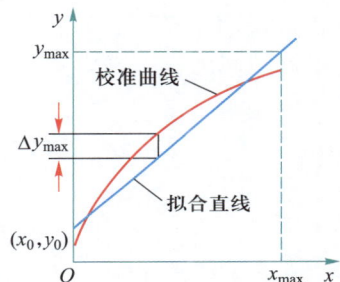

图 1-6　传感器的线性度

式中，$\pm\Delta y_{max}$——校准曲线与拟合直线的最大偏差；

　　　　y_{FS}——传感器的满量程输出值。

静态特性曲线可通过实际测试获得。为了标定和数据处理的方便，人们往往希望得到线性关系。这时可采用各种方法实现，其中也包括硬件或软件补偿，进行线性化处理。

（3）迟滞（hysteresis）

传感器在正（输入量增大）、反（输入量减小）行程中输出与输入曲线不重合的程度称为迟滞。迟滞曲线如图 1-7 所示，它一般由实验测得。迟滞误差 γ_H 一般以满量程输出的百分数表示，即

$$\gamma_H = (\Delta H_{max} / y_{FS})\times100\% \qquad (1-3)$$

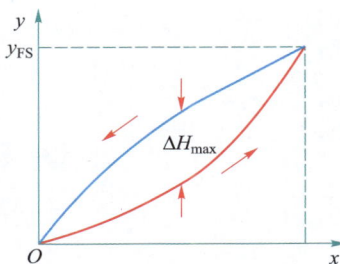

图 1-7　传感器的迟滞曲线

式中，ΔH_{max}——正、反行程间输出的最大差值；

　　　　y_{FS}——满量程输出值。

（4）重复性（repeatability）

重复性是指传感器在输入按同一方向连续多次变动时所得特性曲线不一致的程度。重复性如图 1-8 所示。

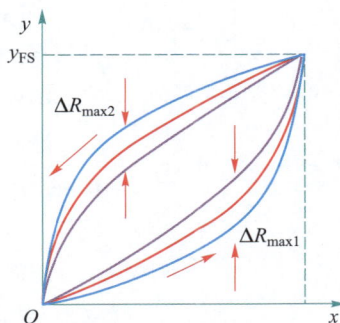

图 1-8　重复性

重复性误差 γ_R 可用正、反行程的最大偏差表示，即

$$\gamma_R = \pm(\Delta R_{max} / y_{FS}) \times 100\% \tag{1-4}$$

式中，　ΔR_{max1}——正行程的最大重复性偏差；

　　　　ΔR_{max2}——反行程的最大重复性偏差；

　　　　y_{FS}——满量程输出值。

（5）灵敏度（sensitivity）

传感器的输出变化量 Δy 与引起该变化量的输入变化量 Δx 之比即为其静态灵敏度，如图 1-9 所示。其表达式为

$$K = \Delta y / \Delta x \tag{1-5}$$

可见，传感器输出曲线的斜率就是其灵敏度。对于线性的传感器，其特性曲线的斜率处处相同，灵敏度 K 为一常数，与输入量大小无关。

（6）分辨力与阈值（resolution and threshold）

分辨力是指传感器能检测到的最小的输入增量。有些传感器，当输入量连续变化时，输出量只作阶梯变化，则分辨力就是输出量的每个"阶梯"所表示的输入量的大小。对于数字式仪表，分辨力是指仪表指示值的最后一位数字所表示的值。

分辨力用绝对值表示，用与满量程的百分数表示时称为分辨率。在传感器输入零点附近的分辨力称为阈值。

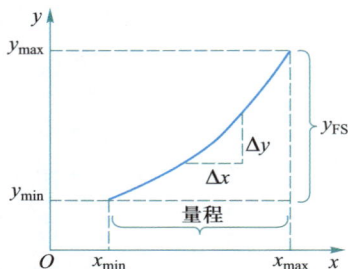

图 1-9　传感器的灵敏度

（7）稳定性（stability）

稳定性是指传感器在长时间工作的情况下输出量发生的变化，有时称为长时间工作稳定性或零点漂移。

（8）温度稳定性（temperature stability）

温度稳定性又称为温度漂移，是指传感器在外界温度变化下输出量发生的变化。

测试时先将传感器置于一定温度（如 20 ℃），将其输出调至零点或某一特定点，使温度上升或下降一定的度数（如 5 ℃或 10 ℃），再读出输出值，前、后两次输出值之差即为温度稳定性误差。

（9）抗干扰稳定性（anti-interference stability）

抗干扰稳定性是指传感器对外界干扰的抵抗能力。例如抗冲击和振动的能力、抗潮湿的能力、抗电磁场干扰的能力等。

（10）静态误差（static error）

静态误差是指传感器在其全量程内任一点的输出值与其理论值的偏离程度。

（11）精确度（accuracy）

与精确度有关的指标有精密度、准确度和精确度（精度）。

精密度：是指测量传感器输出值的分散性，即对某一稳定的被测量，由同一个测量者用同一个传感器，在相当短的时间内连续重复测量多次，其测量结果的分散程度。精密度是随机误差大小的标志，精密度高，意味着随机误差小。注意：精密度高不一定准确度高。

准确度：是指传感器输出值与真值的偏离程度。如某流量传感器的准确度为 0.3 m^3/s，表示该传感器的输出值与真值偏离 0.3 m^3/s。准确度是系统误差大小的标志，准确度高意味着系统误差小。同样，准确度高不一定精密度高。

精确度（精度）：精确度是指精密度与准确度两者的总和，精确度高表示精密度和准确度都比较高。在最简单的情况下，可取两者的代数和。

准确度、精密度与精确度的关系如图 1-10 所示。

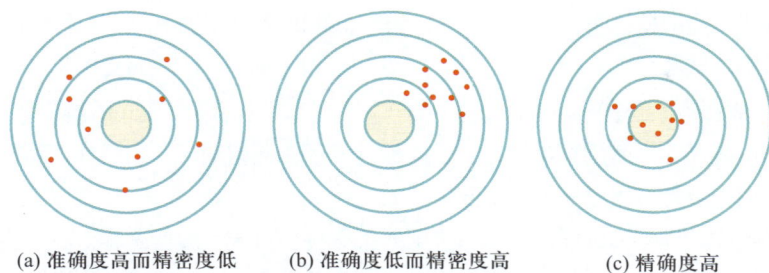

(a) 准确度高而精密度低　　　　(b) 准确度低而精密度高　　　　(c) 精确度高

图 1-10　测量准确度、精密度与精确度的关系

在测量中，人们总是希望得到精确度高的结果。

3. 传感器的动态特性

动态特性是指传感器对随时间变化的输入量的响应特性，是传感器的主要特性之一。

被测量随时间变化的形式可能是各种各样的，只要输入量是时间的函数，则其输出量也将是时间的函数。对一个动态特性较好的传感器，其输出随时间变化的规律（输出变化曲线）将能够再现输入随时间变化的规律（输入变化曲线），即具有相同的时间函数。通常，研究动态特性是根据标准输入特性来考虑传感器的响应特性。

传感器的动态特性可以从时域和频域两方面分别采用瞬态响应法和频率响应法进行分析。在时域内研究传感器的动态特性时，通常是研究特定的输入时间函数，如阶跃函数、脉冲函数等；在频域内研究传感器的动态特性时，一般采用正弦函数。

1.2.2　传感器的选用原则与应用

1. 传感器的选用原则

传感器种类繁多，性能各异。如何根据具体的测量目的、测量对象及测量环境合理地选用传感器，是在进行某个量的测量时首先要解决的问题。测量结果的成败，在很大程度上取决于传感器的选用是否合理。在选用传感器进行测量时，应遵循以下主要原则。

（1）根据测量对象与测量环境确定传感器的类型

对不同参量的测量需要采用不同类型的传感器。即使是对同一参量的测量，也有多种原理的传感器可供选用，哪一种原理的传感器更为合适，则需要根据被测量的环境、安装尺寸、信号传输方式、量程的大小等进行选择。

（2）灵敏度的选择

在传感器的线性范围内，通常希望传感器的灵敏度越高越好。因为只有灵敏度高时，与被测量变化对应的输出信号的值才比较大，有利于信号处理。但要注意的是，传感器的灵敏度高，与被测量无关的外界噪声也容易混入，也会被放大系统放大，影响测量精度。因此，要求传感器本身应具有较高的信噪比，尽量减少从外界引入的干扰信号。

传感器的灵敏度是有方向性的。当被测量是单向量，而且对其方向性要求较高时，则应选择其他方向灵敏度小的传感器；当被测量是多维向量时，则要求传感器的交叉灵敏度越小越好。

传感器的频率响应特性决定了被测量的频率范围，应在允许频率范围内保持不失真的测量条件，实际上传感器的响应总有一定延迟，希望延迟时间越短越好。传感器的频率响应高，可测的信号频率范围就宽，而由于受到结构特性的影响，机械系统的惯性较大，因此频率低的传感器可测信号的频率较低。

在动态测量中，应根据信号的特点（稳态、瞬态、随机等）响应特性，以免产生过大的误差。

（3）线性范围的选择

传感器的线性范围是指输出与输入成正比的范围。从理论上讲，在此范围内灵敏度保持定值。传感器的线性范围越宽，则其量程越大，并且能保证一定的测量精度。在选择传感器时，当传感器的种类确定以后首先要看其量程是否满足要求。

但在实际应用中，任何传感器都不能保证绝对的线性，其线性度也是相对的。当所要求测量精度比较低时，在一定的范围内可将非线性误差较小的传感器近似看作线性的，这会给测量带来极大的方便。

（4）稳定性的选择

传感器使用一段时间后，其性能保持不变化的能力称为稳定性。影响传感器长期稳定性的因素除传感器本身结构外，主要是传感器的使用环境。因此，要使传感器具有良好的稳定性，传感器必须要有较强的环境适应能力。

传感器的稳定性有定量指标，超过使用期后，在使用前应重新进行标定，以确定传感器的性能是否发生变化。

在某些要求传感器能长期使用而又不能轻易更换或标定的场合，所选用的传感器稳定性要求更严格，要能够经受住长时间的考验。

2. 传感器的应用现状

随着科学技术的进步与发展，传感器的应用已经深入工业生产、科技应用以及人们生活中的各个方面。

（1）传感器在工业中的应用

传感器在工业中的应用非常广泛，是当今科技产业新技术革命和信息社会的重要技术基础，也是当今世界极其重要的高科技之一，一切现代化仪器、设备几乎都离不开传感器。在工业的各种新型技术领域中，常见的传感器有：

应变式传感器：主要基于应变效应、压阻效应原理而工作。典型的应用包括力传感器、重量传感器、加速度传感器等；

电感式传感器：利用电磁感应（自感、互感）原理而工作，主要应用于测量位移、振幅、转速和无损探伤等；

电容式传感器：将非电量转换为电容量，它的核心部分是可变参数的电容器。它是一种把被测的机械量，如位移、压力等转换为电容量变化的传感器；

压电式传感器：是一类基于压电效应原理而工作的传感器，其核心部件是压电材料，主要应用于测量力或能变换为力参数的非电物理量；

磁电式传感器：利用电磁感应来工作，适用于动态测量，如霍尔传感器；

热电式传感器：是一类基于热电效应的原理而工作的传感器，利用温度的变化来进行测量，一般用于温度测量、管道流量测量等；

光电式传感器：是一类基于光电效应的传感器，将光电信号转换成电信号输出，来测量位移、速度、温度等，如 CCD 固体图像传感器、光纤传感器等；

红外传感器：利用红外辐射工作，如被动式人体移动检测仪、红外测温仪、红外线气体分析仪等；

微波传感器：利用反射原理、吸附效应，常用的有微波液位计、辐射计、物位计、微波温度传感器、无损探测仪、多普勒传感器等；

超声波传感器：利用压电效应、磁致伸缩效应，用于测量物位、流量、厚度、探伤等；

数字式传感器：利用光栅原理、光电效应，常用于机床定位、长度和角度的计量仪器。

（2）传感器在机器人中的应用

机器人之所以具备类似于人类的视觉功能、运动协调和触觉反馈，能对工作对象进行检测或在恶劣环境中工作，主要是因为装备了触觉传感器、视觉传感器、力觉传感器、光敏传感器、超声波传感器和声学传感器等，传感器为机器人提供更为详细的外界环境信息，进而促使机器人对外界环境变化做出实时、准确、灵活的行为响应。

根据传感器在机器人中应用的不同可分为机器人内部检测传感器和机器人外部探测传感器。

① 机器人内部检测传感器。机器人内部检测传感器主要是用于检测机器人自身的工作状态（如调整前进速度）的传感器，多为检测速度和角度的传感器。

② 机器人外部探测传感器。机器人外部探测传感器是检测机器人外部工作环境及工作状况的传感器，主要包括视觉传感器、力觉传感器、触角传感器、声控传感器等。

视觉传感器：视觉传感器是机器人中最重要的传感器之一。视觉一般包括图像获取、图像处理和图像理解三个过程。

超声波传感器作为其中的一种视觉传感器，主要用于实时地检测自身所处空间的位置，用以进行自定位；实时地检测障碍物，为行动决策提供依据；检测目标姿态以及进行简单形体的识别；用于导航目标跟踪等。

力觉传感器：力觉传感器就机器人安装部位来讲，可以分为关节力传感器、腕力传感器和指力传感器。关节力传感器安装在关节驱动器上，用于控制中的力反馈；腕力传感器安装在末端执行器和机器人最后一个关节之间；指力传感器安装在机器人手爪指关节（或手指）上。

触觉传感器：作为视觉的补充，触觉能感知目标物体的表面性能和物理特性，即柔软性、硬度、弹性、粗糙度和导热性等。一般认为，触觉包括接触觉、压觉、滑觉三种。

（3）传感器在可穿戴智能设备中的应用

智能可穿戴设备是未来传感器应用的主要领域之一。智能可穿戴设备中传感器的应用主要包括以下几个方面：

① 生物型传感器。生物型传感器包括血糖传感器、血压传感器、心电传感器、体温传感器、脑电波传感器、肌电传感器等。生物型传感器主要用于医疗电子设备中，例如智能血压计，利用生物传感器采集的人体信号，经过信号处理来完成健康预警和病情的监控功能。借助这些医疗智能设备，医生可以提高诊断水平，家人也可以与患者更好地进行沟通。

② 运动型传感器。运动型传感器包括陀螺仪、加速度计、压力传感器和磁力计，主要运用在手环等设备中，它们总体的主要功能是在智能设备中完成运动监测、导航和人机交互。通过运动型传感器随时随地记录和分析人体活动情况，用户就可以知道自己跑步的步数、骑车的距离、睡眠的时间和能量的消耗。

③ 环境传感器。环境传感器包括温湿度传感器、紫外线传感器、颗粒物传感器、气体传感器、pH 传感器、气压传感器等，可用于 PM2.5 便携式检测仪、Air Waves 口罩、便携式个人综合环境监测终端等设备中，通过测试环境数据完成环境监测、天气预报和健康提醒。

（4）传感器在（无人驾驶）汽车中的应用

汽车的电子化和智能化离不开各种传感器的应用。在普通的汽车上一般都安装有几十至几百只不同功能的传感器。例如：

在汽车发动机控制系统中，分别安装有温度传感器、压力传感器、冷却水传感器、燃油温度传感器、机油温度传感器、转速传感器、车速传感器、氧传感器、流量传感器等。

在底盘控制系统中，分别安装有变速器控制传感器、动力转向系统传感器、防抱制动系统传感器、悬架系统控制传感器等。

近几年，随着科学技术的进步与发展，智能化辅助驾驶和无人驾驶技术获得重大突破，对传感器技术的应用也相应提出了更高的要求。传感器是环境感知硬件，无人驾驶各阶段都不可或缺。在智能化辅助驾驶和无人驾驶汽车中应用的传感器除常规汽车用传感器外，还需要配置摄像头、毫米波雷达、激光雷达以及红外传感器等较为重要的传感器。

（5）传感器在物联网中的应用

物联网就是物物相连的互联网，是新一代信息技术的重要组成部分，也是"信息化"时代的重要发展阶段。物联网通过智能感知、识别技术与普适计算等通信感知技术，广泛应用于网络的融合中，因此也被称为继计算机、互联网后世界信息产业发展的第三次浪潮。

📖 小贴士

物联网技术

物联网（the internet of things，简称 IoT）的定义是：通过射频识别（RFID）、红外感应器、全球定位系统、激光扫描器等信息传感设备，按照约定的协议，把任何物品与互联网连接起来，进行信息交换和通信，以实现智能化识别、定位、跟踪、监控和管理的一种网络。

物联网的架构分为三层：感知层、网络层和应用层。其中，感知层由各种传感器构成，包括各种类型的传感器、二维码标签、RFID 标签和读写器、摄像头、GPS 等感知终端；感知层是物联网识别物体、采集信息的来源。

物联网的关键技术有三项：传感器技术、RFID 标签、嵌入式系统。只有用传感器将被测参量检取出来，并把传感器的输出模拟信号转换成数字信号（或数字式传感器输出的数字信号），才能被计算机识别与处理。

任务 2 传感器测量系统搭建

📒 学习目标

（1）了解自动检测与控制系统的结构
（2）了解传感器技术的发展历史与发展趋势
（3）掌握测量误差的分类与处理方法
（4）学会搭建常见的传感器测量系统

动画：
智慧农业温室
环境控制系统

技能训练 2   智慧农业温室环境控制系统认知

任务描述：

通过对智慧农业物联网控制系统方案的认知，了解传感器在智慧农业物联网控制系统中的作用，熟悉智慧农业环境参数的类型，掌握智慧农业环境参数的信息采集、传输方法。

要求了解智慧农业环境参数的类型，熟悉常用温湿度、光照等参数的采集方法。

器材准备：

智慧农业物联网控制方案模型。

设计原理与方案架构：

智慧农业是集新兴的互联网、移动互联网、云计算和物联网技术为一体，依托部署在农业生产现场的各种传感节点（环境温湿度、土壤水分、二氧化碳、图像等）和无线通信网络实现农业生产环境的智能感知、智能预警、智能决策、智能分析、专家在线指导，为农业生产提供精准化种植、可视化管理、智能化决策。

智慧农业温室环境控制系统解决方案主要包括环境监测系统、通信控制系统、设备控制系统、视频监控和应用管理平台等部分。其方案架构如图 1-11 所示。

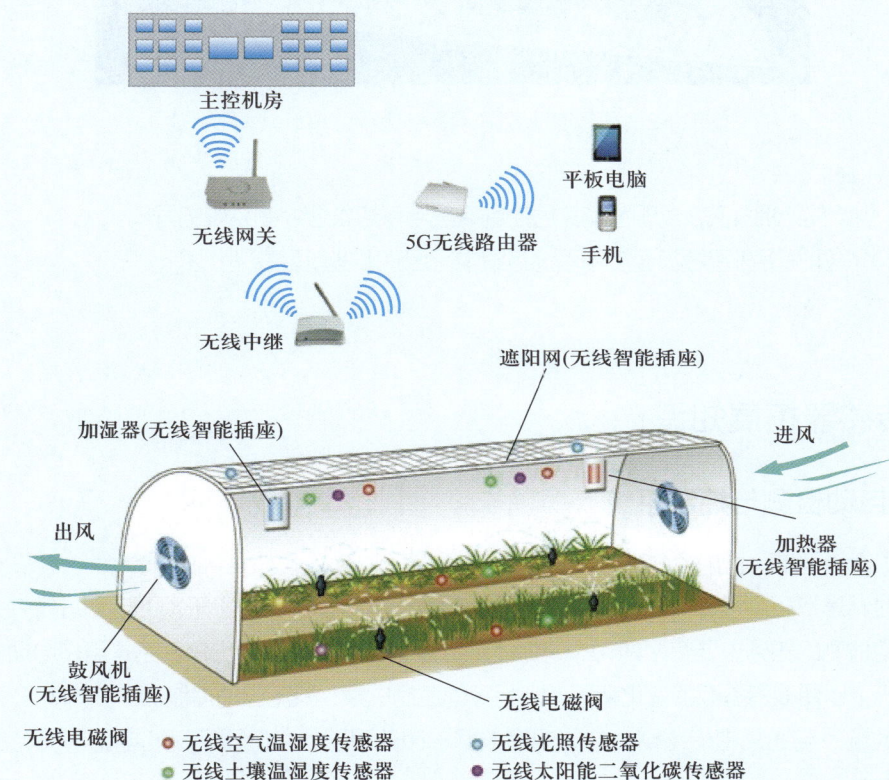

图 1-11　智慧农业温室环境控制系统方案架构

环境监测是农业物联网的核心。在环境监测系统中，根据农作物的不同使用了丰富多样的传感器，包括空气温度、空气湿度、土壤温度、土壤湿度、土壤 pH、光照（强度、时间）、风力、二氧化碳浓度（也可测其他气体浓度）、溶解氧含量、叶面水分等多种传感器，其中温度、湿度、光照、二氧化碳浓度传感器是主要的几种农业用传感器。

用于智慧农业温室环境控制系统 AR 体验识别图如图 1-12 所示。传感器获得温室内温度、湿度、光照、土壤温度、土壤湿度、CO_2 浓度、叶面湿度、露点温度等环境参数后，通过中继器（一般使用 ZigBee/Smart Room 传输技术）传送到网关，网关通过 WCDMA/GPRS/SMS 等运营商平台通信，平台对数据进行分析、报警，也可以通过手机、平板等终端进行报警。当温湿度超过设定值时，自动开启或者关闭指定设备，确保农作物产品的正常生长，同时有助于实现

思政聚焦：
智慧农业与新农村建设

精细化农业，提升农产品的品质与产量。

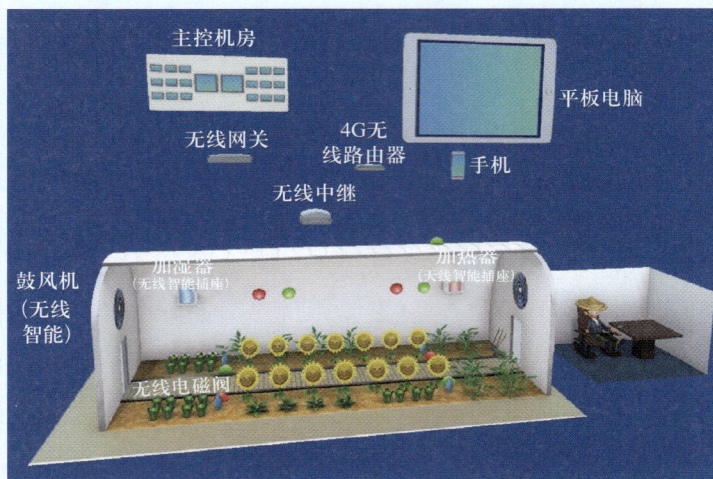

图 1-12   智慧农业温室环境控制系统 AR 体验识别图

问题思考：

（1）参考实训内容，说明智能家居控制系统与智慧农业控制系统的异同。

（2）举例说明在智慧农业控制系统方案中应用了哪些新型高端技术？

1.3   传感器拓展知识

1.3.1   自动检测与控制系统

1. 自动检测系统组成

自动检测是指在测量和检验过程中完全不需要或仅需要很少的人工干预而自动进行并完成检测任务。自动检测的任务主要有两种，一是将被测参数直接测量并显示出来，二是用作自动控制系统的前端系统，以便根据参数的变化情况作出相应的控制决策，实施自动控制。

自动检测系统通常由传感器、信号调理电路、微处理器、存储器与接口电路等部分组成，如图 1-13 所示。

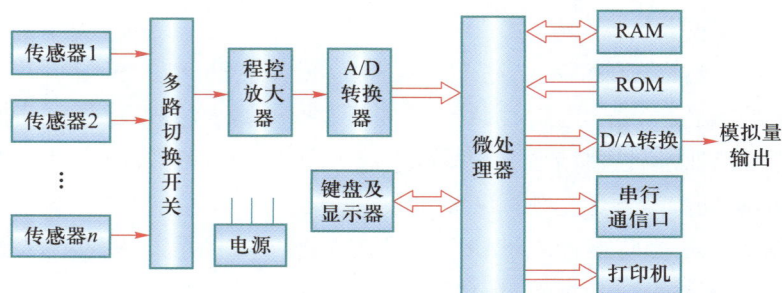

图 1-13   自动检测系统的组成

在图 1-13 中，传感器的作用是感知外界信息，并能按一定的规律将这些信息转换成有用的输出信号。信号调理电路包括多路切换开关、程控放大器、A/D 转换器等，作用是把传感器输出的电量进行选取、放大、A/D 转换等处理后送微处理器。微处理器、存储器与接口电路的作用是对有用信号进一步处理与存储，转换成有一定驱动和传输能力的电压、电流或频率信号等，以推动后级的显示器、数据处理装置及执行机构。

2. 控制系统

控制系统的作用是使被控制对象趋于某种需要的稳定状态。按控制原理的不同，控制系统主要分为开环控制系统与闭环控制系统两大类。

（1）开环控制系统

开环控制系统的输出量不对系统的控制产生任何的影响，输出量仅受输入量控制，输入量到输出量之间是单向的传输。其控制精度和抑制干扰的特性都比较差，主要应用于机械、化工、物料装卸运输等过程的控制以及机械手和生产自动线。

开环控制系统通常由传感器、信号处理电路、控制器、执行器、被控对象等组成，如图 1-14 所示。

输入量（给定量）→ 传感器 → 信号处理电路 → 控制器 → 执行器 →（控制量）→ 被控对象 →（输出量）（被控量）

图 1-14　开环控制系统的组成

其中：输入量——控制系统的给定量；

输出量——控制系统所要控制的量；

传感器——用于检测被控的参数，将被控量转换为电量的变化；

信号处理电路——又称变送器，作用是将检测元件送来的反映被测参量变化的电信号进行放大处理，变换为标准的电信号输出到控制单元。

控制器——将信号处理电路输出的控制信号进行功率放大，并对输入信号进行处理并发出控制命令的装置或元件。

执行器——直接对控制对象实施控制的装置或元件，通常是指各种继电器、电磁铁、电磁阀门、电磁调节阀、伺服电动机等，其功能是驱动电气或机械设备动作，以调节被控量的变化。

被控对象——控制装置所要控制的装置或生产过程。

例如，在自动门控制系统中，其输入量为人体感应红外信号，控制器为控制电路，执行器为电动机，被控对象为自动门，输出量为门的开与关。

（2）闭环控制系统

闭环控制系统是建立在反馈原理基础之上的，利用输出量同期望值的偏差对系统进行控制，可获得比较好的控制性能。闭环控制系统又称反馈控制系统，其组成如图 1-15 所示。

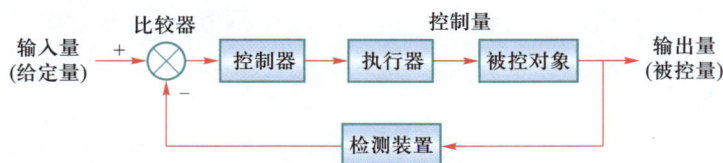

输入量（给定量）→ 比较器 +／− → 控制器 → 执行器 →（控制量）→ 被控对象 →（输出量）（被控量）；检测装置

图 1-15　闭环控制系统的组成

1.3.2　传感器新技术发展

1. 传感器技术的发展历史

传感器技术的发展主要经历三个阶段，即从早期的结构型传感器（结构参数变化）到物性型传感器（材料性质发生变化），再到近期的智能型传感器（微计算机技术）。

第 1 代是结构型传感器，它利用结构参量变化来感受和转化信号。例如：电阻应变式传感器，是利用金属材料发生弹性形变时电阻的变化来转化电信号的。

第 2 代传感器是 20 世纪 70 年代开始发展起来的固体传感器，这种传感器由半导体、电介质、磁性材料等固体元件构成，是利用材料某些特性制成的。例如，利用热电效应制成的热电偶传感器、利用霍尔效应制成的霍尔传感器、利用光电效应制成的光敏传感器等。

20 世纪 70 年代后期，随着集成技术、分子合成技术、微电子技术及计算机技术的发展，出现集成传感器。集成传感器包括传感器本身的集成化和传感器与后续电路的集成化两种类型。例如，电荷耦合器件（CCD）、集成温度传感器 AD 590、集成线性霍尔传感器 UG N3501 等。

第 3 代传感器是 20 世纪 80 年代刚刚发展起来的智能型传感器。所谓智能型传感器是指其对外界信息具有一定检测、自诊断、数据处理以及自适应能力，是微型计算机技术与检测技术相结合的产物。20 世纪 80 年代智能化测量主要以微处理器为核心，把传感器信号调节电路、微计算机、存储器及接口集成到一块芯片上，使传感器具有一定的人工智能。20 世纪 90 年代智能化测量技术有了进一步的提高，使得智能型传感器的主要功能得到进一步扩展，具体包括：

① 具有自校零、自标定、自校正功能。

② 具有自动补偿功能。

③ 能够自动采集数据，并对数据进行预处理。

④ 能够自动进行检验、自选量程、自寻故障。

⑤ 具有数据存储、记忆与信息处理功能。

⑥ 具有双向通信、标准化数字输出或者符号输出功能。

⑦ 具有判断、决策处理功能。

2. 传感器智能化的三大核心技术

（1）MEMS 工艺技术

利用 MEMS 工艺技术，使传感器在微型化、低功耗、低成本、多材料复合、多参数融合，在大片集成工艺技术与装备、微米与亚微米级高精度控制技术、柔性生产工艺技术等方面可以不断地迭代升级与创新。

（2）无线网络化技术

借助无线网络技术，可以适应各种物联网（传感网）技术推广应用，在工业互联网、人工智能技术、移动智能终端、5G 技术标准下的无线网络化传感器产品与技术创新。把移动（手机、车、船、飞机等）或固定物体（机床、楼宇、商场、家庭、山林等）作为安装和应用传感器的平台和智能化节点，实现嵌入式、多功能复合与集成、模块化构架、网络化接口等协同式创新，以满足对一切物体智能化、"无人化"管理与控制的需求。

（3）微能量获取技术

在无线传感网中，能量有效性是需要解决的重要问题。传感器智能化节点在室内外使用过程中，特别是野外使用环境下，供电问题始终是在各个领域推广应用的一大障碍。围绕着自然界风能、光能、电磁能等微能量收集与获取，称为"微能量获取技术"，为传感器提供能量将成为今后技术创新又一方向。

3. MEMS 传感器

MEMS 即微机电系统（microelectro mechanical systems），是在微电子技术基础上发展起来的多

新技术：
传感器智能化的三大核心技术

新技术：
MEMS 传感器技术

学科交叉的前沿研究领域。基于 MEMS 技术，通过把微米级的敏感组件、信号处理器、数据处理装置封装在一块芯片上，可通过硅基与微纳加工工艺进行批量制造。

MEMS 工艺技术是各种类型传感器的共性基础工艺技术，被业界称为传感器创新源泉。目前，MEMS 成熟工艺有 4 英寸、6 英寸、8 英寸、12 英寸。伴随着半导体平面工艺更新换代和不断升级，工艺设备与装置水平成熟度增强，价格不断降低，MEMS 工艺也正在向更大尺寸方向发展，工艺成熟度也随之不断增强。MEMS 产品广泛应用于物理、化学和生物传感器中，在热敏、光敏、力敏、磁敏、气敏、湿敏、压敏、声敏等传感器中的应用也已成熟。

MEMS 传感器具有微型化、低成本、低功耗、集成化的特征，广泛用于可穿戴设备、无人机、人工智能以及汽车电子、消费电子、工业、医疗、航空航天、通信等领域。目前，中国 MEMS 产业尚处于起步阶段，MEMS 产品在精度和敏感度等性能指标上与国外存在巨大差距，应用范围也多局限于传统领域，我国中高档传感器产品绝大部分从国外进口，90% 的芯片依赖于国外。

4. 传感器的发展趋势

对传感器未来开发的新趋势，主要体现在通过开展新理论研究，采用新技术、新材料、新工艺，实现传感器的智能化、可移动化、微型化、集成化、多样化等"五化"方向发展。随着传感器与 MEMS 技术的发展，传感器的微型化、智能化、多功能化和可靠性水平提高到了新的高度。

随着"工业 4.0"与"互联网＋"的持续推进，要实现中国制造 2025，加快推动新一代信息技术与制造技术的融合发展，必须依靠传感器在各个环节的数据采集，传感器采集的大量数据使得机器学习成为可能。在未来，传感器发展的重点方向主要集中在可穿戴式应用、无人驾驶、医护与健康监测、工业控制等多个方面。

1.3.3　测量误差与处理

1. 误差的基本概念

真值（true value）：任何一个量的绝对准确值。

约定真值（conventional true value）：与真值的差可以忽略而可以代替真值的值。

误差（error）：用测量仪表对被测量进行测量时，测量的结果与被测量的约定真值之间的差。

2. 误差的分类与特性

误差按表示方法可分为三类：绝对误差、相对误差、引用误差。

（1）绝对误差（absolute error）

绝对误差是指测量结果 x 减去被测量的约定真值 x_0 所得的差值，用 Δx 表示。绝对误差有符号和单位，它的单位与被测量相同。

$$\Delta x = x - x_0 \qquad (1-6)$$

测量仪器的修正值是指与绝对误差大小相等、符号相反的量，用 C 表示。则 $C=-\Delta x=x_0-x$，于是被测量的约定真值 $x_0=x+C$。

注意：修正值应在仪器检定的有效期内使用，否则要重新检定，以获得准确的修正值。

绝对误差愈小，说明指示值愈接近真值，测量精度愈高。

（2）相对误差（relative error）

相对误差是指绝对误差与被测量真值的比值，常用百分数表示，即

$$\delta = \frac{\Delta x}{x_0} \times 100\% \qquad (1-7)$$

教学课件：
传感器的发展趋势

理论微课：
传感器的发展趋势

教学课件：
测量方法与有效数字

理论微课：
测量方法与有效数字

教学课件：
误差分类与处理方法

理论微课：
误差分类与处理方法

相对误差比绝对误差能更好地说明测量的精确程度。

使用相对误差评定测量精度，也有局限性。它只能说明不同测量结果的准确程度，但不适用于衡量测量仪表本身的精度。因为同一台仪表在整个测量范围内的相对误差不是定值。随着被测量的减小相对误差变大。为了更合理地评价仪表质量，采用了引用误差的概念。

（3）引用误差（quoted error）

引用误差以仪表的绝对误差与仪表量程之比的百分数表示，即

$$\gamma = \frac{\Delta x}{x_\mathrm{m}} \times 100\% = \frac{\Delta x}{x_\mathrm{max} - x_\mathrm{min}} \times 100\% \qquad (1-8)$$

通常，以最大引用误差来定义测量仪表的精度等级，即

$$\gamma_\mathrm{m} = \frac{\Delta x}{x_\mathrm{m}} \times 100\% \qquad (1-9)$$

测量仪表一般采用最大引用误差不能超过的允许值作为划分精度等级的尺度。工业仪表常见的精度等级有 0.1 级、0.2 级、0.5 级、1.0 级、1.5 级、2.0 级、2.5 级、5.0 级。精度等级为 1.0 的仪表，在使用时它的最大引用误差不超过 $\pm 1.0\%$，也就是说，在整个量程内，它的绝对误差最大值不会超过其量程的 $\pm 1\%$。

在具体测量某个量值时，相对误差可以根据精度等级所确定的最大绝对误差和仪表指示值进行计算。

例题：用一只精度为 0.5 级、量程为 10 V 的电压表，测得某电阻两端的电压为 5.0 V，试求此测量过程的绝对误差和相对误差的最大值。

解：对精度等级为 0.5 级的测量仪表，其满量程内对应的最大引用误差为 $\pm 0.5\%$，于是可得此测量过程中绝对误差的最大值为

$$(\pm 0.5\%) \times 10\ \mathrm{V} = \pm 0.05\ \mathrm{V}$$

相对误差的最大值为

$$(\pm 0.05/5) \times 100\% = \pm 1\%$$

误差按性质不同可分为三类：随机误差（偶然误差）、系统误差、粗大误差。

（1）随机误差（random error）

在实际相同条件下，对同一被测量进行多次等精度测量时，由于各种随机因素（如温度、湿度、电源电压波动、磁场等）的影响，各次测量值之间存在一定差异，这种差异就是随机误差。

随机误差表示了测量结果偏离其真实值的分散情况，一般分布形式接近于正态分布。

随机误差的处理方法：可采用在同一条件下，对被测量进行足够多次重复测量，取其算术平均值作为测量结果的方法。

（2）系统误差（systematic error）

分析过程中某些确定、经常性的因素引起的误差称为系统误差。系统误差具有重现性、单向性与可测性等特点。

对系统误差，可采取在重复测量条件下对同一被测量进行无限多次测量结果的平均值减去真值进行处理，即

$$\bar{x}(n \to \infty) - x_0 \qquad (1-10)$$

（3）粗大误差（gross error）

在相同条件下，对同一被测量进行多次等精度测量时，有个别测量结果的误差远远大于规定条件下的预计值。这类误差一般由于测量者粗心大意或测量仪器突然出现故障等造成，称之为粗大误差（或寄生误差）。

对测量过程中出现的粗大误差，其消除方法就是剔除。

思考与练习题

一、填空题

1. 一般传感器通常由_____、_____、_____与辅助电源等部分组成。

2. 测量误差按表示方法可分为_____、_____和_____等。

3. 误差按其性质不同可分为_____、_____和_____等。

4. 传感器技术的发展主要经历了_____、_____和_____等阶段。

5. 在未来传感器发展的重点方向主要包括_____、_____、_____和_____等多个方面。

二、判断题

1. 传感器实际上也是一种换能器。　　　　　　　　　　　　　　　（　　）

2. 利用万用表可以初步判断热敏电阻的好坏。　　　　　　　　　　（　　）

3. 所有的传感器都必须包含检测元件、转换元件与测量电路。　　　（　　）

4. 在传感器选型时应考虑被测量的环境、安装尺寸等因素。　　　　（　　）

5. 灵敏度和量程都属于传感器的静态特性。　　　　　　　　　　　（　　）

6. 无人驾驶汽车是未来传感器技术发展的主要方向之一。　　　　　（　　）

7. 测量精度是指测量的准确度。　　　　　　　　　　　　　　　　（　　）

8. 自动检测与自动测量系统具有相同的含义。　　　　　　　　　　（　　）

9. 对一块精度等级为 1.5 级的工业仪表，其最大引用误差为 ±1.5%。（　　）

10. 工业仪表常用的精度等级是以最大引用误差划分的。　　　　　（　　）

三、分析与计算题

1. 使用一只 0.2 级、量程为 20 V 的电压表，测得某一电压为 10.0 V，试求此测量值可能出现的绝对误差和相对误差的最大值。

2. 有三台测温仪表，量程均为 0 ~ 800 ℃，精度等级分别为 2.5 级、2.0 级和 1.5 级，现要测量 500 ℃ 的温度，要求相对误差不超过 2.5%，应选用哪台仪表？

3. 图 1-16 为蔬菜大棚温湿度等参数自动检测与控制系统框图，试说明该系统的主要功能模块以及各模块的主要作用。

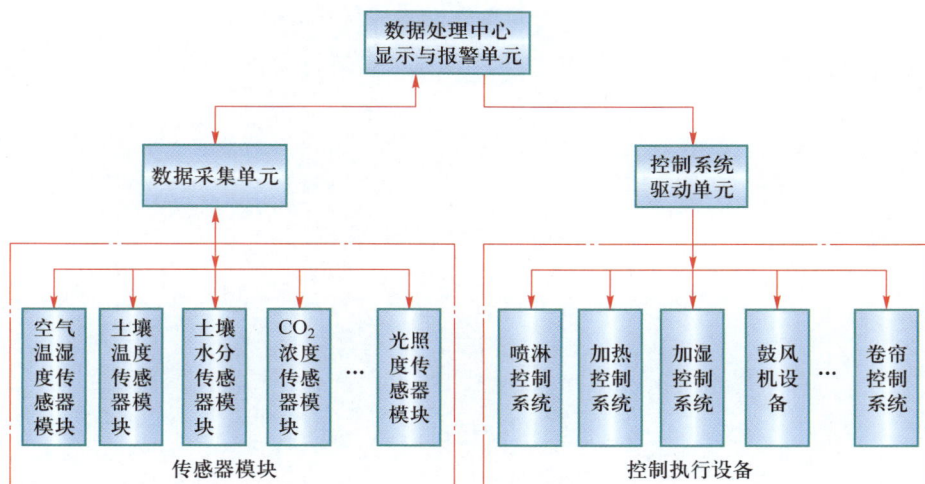

图 1-16　蔬菜大棚温湿度自动检测与控制系统框图

项目 2 温湿度传感器测量电路设计与调试

项目调研

在工业生产和日常生活中，温湿度通常是需要测量和控制的重要参数之一。温湿度传感器在工业生产、汽车、食品储存、医疗卫生、家用电器等各个领域中，根据需要被广泛用于测量、监测、控制等场合。在学习温湿度传感器之前，要求读者通过网络资源或实地考察不同场景下温湿度传感器的使用环境、测量范围，了解不同温湿度传感器的特点。

实施方案

实施本项目的意义在于如何根据被测温湿度范围的不同选取合适的温湿度传感器。在确定使用的传感器后再根据其输出信号的类型（模拟信号或数字信号，电压信号、电流信号或电阻信号等）设计出相应的传感器接口电路，将传感器测量得到的与温湿度对应的不同种类的信号转换成为标准的电压值输出。

知识目标

（1）温湿度传感器基础
（2）PN 结温度传感器的结构与原理
（3）热敏电阻的结构与原理
（4）热电阻的结构与原理
（5）热电偶的结构与原理
（6）集成温度传感器的结构与原理
（7）红外温度传感器的结构与原理
（8）湿度传感器的结构与原理

技能目标

（1）能用万用表初步判断常用温湿度传感器质量
（2）能设计、制作与调试 PN 结温度传感器测量电路
（3）能设计、制作与调试热敏电阻温度报警电路
（4）能设计、制作与调试热电阻温度测量电路

（5）能设计、制作与调试热电偶温度测量电路

（6）能设计、制作与调试集成温度传感器测量电路

（7）能设计、制作与调试热释电红外传感器测量电路

（8）能设计、制作与调试湿度测量电路

素质目标

（1）培养学生的爱国主义情怀

（2）培养学生的标准意识、规范意识、安全意识、服务质量意识

（3）培养学生的职业素养与工匠精神

（4）培养学生严谨、细致、规范的职业素质

（5）培养学生团队协作、表达沟通能力

任 务 1　认知温湿度传感器

学习目标

（1）了解温湿度的基本概念

（2）熟悉常用的几种温标及其相互间关系

（3）掌握温度传感器的结构与分类

（4）能识别常用的温湿度传感器

2.1　温湿度传感器基础知识

教学课件：
温度传感器基
础知识

理论微课：
温度传感器基
础知识

2.1.1　温度与温标

1．温度

温度是表征物体冷热程度的物理量，它是国际单位制 7 个基本量之一。温度以热平衡为基础，如果两个相接触物体的温度不同，它们之间就会产生热交换，热量将从温度高的物体向温度低的物体传递，直到两个物体达到相同的温度为止。

2．温标

用来度量物体温度数值的标尺称为温标。它规定了温度读数的起点（零点）和测量温度的基本单位。

目前国际上规定的温标有摄氏温标（℃）、华氏温标（℉）、热力学温标（K）和国际实用温标。

（1）摄氏温标

摄氏温标是把在标准大气压下冰的熔点定为零摄氏度（0 ℃），把水的沸点定为 100 摄氏度（100 ℃），在这两温度点间划分 100 等份，每一等份为 1 摄氏度。国际摄氏温标的符号用 t 表示，

其单位为℃。

（2）华氏温标

华氏温标是把在标准大气压下冰的熔点定为 32 ℉，水的沸点定为 212 ℉，在这两温度点间划分 180 等份，每一等份为 1 华氏度，国际华氏温标的符号用 θ 表示其单位为℉。它与摄氏温标的关系为

$$\theta = 1.8t + 32 \qquad (2-1)$$

例如，室温 25 ℃时的华氏温度为

$$\theta = (1.8 \times 25 + 32) \text{℉} = 77 \text{℉}$$

（3）热力学温标

在国际单位制中，以热力学温标作为基本温标，它所定义的温度为热力学温度，用符号 T 表示，其单位为开尔文，符号为 K。

热力学温标以水的三相点，即水的固、液、气三态平衡共存时的温度为基本定点，并规定其温度为 273.15 K。

摄氏温标与热力学温标温度之间的关系为

$$t = T - 273.15 \text{ 或 } T = t + 273.15 \qquad (2-2)$$

例如，100 ℃时的热力学温度为

$$T = (100 + 273.15) \text{ K} = 373.15 \text{ K}$$

（4）国际实用温标

国际实用温标（international practical temperature scale of 1968，简称 IPTS-68），又称为国际温标。它规定热力学温度是基本温度，用 t 表示，其单位是开尔文，符号为 K。1 K 定义为水的三相点热力学温度的 1/273.16，水的三相点是指纯水在固态、液态及气态三项平衡时的温度，热力学温标规定三相点温度为 273.16 K，这是建立温标的唯一基准点。

2.1.2 温度传感器的定义与分类

1. 温度传感器的定义

温度传感器是将温度变化转换为电量变化的材料、器件或装置，利用敏感元件的电参数随温度变化而变化的特征达到测量目的。

2. 温度传感器的分类

温度传感器的分类方法很多。例如，按照用途可分为基准温度计和工业温度计；按照测量方法可分为接触式温度传感器和非接触式温度传感器；按照工作原理可分为膨胀式、电阻式、热电式、辐射式等温度传感器；按照测温范围可分为低温式、中温式、中高温式、高温式等温度传感器；按照输出信号类型可分为模拟式和数字式温度传感器。

对接触式温度传感器，传感器直接与被测物体接触进行温度测量。由于被测物体的热量传递给传感器，降低了被测物体温度，特别是被测物体热容量较小时，测量精度较低。因此，采用这种方式要测得物体真实温度的前提条件是被测物体的热容量要足够大。

对非接触式温度传感器，传感器主要是利用被测物体热辐射而发出红外线，从而测量物体的温度，可进行遥测。非接触温度传感器具有不从被测物体上吸收热量、不会干扰被测对象的温度场、连续测量不会产生消耗、反应时间快等一系列优点，但其制造成本较高，测量精度却较低。

表 2-1 为按照物理原理的不同对常用温度传感器进行分类及对应特点。

教学课件：
温度传感器分类与特点

理论微课：
温度传感器分类与特点

表 2-1　常用温度传感器的种类及特点

物理原理	传感器类型	测温范围 /℃	特点
体积热膨胀	玻璃管水银温度计	−50 ~ 350	不需要电源，耐用，但感温部件体积大
	气体温度计	−250 ~ 1 000	
	双金属温度计	−50 ~ 350	
	液体压力温度计	−200 ~ 350	
接触热电动势	热电偶 K	−200 ~ 1 200	自发电型，标准化程度高，品种多，但需要注意冷端温度补偿
	热电偶 B	0 ~ 1 700	
	热电偶 S	0 ~ 1 600	
	热电偶 E	−200 ~ 900	
	热电偶 J	−200 ~ 750	
	热电偶 T	−200 ~ 350	
	热电偶 R	0 ~ 1 300	
	热电偶 N	0 ~ 1 200	
电阻变化	热敏电阻	−50 ~ 300	标准化程度高，但需要接入桥路才能得到电压输出
	铂热电阻	−200 ~ 850	
	铜热电阻	−50 ~ 150	
PN 结结电压变化	硅半导体二极管（半导体集成电路温度传感器）	−50 ~ 150	体积小，线性好，但测温范围小
温度 – 颜色	示温涂料	−50 ~ 1 300	面积大，可得到温度图像，但易衰老，精度低
	液晶	0 ~ 100	
光辐射 热辐射	红外辐射温度计	−50 ~ 1 500	非接触测量，反应快，但易受环境及被测物体表面状态影响，标定困难
	光学高温温度计	500 ~ 3 000	
	热释电温度计	0 ~ 1 000	
	光子探测器	0 ~ 3 500	

3. 温度传感器的结构

在工业控制系统中，一般被测量的物体温度较高，常用的测温传感器有金属热电阻、热电偶、双金属温度计等。当然，用于高温测量的温度传感器也可以用于低温环境的测量，但低温传感器不能用于高温环境的温度测量。图 2-1（a）、（b）、（c）分别为工业用热电偶、热电阻、双金属温度计测温传感器的外形。

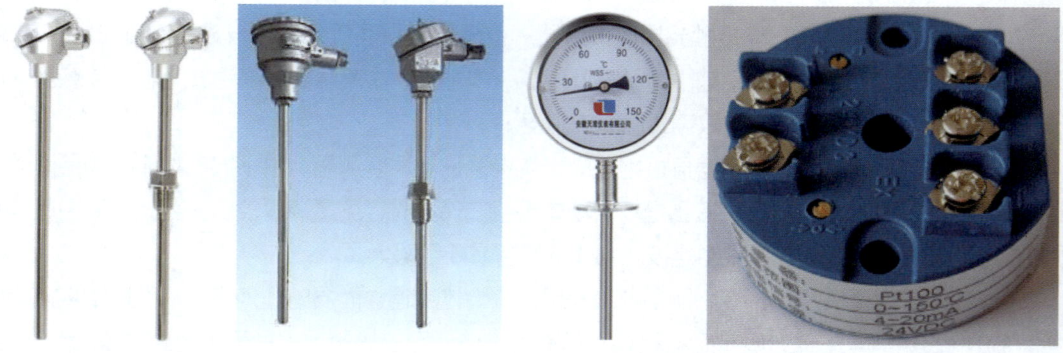

(a) 热电偶　　(b) 热电阻　　(c) 双金属温度计　　(d) 温度变送器

图 2-1　工业用测温传感器的外形

在实际应用中，无论是热电阻测温时输出的电阻信号，还是热电偶测温时输出的电压（mV）信号，都不适合远距离传输，通常在热电阻、热电偶输出接线盒位置直接安装一块温度变送器，作用是将随温度变化的电阻信号或微弱的电压信号变换成工业标准信号（4～20 mA 或 1～5 V）输出。图 2-1（d）为常用的温度变送器外形结构。

2.1.3　湿度的定义与分类

1. 湿度的定义

湿度是指大气中水蒸气的含量。它表征了大气的干燥程度。

2. 湿度的分类

湿度通常可分为绝对湿度和相对湿度两类。

绝对湿度是指在一定温度和压力条件下，单位空间内混合气体中所含水蒸气的质量，用 AH 表示，即

$$AH = \frac{m_v}{V} \tag{2-3}$$

式中，m_v 为待测空气中水蒸气的质量；V 为待测空气的总体积；AH 为待测空气的绝对湿度，单位为 g/m^3（克／每立方米）。

相对湿度是指被测混合气体中的水蒸气气压和该气体在相同温度下饱和水蒸气气压的百分比，用 RH 表示，即

$$RH = \frac{P_v}{P_w} \times 100\% \tag{2-4}$$

式中，P_v 为温度 T 时混合气体中的水蒸气分压；P_w 为被测空气在相同温度 T 下的饱和水蒸气气压。

实际使用中，大多使用相对湿度来表示。

任务 2　PN 结温度传感器及其应用分析

学习目标

（1）了解 PN 结温度传感器的结构与特性

（2）熟悉 PN 结温度传感器接口电路的设计方法

（3）能用万用表检测 PN 结的质量

（4）能设计、制作与调试 PN 结温度测量电路

技能训练 3　PN 结温度测量电路制作与调试

任务描述：

利用 PN 结作温度传感器设计制作数字式温度表，加深了解二极管 PN 结的温度特性，掌握利用二极管 PN 结作为温度传感器制作温度测量电路的方法。要求对训练用电子元器件、集成电路等进行正确识别与质量检测，在万能板上焊接一个 PN 结温度测量电路。

实训视频：
PN 结温度测量电路制作与调试

要求测温范围：$0 \sim 100$ ℃，测量精度为 ± 1 ℃。

器材准备：

硅开关二极管 IN4148、运算放大器 LM358、数字式电压表（或温度显示仪表）、电阻若干、直流稳压电源 1 台、温控源 1 台（或冰水混合物 1 杯，电热水壶 1 只），水银温度计 1 只。

设计制作与调试过程：

按照任务要求设计的 PN 结温度测量电路由 PN 结温度传感器 IN4148、信号调理电路、显示模块等组成，其参考电路如图 2-2 所示。

电路仿真：
图 2-2   PN 结温度测量电路仿真

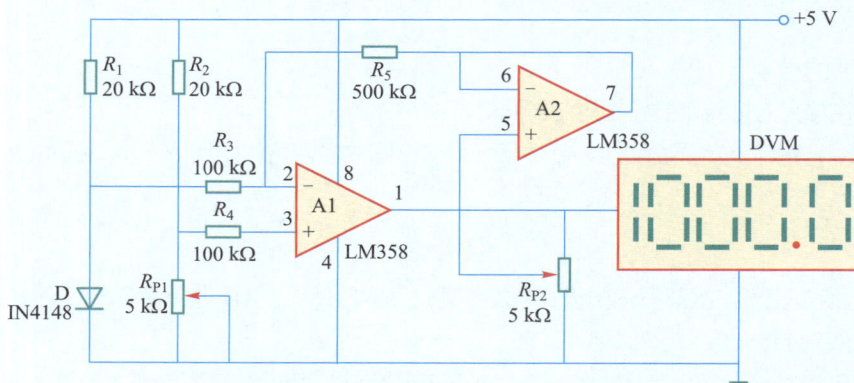

图 2-2   PN 结温度测量电路

在图 2-2 中，温度传感器选用硅开关二极管 IN4148。由 R_1、R_2、D、R_{P1} 组成测温电桥，其输出信号接差分放大器 A1；A2 接成电压跟随器，与 R_{P2} 配合可调节放大器 A1 的增益。经放大后的信号输入数字式万用表（或温度显示仪表）进行显示。

在电路板上按照图 2-2 所示电路进行元件排版、布线与焊接，电路焊接样板如图 2-3 所示，此图也是 PN 结温度测量电路 AR 体验识别图。

AR 体验：
扫描二维码下载驱动程序，安装成功后扫描"PN 结温度测量电路 AR 体验识别图"进行体验

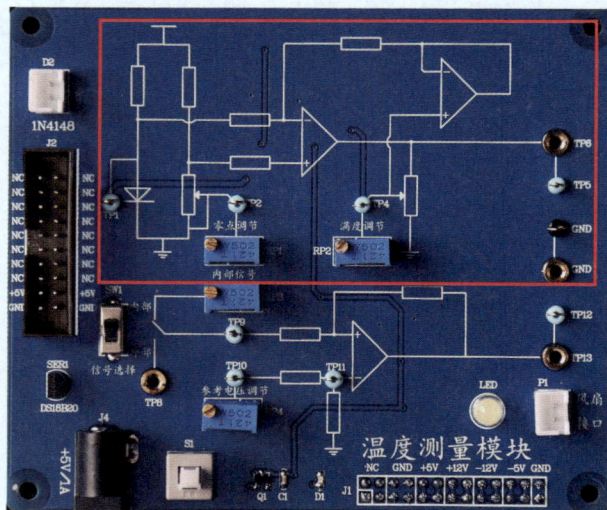

图 2-3   PN 结温度测量电路 AR 体验识别图

检查无误后接通电源。首先进行电路调零，将 PN 结温度传感器 IN4148 接入 0 ℃温控源或放入冰水混合（0 ℃）的玻璃杯中 2 min，调节电位器 R_{P1} 使电路输出所接的数字式万

用表显示为 0 V（或温度显示仪表显示为 0）；再进行电路满度调整，将 PN 结温度传感器 IN4148 接入 100 ℃温控源或加热玻璃杯中的冰水混合物，使水沸腾（100 ℃）2 min，同时用水银温度计监测，调节电位器 R_{P2} 使电路输出所接的数字式万用表显示为 1 V（或温度显示仪表显示为 100）。

调节温控源的温度，使温度变化为 0 ～ 100 ℃之间的任意值大小，观察数字式万用表或温度显示仪表上的显示值大小，并与水银温度计显示的温度值进行比较。

要求：

记录测量数据，并初步计算测量误差的大小。

问题思考：

（1）运算放大器 A2 的作用是什么？

（2）在温度上升与下降过程中，测量电路所得温度数据与标准温度计显示值之间的误差是否为恒定值？

📖 小常识

PN 结温度传感器使用技巧

由于 PN 结温度传感器在 0 ℃时的输出电压并不是 0 mV，而是 700 mV 左右，并会随温度升高而降低，因此在电路设计中需要采用反相放大器进行零点迁移，并按照后续连接数字显示表头量程的不同来选择不同的放大倍数。若利用二极管制作温度上下限报警电路，可直接利用比较器电路实现报警功能。

理论上，流过 PN 结的电流在固定不变时，才能得到温度与电压之间的线性关系。在实际应用中常用一个大电阻与 PN 结串联方式来实现。为既避免电流过小被外界干扰，又要防止电流过大而加大传感器的自然温升，通常将流过二极管的电流选在 100 ～ 300 μA 之间。不同的工作电流仅对电压 – 温度（U_d–T）直线起到平移关系，并不会影响其线性度。

📄 2.2　PN 结温度传感器相关知识

2.2.1　PN 结的温度特性

采用不同的掺杂工艺，通过扩散作用将 P 型半导体与 N 型半导体制作在同一块半导体基片上，在它们的交界面形成的空间电荷区称为 PN 结。

PN 结主要的特性是具有单向导电性，即 PN 结加正向电压时导通，加反向电压时截止。

但二极管或三极管 PN 结的结电压也具有随温度变化而变化的特性。例如，硅二极管 PN 结的结电压在温度每升高 1 ℃时，下降大约 –2 mV。

典型的硅材料 PN 结的温度特性曲线如图 2-4 所示。利用这种温度特性，一般可以直接采用二极管（如玻璃封装的硅开关二极管 IN4148）或采用硅三极管（可将集电极和基极短接）接成二极的形式来做 PN 结温度传感器。

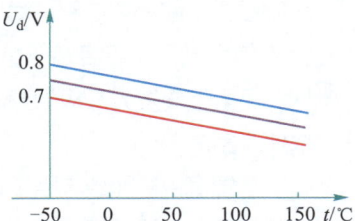

图 2-4　PN 结的温度特性曲线

教学课件：PN 结温度传感器

理论微课：PN 结温度传感器

2.2.2　PN 结温度传感器的特点与应用

PN 结温度传感器具有较小的线性度，尺寸小，热时间常数小，灵敏度高（约 −2 mV/℃），测温范围为 −50 ~ +150 ℃。但同一型号的二极管或三极管相应的特性也不同，互换性较差。另外，通过 PN 结的电流不能过大，否则会因为电流过大引起自身温升而影响测量精度。

PN 结温度传感器可用作温度报警电路使用，也可与数字显示表头组合构成数字显示温度测量仪表，还可与单片机组合（需接入 A/D 转换电路）构成温度自动测量与控制系统。

> **小贴士**
>
> PN 结温度传感器使用技巧
>
> 在标准大气压的条件下，水的沸腾温度为 100 ℃；在冰与水共溶的条件下其温度为 0 ℃。因此，可将 100 ℃及 0 ℃两个温度值作为标准温度来标定温度与二极管管压降之间的定量关系，即确定二极管的测温灵敏度。
>
> 为避免二极管两引脚在水中导电影响测量精度，可预先将二极管两引脚分别用塑料套管或其他绝缘材料封装好后再放入水中。

任务 3　热敏电阻及其应用分析

学习目标

（1）了解热敏电阻的种类、结构与特性
（2）熟悉热敏电阻接口电路的设计方法
（3）能用万用表检测热敏电阻的质量
（4）能设计、制作与调试热敏电阻温度报警电路

实训视频：
热敏电阻温度上下限报警电路的调试

技能训练 4　热敏电阻温度上下限报警电路制作与调试

任务描述：

利用 PTC、NTC 热敏电阻传感器，分别设计并制作成温度上下限报警电路。通过该项目设计与制作，进一步理解 PTC/NTC 热敏电阻的工作特性及典型应用方法。要求对训练用电子元器件、集成电路、PTC/NTC 热敏电阻进行正确识别与质量检测，在万能板上焊接一个温度上下限报警电路。通过调节电路元件参数，当温度在设定范围内时，红、绿色发光二极管均不亮；当温度高于某一设定值时，上限报警发光二极管亮；当温度低于某一设定值时，下限报警发光二极管亮。通过该项目训练，掌握电子产品电路的设计与调试方法。

器材准备：

正温度系数热敏电阻（10 k）、负温度系数热敏电阻（10 k）、运算放大器、红色与绿色发光二极管，电阻若干、直流稳压电源 1 台。

设计制作与调试过程：

　　按照任务要求设计的温度上下限报警电路主要由热敏电阻恒流源驱动电路、差分放大器、比较器电路、发光二极管报警指示电路等组成。由正温度系数（简称为 PTC）热敏电阻组成的温度上下限报警电路如图 2-5 所示。

图 2-5　PTC 热敏电阻组成的温度上下限报警电路

　　在图 2-5 中，PTC 热敏电阻由运放 LMV358 构成的恒流源来驱动。当 PTC 热敏电阻表面温度升高时，阻值增大，TP1 处电压增加，TP9 处电压减小，当温度上升到一定值时，TP9 处电压小于 TP5 处电压，比较器将输出低电平，红色发光二极管 D_1 将被点亮，说明温度大于设定的上限温度。当 PTC 表面温度下降时，热敏电阻阻值减小，TP1 处电压减小，TP9 处电压增加，当温度下降到一定值时，TP9 处电压大于 TP6 处电压，比较器输出高电平，绿色发光二极管 D_2 将被点亮，说明温度小于设定的下限温度。当 PTC 表面温度介于设定的上限温度和下限温度之间时，发光二极管 D_1、D_2 均不亮。

　　由负温度系数（简称为 NTC）热敏电阻组成的温度上下限报警电路如图 2-6 所示。

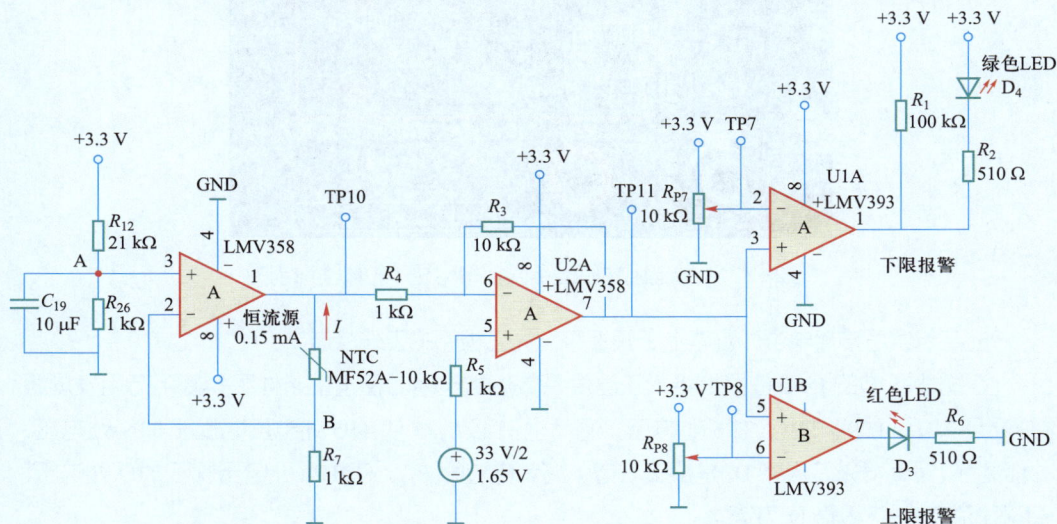

图 2-6　NTC 热敏电阻组成的温度上下限报警电路

在图 2-6 中，NTC 热敏电阻由运放 LMV358 构成的恒流源来驱动。当 NTC 热敏电阻表面温度升高时，阻值减小，TP10 处电压减小，TP11 处电压增加，当温度上升到一定值时，TP11 处电压大于 TP8 处电压，比较器将输出高电平，红色发光二极管 D_3 将被点亮，说明温度大于设定的上限温度。

当 NTC 热敏电阻表面温度下降时，热敏电阻阻值增大，TP10 处电压增高，TP11 处电压减小，当温度下降到一定值时，TP11 处电压小于 TP7 处电压，比较器输出低电平，绿色发光二极管 D_4 将被点亮，说明温度小于设定的下限温度。当 NTC 表面温度介于设定的上限温度和下限温度之间时，发光二极管 D_3、D_4 均不亮。

🔲 小技巧

在图 2-5 所示简单实用的恒流源电路中，有

$$U_A=[R_{26}/(R_{12}+R_{26})] \times 3.3 \text{ V}=0.15 \text{ V}$$

根据运放虚短、虚断的概念，$U_B=U_A$，再根据欧姆定律，有

$$I=U_B/R_7=0.15 \text{ mA}$$

分别按照图 2-5、图 2-6 给定的电路参数及设计选择电阻参数在电路板上排版并焊接电路，焊接电路样板如图 2-7 所示，此图也是热敏电阻温度上下限报警电路 AR 体验识别图。

AR 体验：
扫描二维码下载驱动程序，安装成功后扫描 "热敏电阻温度上下限报警电路 AR 体验识别图" 进行体验

图 2-7　热敏电阻温度上下限报警电路 AR 体验识别图

检查无误后接通电源，观察上下限报警发光二极管的工作状态。

在图 2-5 中的 PTC 位置处接入正温度系数热敏电阻。在室温条件下，使用万用表测量并记录 TP1、TP9、TP5、TP6 处电压，调节电位器 R_{P2}，使 TP5 处电压略低于 TP9 处电压，此时上限报警发光二极管 D_2 是熄灭状态；调节电位器 R_{P1}，使 TP6 处电压低于 TP9 处电压，下限报警发光二极管 D_1 亮起。

使用温控源，提高 PTC 热敏电阻表面的温度，观察发光二极管的亮暗变化。随着温度

升高，D_1 熄灭，再升高一定温度，D_2 亮起。

调整 TP5 与 TP6 处的电压，重复上述步骤，观察发光二极管 D_1、D_2 变化情况。

在图 2-6 中的 NTC 位置处接入负温度系数热敏电阻。在室温条件下，使用万用表测量并记录 TP10、TP11、TP7、TP8 处电压，调节电位器 R_{P8}，使 TP8 处电压略高于 TP11 处电压，此时上限报警发光二极管 D_3 是熄灭状态；调节电位器 R_{P7}，使 TP7 处电压高于 TP11 处电压，此时下限报警发光二极管 D_4 亮起。

使用温控源，提高 NTC 热敏电阻表面的温度，观察发光二极管的亮暗变化。随着温度升高，D_4 熄灭，再升高一定温度，D_3 亮起。

调整 TP7 与 TP8 处的电压，重复上述步骤，观察发光二极管 D_3、D_4 变化情况。

问题思考：

（1）如果在实训过程中上下限报警发光二极管同时被点亮，该如何解决？

（2）在实训电路中，如果不采用恒流源驱动热敏电阻，而是直接由热敏电阻与固定电阻分压方式取得温度变化引起的电压变化，对实训结果将会产生怎样的影响？

小知识

比较器工作原理

当同相端电位高于反相端电位时，其输出为高电平；当同相端电位低于反相端电位时，其输出为低电平。

对由运放构成的比较器，其输出高电平约为电源电压，实为（$V_{CC}-1.5$）V 左右；若使用专用比较器芯片（如 LM311 等），由于其输出端为 OC 门结构，为得到足够高的高电平输出电压，应在输出端与电源之间接入上拉电阻。在实际应用中，通常根据负载大小，上拉电阻取值范围为 $1 \sim 10 \text{ k}\Omega$，此时比较器输出的高电平接近于电源电压。

2.3　热敏电阻相关知识

通常，将利用导体或半导体材料电阻值随温度变化而变化的特性制成的传感器称为电阻式温度传感器。电阻式温度传感器主要包括热敏电阻和热电阻两类。

2.3.1　热敏电阻的种类与特性

热敏电阻是利用半导体材料的电阻率随温度变化而变化的性质制成的，是一种半导体测温元件。

按照热敏电阻的温度特性，热敏电阻可分为正温度系数（positive temperature coefficient，PTC）热敏电阻、负温度系数（negative temperature coefficient，NTC）热敏电阻和临界温度热敏电阻（critical temperature resistor，CTR）三类。

（1）正温度系数热敏电阻

电阻值随温度升高而增大的电阻称为正温度系数热敏电阻，简称为 PTC 热敏电阻。它的主要材料是掺杂的 $BaTiO_3$ 半导体陶瓷，最高温度一般不超过 140 ℃。

教学课件：
热敏电阻

理论微课：
热敏电阻

动画：
PTC 热敏电阻
特性

动画：
NTC 热敏电阻
特性

动画：
CTR 热敏电阻
特性

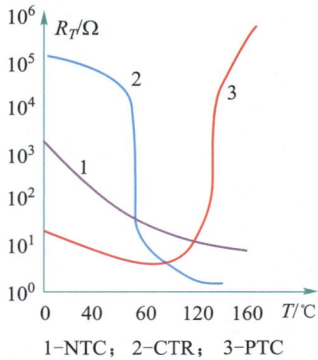

图 2-8   热敏电阻特性曲线

（2）负温度系数热敏电阻

电阻值随温度升高而减小的热敏电阻称为负温度系数热敏电阻，简称为 NTC 热敏电阻。它的材料主要是一些过渡金属氧化物半导体陶瓷，一般用于 $-50 \sim 300$ ℃的温度测量。

（3）临界温度热敏电阻

该类电阻器的电阻值在某特定温度范围内随温度升高而降低 $3 \sim 4$ 个数量级，即具有负的温度系数。其主要材料是二氧化钒（VO_2）并添加一些金属氧化物，由于其电阻变化只在临界温度附近，因此不适用于较宽温度范围的测量。

热敏电阻的特性曲线如图 2-8 所示。

由图 2-8 可见，PTC、NTC 热敏电阻适用于在一定范围内的温度测量，CTR 因特性变化陡峭更适用于组成温度开关。

> **小常识**
>
> **热敏电阻使用技巧**
>
> 目前，在相关资源上已能查到国内外针对正温度系数热敏电阻与负温度系数热敏电阻的分度值表，但各生产厂家提供的同一阻值的热敏电阻的分度值表并不统一。这样，用户在使用过程中很难使用热敏电阻进行精确的温度测量电路设计与调试，但用作温度控制开关则比较方便。

2.3.2   热敏电阻的结构与参数

常用热敏电阻的外形结构与电路符号如图 2-9 所示。

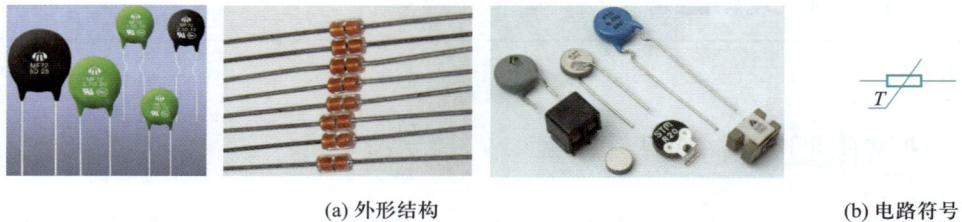

(a) 外形结构   (b) 电路符号

图 2-9   热敏电阻外形结构与电路符号

热敏电阻的主要参数包括标称阻值、温度系数、额定功率、时间常数、温度范围、最大电压等，主要参数及含义见表 2-2。

表 2-2   热敏电阻主要参数及含义

主要参数	含义
标称阻值	热敏电阻在 25 ℃时的电阻值
温度系数	当温度变化时将会导致电阻的相对变化值
额定功率	允许热敏电阻正常工作的最大功率
时间常数	当温度变化时，热敏电阻的阻值变化到最终值 63.2% 时所需的时间
温度范围	允许热敏电阻正常工作的温度范围，一般为 $-55 \sim 315$ ℃
最大电压	在规定环境温度下，热敏电阻正常工作时所允许连续施加的最高电压值

任务 4 热电阻及其应用分析

学习目标

（1）了解热电阻的种类、结构与特性

（2）熟悉热电阻接口电路的设计方法

（3）能用万用表检测热电阻的质量

（4）能设计、制作与调试热电阻温度测量电路

技能训练 5 热电阻温度测量电路制作与调试

任务描述：

利用热电阻传感器设计并制作一种温度测量电路。通过该项目的设计与制作，进一步理解热电阻的工作特性及典型应用方法。要求对训练用电子元器件、集成电路、热电阻进行正确识别与质量检测，在万能板上焊接一个热电阻温度测量电路，并能够进行数值显示。通过该项目训练，掌握电子产品电路的设计与调试方法。

器材准备：

Pt100 热电阻、运算放大器、电阻若干、数字式万用表（或温度显示仪表）、直流稳压电源 1 台。

设计制作与调试过程：

按照任务要求设计的热电阻温度测量电路主要由热电阻、恒流源驱动电路、仪表放大器 AD8237、电压跟随器 AD8615、零点调节电路和显示电路等组成。其参考电路如图 2-10 所示。

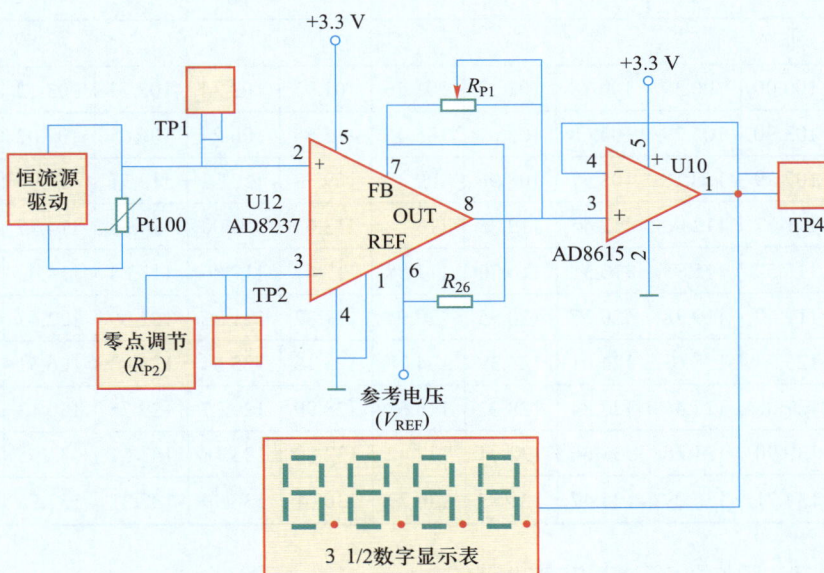

图 2-10 热电阻温度测量电路

实训视频：
热电阻温度测量电路的调试

　　Pt100 热电阻采用恒流源驱动。当 Pt100 表面温度发生改变时，Pt100 阻值会发生变化，TP1 处的电压则能反映出 Pt100 的阻值变化，通过由 U12 高精密仪表放大器 AD8237 电路调理之后，被送入后级的电压跟随器，以适合在数字显示表中显示。

　　按照图 2-10 给定的电路参数及设计选择电阻参数，在电路板上排版并焊接电路，电路样板如图 2-11 所示，此图也是热电阻温度测量电路 AR 体验识别图。

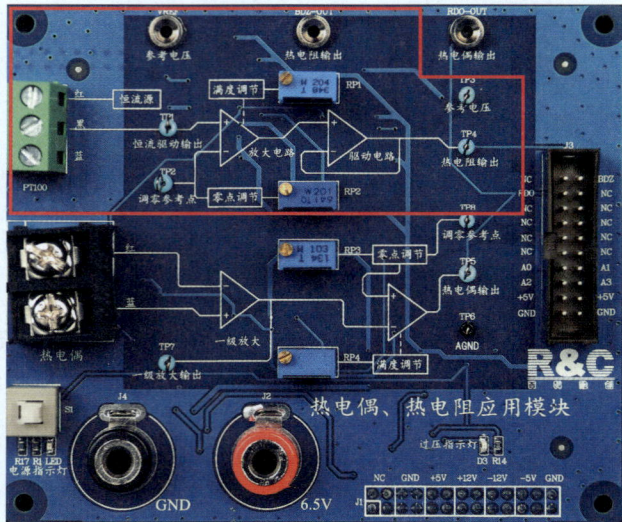

图 2-11　热电阻温度测量电路 AR 体验识别图

　　检查无误后接通电源，观察数字式万用表显示的电压值或温度显示仪表显示的温度值。

　　Pt100 是铂热电阻，它的阻值变化跟温度的变化成正比。表 2-3 为 Pt100 热电阻的分度表（部分）。当温度为 0 ℃时，Pt100 的阻值为 100 Ω。

表 2-3　Pt100 热电阻的分度表（部分）

温度 /℃	0	1	2	3	4	5	6	7	8	9
	阻值 /Ω									
0	100.00	100.39	100.78	101.17	101.56	101.95	102.34	102.73	103.12	103.51
10	103.90	104.29	104.68	105.07	105.46	105.85	106.24	106.63	107.02	107.40
20	107.79	108.18	108.57	108.96	109.35	109.73	110.12	110.51	110.90	111.29
30	111.67	112.06	112.45	112.83	113.22	113.61	114.00	114.38	114.77	115.15
40	115.54	115.93	116.31	116.70	117.08	117.47	117.86	118.24	118.63	119.01
50	119.40	119.78	120.17	120.55	120.94	121.32	121.71	122.09	122.47	122.86
60	123.24	123.63	124.01	124.39	124.78	125.16	125.54	125.93	126.31	126.69
70	127.08	127.46	127.84	128.22	128.61	128.99	129.37	129.75	130.13	130.52
80	130.90	131.28	131.66	132.04	132.42	132.80	133.18	133.57	133.95	134.33
90	134.71	135.09	135.47	135.85	136.23	136.61	136.99	137.37	137.75	138.13

　　Pt100 热电阻的零点调节与满度调节如下：

　　首先，将 Pt100 热电阻放到 0 ℃温控源（或放入 0 ℃的冰水混合物）中，调节零点电位

调节器 R_{P2}，使热电阻测温电路输出与参考电压的压差为零，数字式万用表显示为零，此时零点调节完成。

其次，将 Pt100 热电阻放入一定温度的热源中，调节满度调节电位器（R_{p1}），使热电阻测温电路输出与参考电压的压差变化率为 10 mV/℃（若温度为 100 ℃，则压差为 1 000 mV）。

注意：热电阻的响应时间大概为 10 s，因此在每次调节时都需要等待一定时间，等待传感器工作稳定。

当完成零点与满度调整后，在室温状态下用数字式万用表测量实训用 Pt100 热电阻的电阻值并记录。

将 Pt100 热电阻接入温控源，或用电烙铁加热热电阻，观察数字式万用表或温度显示仪表显示数值的变化情况。

问题思考：

（1）如果将仪表放大器 U12 的同相端和反相端输入信号互换位置，按照上述步骤进行实训时将会出现什么现象？

（2）如果在进行调零时没有调整到 0 ℃时显示为 0 V，而是 0 ℃时为 10 mV 或其他值，数字显示表显示的值会有什么变化？

（3）分析热电阻测温电路测量时产生误差的原因。

📖 小经验

仪表放大器 AD8237 使用常识

AD8237 为全球领先的高性能信号处理解决方案供应商 Analog Device, inc. 推出的微功耗、零漂移仪表放大器，目前被广泛应用于便携式医疗保健、消费电子、精密仪表、电子秤等设备中。

AD8237 采用 1.8 ~ 5.5 V 单电源工作。器件增益（1 ~ 1000）通过两个外部电阻的比值进行设置。对应的输出电压表达式为

$$U_{OUT} = \left(1 + \frac{R_2}{R_1}\right)(U_{+IN} - U_{-IN}) + U_{REF} \qquad (2\text{-}5)$$

式中，R_2 为 7、8 引脚之间的电阻，R_1 为 6、7 引脚之间的电阻。

📄 2.4　热电阻相关知识

2.4.1　热电阻的特性与结构

热电阻也属于电阻式温度传感器。

热电阻是利用金属导体的电阻随温度变化而变化的特性制成的测温元件，具有正的温度系数，即电阻值随温度升高而增大。在实际测量时，可以利用万用表测量出热电阻的阻值变化，从而得到与电阻值对应的温度值。

普通热电阻传感器的结构包括测温元件、保护套管和接线盒三部分，如图 2-12 所示。

教学课件：
热电阻温度传感器

理论微课：
热电阻温度传感器

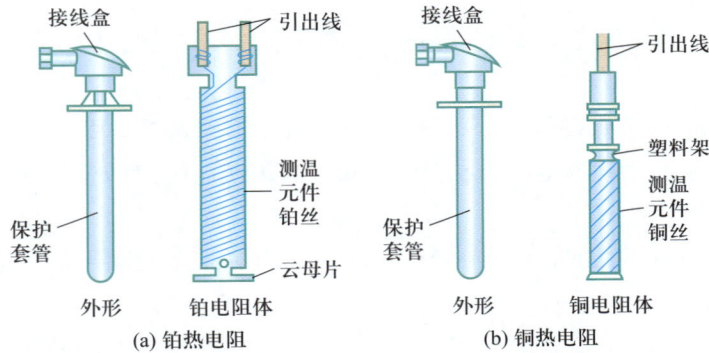

图 2-12　热电阻传感器结构示意图

测温元件（电阻体）通常采用双线形式绕在由石英、云母或塑料等材料制成的骨架上，再浸入酚醛树脂起保护作用。

小常识

金属热电阻的材料要求

金属热电阻的感温材料较多，但用于测温的热电阻有如下特殊的要求：

（1）电阻值变化与温度变化应具有良好的线性关系。

（2）电阻温度系数较大，对温度变化敏感以便于精确测量。

（3）电阻率高，热容量小，具有较快的响应速度。

（4）在测温范围内具有温度的物理、化学性质。

（5）容易加工，价格便宜。

按照上述要求，用作热电阻的金属材料一般有铂、铜、镍、铁、铁－镍等，最常用的是铂和铜。

2.4.2　热电阻的分类与工作原理

1. 热电阻的分类

对热电阻温度传感器，当金属导体两端施加电压后，在其内部杂乱无章的自由电子会形成有规律的定向运动，从而使导体导电。当温度升高时，自由电子会获取更多能量而从定向运动中挣脱出来，使定向运动被削弱，电导率降低，电阻率增大。

对于大多数金属导体，其温度特性（热电阻随温度变化而变化的特性）可表达为

$$R_t = R_0(1 + \alpha_1 t + \alpha_2 t^2 + \cdots + \alpha_n t^n) \tag{2-6}$$

式中，R_t 是温度为 t 时的电阻值；R_0 是温度为 0 ℃时的电阻值；α_1，α_2，α_n 为由材料和制造工艺所决定的系数。

热电阻按照使用材料可分为金属铂热电阻和金属铜热电阻两类；按照封装形式又可分为普通型、铠装型、端面型和防爆型等多种类型。

2. 热电阻的工作原理

（1）铂热电阻

铂热电阻在氧化性介质甚至高温情况下，其物理、化学性能稳定，电阻率大，精确度高，能耐较高的温度。对工业广泛采用的铂热电阻测温传感器，其测温范围为 −200 ~ 850 ℃。其中，在 0 ~ 850 ℃的范围内的温度特性表达为

$$R_t = R_0(1 + \alpha_1 t + \alpha_2 t^2) \tag{2-7}$$

在 $-200 \sim 0$ ℃范围内的温度特性表达为

$$R_t = R_0[1 + \alpha_1 t + \alpha_2 t^2 + \alpha_3(t - 100\,℃)t^3] \tag{2-8}$$

式中，温度系数 $\alpha_1 = 3.97 \times 10^{-3}/℃$，$\alpha_2 = -5.85 \times 10^{-7}/℃^2$，$\alpha_3 = -4.22 \times 10^{-12}/℃^3$。

由此可见，由于 R_0 初始值不同，即使被测温度 t 为同一值，所得电阻值 R_t 也不同。

我国规定了工业用铂热电阻有 $R_0 = 10\,\Omega$、$R_0 = 100\,\Omega$ 和 $R_0 = 1000\,\Omega$，对应的分度号分别为 Pt10、Pt100 和 Pt1000，其中以 Pt100 最为常用。这样，在实际测量中，只要测得热电阻的阻值 R_t，即可从对应分度表中查出对应的温度值。表 2-4 为 Pt100 的分度表。

*Pt100 分度值表是以温度为 0 ℃作为基准（即 0 ℃时电阻值为 100 Ω）进行标定的。

表 2-4　铂热电阻 Pt100 分度表　　分度号：Pt100，$R_0 = 100\,\Omega$

温度 /℃	0	10	20	30	40	50	60	70	80	90
	电阻 /Ω									
−100	60.25	56.19	52.11	48.00	43.87	39.71	35.53	31.32	27.08	22.80
−0	100.00	96.09	92.16	88.22	84.31	80.31	76.33	72.33	68.33	64.30
+0	100.00	103.90	107.79	111.67	115.54	119.40	123.24	127.07	130.89	134.70
100	138.50	142.29	146.06	149.82	153.58	157.31	161.04	164.76	168.46	172.16
200	175.84	179.51	184.17	186.82	190.45	194.07	197.69	201.29	204.88	208.45
300	212.02	215.57	219.12	222.65	226.17	229.67	233.17	236.66	240.13	243.59
400	247.04	250.48	253.90	257.32	260.72	264.11	267.49	270.86	274.22	277.56
500	280.90	284.22	287.53	290.83	294.11	297.39	300.65	303.91	307.15	310.38
600	313.59	316.80	319.99	323.18	326.35	329.51	332.66	335.79	338.92	342.03
700	345.13	348.22	351.30	354.37	357.37	360.47	363.50	366.52	369.53	372.52
800	375.51	378.48	381.45	384.34	387.34	390.26				

（2）铜热电阻

铂热电阻虽然性能较好，但其价格较贵，在测量精度要求不高且温度较低的情况下，通常会选择用铜热电阻作为测温元件。

在 $-50 \sim 150$ ℃的温度范围内，铜热电阻与温度近似呈线性关系，即

$$R_t = R_0(1 + \alpha t) \tag{2-9}$$

式中，α 为 0 ℃时铜热电阻的温度系数（$\alpha = 4.28 \times 10^{-3}/℃$）。

铜热电阻具有温度系数大、线性好、价格便宜等优点，但其电阻率较低，热惯性较差，稳定性也不如铂热电阻好。而且在高于 100 ℃以上的温度时容易氧化，因此，铜热电阻只能用于低温及没有浸蚀性的介质中。

铜热电阻有两种分度号：Cu50 和 Cu100。表 2-5 为 Cu50 的分度表。

表 2-5　铜热电阻 Cu50 分度表　　分度号：Cu50，$R_0 = 50\,\Omega$

温度 /℃	0	10	20	30	40	50	60	70	80	90
	电阻 /Ω									
−0	50.00	47.85	45.70	43.55	41.40	39.24				
+0	50.00	52.14	45.28	56.42	58.56	60.70	62.84	64.98	67.12	69.26
100	71.40	73.54	75.68	77.83	79.98	82.13				

任务 5　热电偶及其应用分析

学习目标

（1）了解热电偶的种类、结构与特性

（2）熟悉热电偶接口电路的设计方法

（3）能用万用表检测热电偶的质量

（4）能设计、制作与调试热电偶温度测量电路

实训视频：
热电偶温度测
量电路的调试

技能训练 6　热电偶温度测量电路制作与调试

任务描述：

利用热电偶传感器，设计制作一种温度测量电路。通过该项目设计与制作，进一步理解热电偶的工作特性及典型应用方法。要求对训练用电子元器件、集成电路、热电偶进行正确识别与质量检测，在万能板上焊接一个热电偶温度测量电路，并通过测量电路输出电压，对照热电偶分度表计算被测温度。

器材准备：

K 型热电偶、AD8237 仪表放大器、OP2177 运算放大器、红色发光二极管、温度计、万用表（或温度显示仪表）、恒温电烙铁、电阻若干，直流稳压电源 1 台。

设计制作与调试过程：

按照任务要求设计的温度测量电路主要由 K 型热电偶温度传感器、AD8237 仪表放大器、OP2177 运算放大器、显示电路等组成，其参考电路如图 2-13 所示。

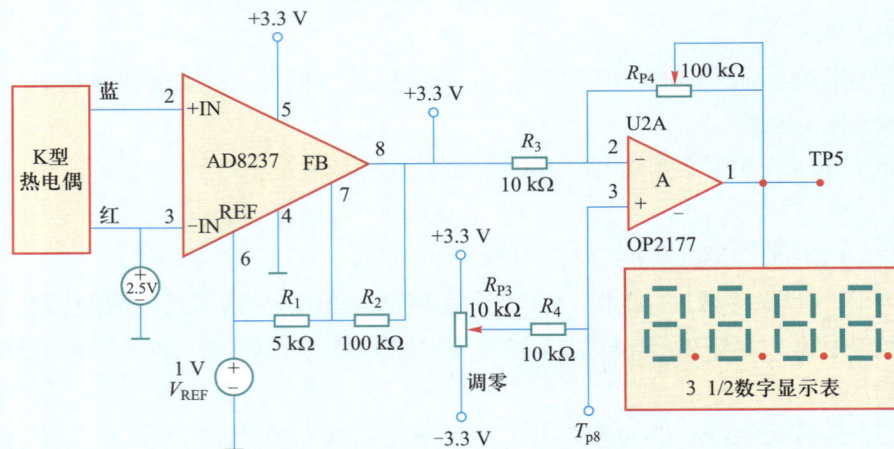

图 2-13　热电偶温度测量电路图

一般恒温电烙铁的温度可调范围是 $200 \sim 450\ ℃$，按照运算放大器输出直流电压与被测温度换算关系，可以初步计算实训电路中两级运算放大器输出端对应的直流电压范围。

由于 K 型热电偶两端输出为变化极小的（mV 级）电动势，在电路设计时先给其一个偏置电压后送入高精密 AD8237 仪表放大器电路进行信号放大，放大后的信号再送入由

OP2177 运算放大器构成的放大电路中进行信号放大与调整（包括调节零点、调节满度），输出结果可送入数字显示表中显示。

按照图 2-13 给定的电路参数及设计选择电阻参数在电路板上排版并焊接电路，电路焊接样板如图 2-14 所示，此图也是热电偶温度测量电路 AR 体验识别图。

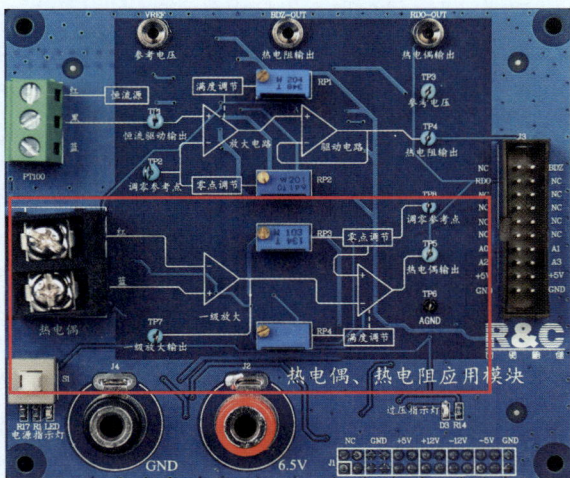

图 2-14   热电偶温度测量电路 AR 体验识别图

AR 体验：
扫描二维码下载驱动程序，安装成功后扫描"热电偶温度测量电路 AR 体验识别图"进行体验

将热电偶（K 型）接入到图 2-14 中的热电偶接口中。使用跳线将热电偶输出（RDO_OUT）与底板显示单元的 $V_{\text{IN+}}$ 端连接，使用跳线将参考电压 V_{REF} 与 $V_{\text{IN-}}$ 端连接。检查无误后接通电路板的电源。

零点调整：将热电偶放置在 0 ℃ 的冰水或温控源中，调节调零电位器 R_{P3} 使调零参考点（TP8）与一级放大输出（TP7）处的压差为零；

满度调整：将热电偶放置在一定温度的热源中，调节满度调节电位器（R_{P4}）使热电偶输出（TP5）与调零参考点（TP8）的压差变化为 10 mV/℃（若温度为 100 ℃，则压差为 1000 mV）。再次将热电偶放置在 0 ℃ 的冰水或温控源中，调节调零电位器（R_{P3}）使热电偶输出（RDO_OUT）与参考电压（VREF）之间的压差为零。

注意：热电偶的响应时间大概为 20 s，因此每次调节都需要等待一会，等待传感器工作稳定。

调节温控源或恒温电烙铁温度为 0～100 ℃ 之间的任意温度值，观察数字式万用表输出电压或温度显示仪表所显示温度值的变化情况，并记录。

问题思考：

（1）如果将电路接通后，测量电路的零点与满度均不能调整到位，可能是什么原因？

（2）本训练项目中测量得到的温度误差来源主要有哪些？

🖳 **小常识**

热电偶放大器输出直流电压与被测温度的换算关系

由于热电偶分度表给定的是冷端温度为 0 ℃ 时的参考值，首先用温度计测量出实训时的室温（假定为 20 ℃），查 K 型热电偶分度表在 20 ℃ 时对应的热电动势为

$$E(t, 20)=0.798 \text{ mV}$$

将热源（如恒温电烙铁）接通电源，将温度调节旋钮调到合适位置，将热源（电烙铁头）与热电偶紧密接触，并接通实训电路电源。若在两级放大器末端输出用万用表测量得到的直流电压为 1.300 V，即此时热电偶的热端输出电动势为 $E(t, 0)=1.300/100$ V$=13$ mV（假设两级放大器的总电压放大倍数为 100），则实际被测介质温度对应的热电动势为

$$E(t, 0)=E(t, 20)+E(20, 0)=13.00 \text{ mV}+0.798 \text{ mV}=13.798 \text{ mV}$$

再从 K 型热电偶分度表中查得 $E(330, 0)=13.456$ mV，$E(340, 0)=13.874$ mV

因此，实际被测电烙铁头温度为

$$t=\left[330+\frac{13.798-13.456}{13.874-13.456}\times(340-330)\right]℃=338.18℃$$

2.5   热电偶相关知识

热电偶温度传感器是目前温度测量中使用最普遍的传感元件之一，它是将温度变化转变为微小的电动势变化。热电偶是一种有源传感器，测量时不需要外加电源，具有结构简单、测量范围宽、准确度高、热惯性小，以及因输出信号为电信号便于远距离传输或信号转换等优点，能用来测量流体的温度、固体以及固体壁面的温度。

小贴士

工业用标准信号

在工业自动化控制系统中，通常采用温度变送器将温度传感器（例如热电阻、热电偶等）输出信号进行信号转换，变成国际标准统一的二线制 4～20 mA（或 1～5 V）信号。在实际使用中，常将温度传感器与温度变送器组合在一起构成一体化温度变送器，把被测量的温度信号转换为二线制 4～20 mA DC 的电信号传输给显示仪、调节器、记录仪、DCS 等，实现对温度的精确测量和控制。一体化温度变送器是现代工业现场、科研院所温度测控的更新换代产品，是集散系统、数字总线系统的必备产品。

2.5.1   热电偶的结构与分类

1. 热电偶的定义和结构

国家标准对热电偶的定义为由一对不同材料的导体构成，其一端相互连接，利用热电效应实现温度测量的一种温度检测器。

热电偶就是两种不同导体 A、B 的组合，这两种导体称为热电极。在两个接点中，一个为工作端（也称为热端），测量时将它置于被测温度场中；另一个为自由端（也称为冷端），通常要求它置于恒定的温度场中。

普通热电偶由热电极、绝缘套管、保护管和接线盒等主要部分组成，结构如图 2-15 所示。从结构上，热电偶可分为普通热电偶、铠装型热电偶、薄膜型热电偶、表面型热电偶和浸入式热电偶等多种类型。

铠装型热电偶由热电极、绝缘材料和金属套管组合加工而成，其特点是耐高压、反应时间快、测量时热容量小、热惯性好、动态响应快、强度高、抗震性好、坚固耐用等。

教学课件：
• 热电偶基础知识

理论微课：
• 热电偶基础知识

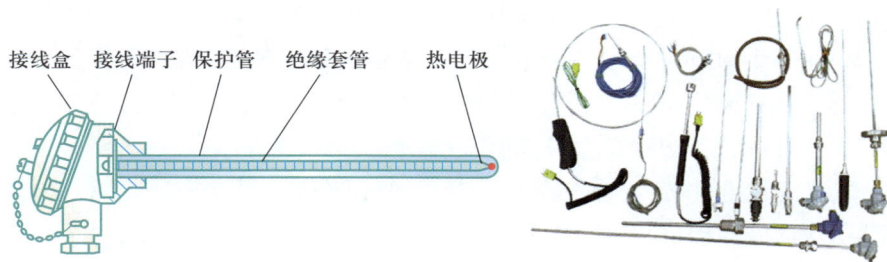

接线盒　接线端子　保护管　绝缘套管　热电极

图 2-15　热电偶的结构

2. 热电偶的分类

热电偶从材料上可分为标准化热电偶和非标准化热电偶两大类。经国际电工委员会（IEC）认证的热电偶为标准化热电偶，未经国际电工委员会（IEC）认证的热电偶为非标准化热电偶。

目前，国际电工委员会推荐了 8 种类型作为标准化热电偶，即 T 型、E 型、J 型、K 型、N 型、B 型、R 型和 S 型，表 2-6 为这 8 种标准化热电偶的特性。

表 2-6　8 种标准化热电偶的特性

名称	铂铑 30-铂铑 6	铂铑 13-纯铂	铂铑 10-纯铂	镍铬-镍硅	镍铬硅-镍硅	镍铬-铜镍	铁-铜镍	铜-铜镍
分度号	B	R	S	K	N	E	J	T
测温范围/℃	0～1700	0～1300	0～1600	0～1200	0～1200	0～600	-200～750	0～300

🖥 小常识

热电偶的材料要求

理论上讲，任意两种不同材料的导体都可以组成热电偶，但是选择不同的材料会影响测量的温度范围、灵敏度、精度和稳定性等。为准确可靠地进行温度测量，应对热电偶材料进行严格选择。

热电偶材料应满足：

- 物理性能稳定，热电特性不随时间改变；
- 化学性能稳定，以保证在不同介质中测量时不被腐蚀；
- 热电动势高，电导率高，且电阻温度系数小；
- 便于制造；
- 复现性好，便于成批生产。

2.5.2　热电偶的工作原理

热电偶是基于热电效应进行温度测量的。所谓热电效应，是指当两种不同的导体两端相互紧密地连接在一起组成闭合回路时，如果两接点温度不等，在回路中将会产生大小和方向与导体材料及两接点的温度有关的电动势，并形成回路电流。该回路中所产生的电动势称为热电动势。

1. 热电偶热电动势组成

物理学表明，热电动势由接触电动势和温差电动势两部分组成。

（1）接触电动势

接触电动势是由于两种不同导体 A、B 的自由电子密度不同而在接触处形成的电动势。当两种

动画：
热电偶结构

教学课件：
热电偶工作原理

理论微课：
热电偶工作原理

不同导体材料接触在一起时，由于各自的自由电子密度不同，使各自的自由电子透过接触面相互向对方扩散，电子密度大的材料由于失去的电子多于获得的电子而在接触面附近积累正电荷，电子密度小的材料由于获得的电子多于失去的电子而在接触面附近积累负电荷，因此，在接触面处很快形成一静电性稳定的电位差 $e_{AB}(t)$，如图 2-16 所示。

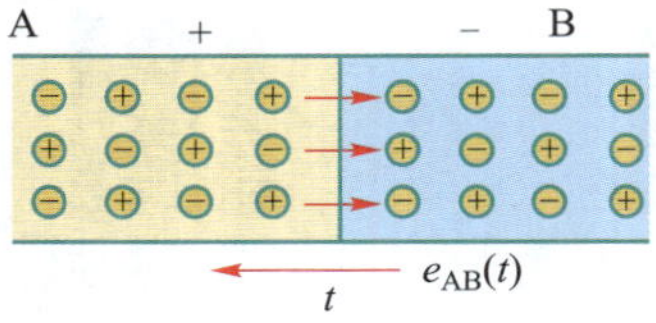

图 2-16   接触电动势形成过程

接触电动势的大小与导体的材料、接点的温度有关，而与导体的直径、长度、几何形状等无关。接触电动势可表示为

$$e_{AB}(T) = \frac{kT}{e} \ln \frac{N_A(T)}{N_B(T)}$$

$$e_{AB}(T_0) = \frac{kt_0}{e} \ln \frac{N_A(T_0)}{N_B(T_0)}$$

（2-10）

动画：
· 热电效应

式中， $e_{AB}(T)$、$e_{AB}(T_0)$——导体 A、B 接点在温度 T、T_0 时形成的接触电动势；

e——单位电荷，$e=1.6 \times 10^{-19}$ C；

k——波尔兹曼常数，$k=1.38 \times 10^{-23}$ J/K；

$N_A(T)$、$N_B(T)$、$N_A(T_0)$、$N_B(T_0)$——导体 A、B 在温度为 T、T_0 时的电子密度。

由此可见，接触电动势的大小与温度高低及导体中的电子密度有关。温度越高，接触电动势越大；两种导体电子密度的比值越大，接触电动势也越大。

（2）温差电动势

对单一金属导体，如果将导体两端分别置于不同的温度场 T、T_0（$T>T_0$）中，在导体内部，热端的自由电子具有较大的动能将会向冷端移动，导致热端失去电子带正电，冷端得到电子带负电。这样，在导体两端将会产生一个热端指向冷端的静电场（电动势），这一电动势称为温差电动势。温差电动势的大小可表示为

$$e_A(T,T_0) = \int_{T_0}^{T} \sigma_A \mathrm{d}t$$

$$e_B(T,T_0) = \int_{T_0}^{T} \sigma_B \mathrm{d}t$$

（2-11）

式中，$e_A(T,T_0)$、$e_B(T,T_0)$——导体 A、B 两端温度为 T、T_0 时形成的温差电动势；

T，T_0——高、低端的绝对温度；

σ_A、σ_B——汤姆逊系数，表示导体 A、B 两端的温度差为 1 ℃时所产生的温差电动势。例如在 0 ℃时，铜的 $\sigma=2$ μV/℃。

（3）回路总电动势

由导体材料 A、B 组成的闭合回路，其接点温度分别为 T、T_0，如果 $T>T_0$，则必存在着两个接触电动势和两个温差电动势，回路总电动势为

$$E_{AB}(T,T_0) = e_{AB}(T) - e_{AB}(T_0) - e_A(T,T_0) + e_B(T,T_0)$$

$$= \frac{kT}{e} \ln \frac{N_{AT}}{N_{BT}} - \frac{kT_0}{e} \ln \frac{N_{AT_0}}{N_{BT_0}} + \int_{T_0}^{T} (-\sigma_A + \sigma_B) \mathrm{d}t$$

（2-12）

式中，$N_A(T)$、$N_A(T_0)$——导体 A 在接点温度为 T 和 T_0 时的电子密度；

$N_B(T)$、$N_B(T_0)$——导体 B 在接点温度为 T 和 T_0 时的电子密度；

σ_A、σ_B——导体 A 和 B 的汤姆逊系数。

在工程应用中，常用试验的方法得出温度与热电动势的关系并做成表格，以供备查。由公式可得

$$E_{AB}(T,T_0) = E_{AB}(T) - E_{AB}(T_0)$$

$$= E_{AB}(T) - E_{AB}(0) - [E_{AB}(T) - E_{AB}(T_0)]$$

$$= E_{AB}(T,0) - E_{AB}(T_0,0)$$

（2-13）

热电偶的热电动势等于两端温度分别为 T 和零度以及 T_0 和零度的热电动势之差。

2. 热电偶回路的性质

（1）均质导体定律

由一种均质导体组成的闭合回路，不论其导体是否存在温度梯度，回路中也没有电流（即不产生电动势）；反之，如果有电流流动，此材料则一定是非均质的，即热电偶应采用两种不同材料作为电极。

（2）中间导体定律

一个由几种不同导体材料连接成的闭合回路，只要它们彼此连接的接点温度相同，则此回路各接点产生的热电动势的代数和为零，图 2-17 所示为由 A、B、C 三种材料组成的闭合回路，则

$$E_{总}=E_{AB}(T)+E_{BC}(T)+E_{CA}(T)=0 \tag{2-14}$$

结论：可以在回路中接入电气测量仪表，而且也允许采用任意的方法来焊接热电偶。

（3）中间温度定律

中间温度定律是制定热电偶分度表的理论依据。

热电偶回路两接点（温度为 T、T_0）间的热电动势，等于热电偶在温度为 T、T_n 时的热电动势与在温度为 T_n、T_0 时的热电动势的代数和，其原理如图 2-18 所示，即

$$E_{AB}(T, T_0)=E_{AB}(T, T_n)+E_{AB}(T_n, T_0) \tag{2-15}$$

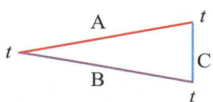

图 2-17　中间导体定律示意图　　　　　　图 2-18　中间温度定律示意图

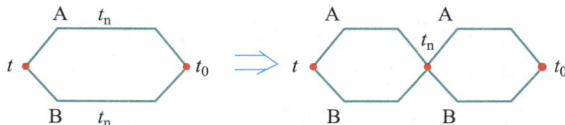

热电偶分度表按冷端温度为 0 ℃时分度，若冷端温度不为 0 ℃，则可视实际冷端温度 T_0 为中间温度 T_n，则满足

$$E_{AB}(T, 0)=E_{AB}(T, T_0)+E_{AB}(T_0, 0) \tag{2-16}$$

🖳 小提示

热电偶的热电动势与温度关系

热电偶回路热电动势只与组成热电偶的材料及两端温度有关；与热电偶的长度、粗细无关（同材料同温度的总电动势为 0）。

只有用不同性质的导体（或半导体）才能组合成热电偶；相同材料不会产生热电动势，因为当 A、B 两种导体是同一种材料时，$\ln(N_A/N_B)=0$，也即 $E_{AB}(T, T_0)=0$。

只有当热电偶两端温度不同，且热电偶的两导体材料不同时才能有热电动势产生。导体材料确定后，热电动势的大小只与热电偶两端的温度有关。如果使 $E_{AB}(T_0)=$ 常数，则回路热电动势 $E_{AB}(T, T_0)$ 就只与温度 T 有关，而且是 T 的单值函数，这就是利用热电偶测温的原理。

实际应用中，只用显示仪表测得 E，即可知热端温度 T。

实际测量中，保持冷端温度 T_0 不变，对于确定材料的热电偶，$E-T$ 之间呈单值关系，可以用精密实验法测得，测得 E，即可知道热端温度 T。

2.5.3　热电偶冷端补偿

1. 热电偶冷端补偿方法

根据热电偶的测温原理可知，热电偶热电动势的大小是热端温度和冷端的函数差，为保证输出

热电动势是被测温度的单值函数，必须使冷端温度保持恒定。但实际应用时，由于热电偶冷端距离工作端很近，且又处在大气中，其温度因受到测量对象和周围环境温度波动影响而很难保持恒定，这样将会给测量带来误差。因此，实际测量时应对热电偶的冷端进行温度补偿。常用的温度补偿方法有补偿导线法、冷端温度补偿法、冷端补偿器法、软件处理法等。

2. 热电偶冷端补偿原理

（1）补偿导线法

补偿导线法又称为参考端延长法。在实际测温中，热电偶置于所测温度场中，指示仪表往往距被测温度场很远，如果采用贵重金属的热电偶材料作为连接线势必造成成本的大幅提高。因此，在实际测温中，常采用廉价的补偿导线来完成长远距离的连接，此连接线称为参考端补偿导线或延长线。

补偿导线在一定温度范围（0 ~ 150 ℃）的热性能与相应热电偶的热电性能相同，但使用补偿导线仅能延长热电偶的自由端，对温度补偿不起任何作用。

（2）冷端温度补偿法

冷端温度补偿法主要是指将参考端置于零度或某一恒定温度的恒温容器内。若将参考端置于冰水混合物的恒温容器内，使冷端的温度始终保持在零度不变，这种方法只适用于实验室或精密的温度测量中。

若将参考端温度置于某一恒定温度下，则可以利用中间温度定律计算修正。

（3）软件处理法

对于计算机系统，不必全靠硬件进行热电偶冷端处理。例如，冷端温度恒定但不为 0 ℃的情况，可采用软件处理法，只需在采样后加一个与冷端温度对应的常数即可。

📖 小常识

使用补偿导线注意事项

① 各种补偿导线只能与相应型号的热电偶配用，如铜 – 铜镍补偿导线只能与铂铑 $_{10}$– 铂热电偶配用，铜 – 康铜补偿导线只能与镍铬 – 镍硅热电偶配用等。

② 补偿导线与热电偶连接时，正极应当接正极，负极接负极，极性不能接反；否则将会造成更大的测量误差。

③ 补偿导线与热电偶连接的两个接点应靠近，尽量保持两个接点温度相同。

④ 补偿导线应在规定的温度范围内使用，而且补偿导线长度控制在 15 m 以内。

2.5.4　热电偶分度表

热电偶的热电动势与温度对应关系通常使用热电偶分度表来查询，分度表的编制是在冷端温度为 0 ℃时进行的，根据不同的热电偶类型，分别制成表格形式。利用分度表可以查找出 $E(T, 0)$，即冷端温度为 0 ℃时热端温度为 T 时回路热电动势。表 2-7 为 S 型热电偶的分度表，表 2-8 为 K 型热电偶的分度表。

表 2-7　铂铑 10- 铂热电偶（S 型）分度表（ITS-90）　（参考端温度为 0 ℃）

温度 /℃	0	10	20	30	40	50	60	70	80	90
	热电动势 /mV									
0	0.000	0.055	0.113	0.173	0.235	0.299	0.365	0.432	0.502	0.573
100	0.645	0.719	0.795	0.872	0.950	1.029	1.109	1.190	1.273	1.356

续表

温度/℃	0	10	20	30	40	50	60	70	80	90
	热电动势 /mV									
200	1.440	1.525	1.611	1.698	1.785	1.873	1.962	2.051	2.141	2.232
300	2.323	2.414	2.506	2.599	2.692	2.786	2.880	2.974	3.069	3.164
400	3.260	3.356	3.452	3.549	3.645	3.743	3.840	3.938	4.036	4.135
500	4.234	4.333	4.432	4.532	4.632	4.732	4.832	4.933	5.034	5.136
600	5.237	5.339	5.442	5.544	5.648	5.751	5.855	5.960	6.065	6.169
700	6.274	6.380	6.486	6.592	6.699	6.805	6.913	7.020	7.128	7.236
800	7.345	7.454	7.563	7.672	7.782	7.892	8.003	8.114	8.255	8.336
900	8.448	8.560	8.673	8.786	8.899	9.012	9.126	9.240	9.355	9.470
1000	9.585	9.700	9.816	9.932	10.048	10.165	10.282	10.400	10.517	10.635
1100	10.754	10.872	10.991	11.110	11.229	11.348	11.467	11.587	11.707	11.827
1200	11.947	12.067	12.188	12.308	12.429	12.550	12.671	12.792	12.912	13.034
1300	13.155	13.397	13.397	13.519	13.640	13.761	13.883	14.004	14.125	14.247
1400	14.368	14.610	14.610	14.731	14.852	14.973	15.094	15.215	15.336	15.456
1500	15.576	15.697	15.817	15.937	16.057	16.176	16.296	16.415	16.534	16.653
1600	16.771	16.890	17.008	17.125	17.243	17.360	17.477	17.594	17.711	17.826
1700	17.942	18.056	18.170	18.282	18.394	18.504	18.612	—	—	—

表 2-8　镍铬－镍硅热电偶（K 型）分度表　（参考端温度为 0 ℃）

温度/℃	0	−10	−20	−30	−40	−50	−60	−70	−80	−90	−95	−100
	热电动势 /mV											
−200	−5.8914	−6.0346	−6.1584	−6.2618	−6.3438	−6.4036	−6.4411	−6.4577				
−100	−3.5536	−3.8523	−4.1382	−4.4106	−4.669	−4.9127	−5.1412	−5.354	−5.5503	−5.7297	−5.8128	−5.8914
0	0	−0.3919	−0.7775	−1.1561	−1.5269	−1.8894	−2.2428	−2.5866	−2.9201	−3.2427	−3.3996	−3.5536

温度/℃	0	10	20	30	40	50	60	70	80	90	95	100
	热电动势 /mV											
0	0	0.3969	0.7981	1.2033	1.6118	2.0231	2.4365	2.8512	3.2666	3.6819	3.8892	4.0962
100	4.0962	4.5091	4.9199	5.3284	5.7345	6.1383	6.5402	6.9406	7.34	7.7391	7.9387	8.1385
200	8.1385	8.5386	8.9399	9.3427	9.7472	10.1534	10.5613	10.9709	11.3821	11.7947	12.0015	12.2086
300	12.2086	12.6236	13.0396	13.4566	13.8745	14.2931	14.7126	15.1327	15.5536	15.975	16.186	16.3971
400	16.3971	16.8198	17.2431	17.6669	18.0911	18.5158	18.9409	19.3663	19.7921	20.2181	20.4312	20.6443
500	20.6443	21.0706	21.4971	21.9236	22.35	22.7764	23.2027	23.6288	24.0547	24.4802	24.6929	24.9055
600	24.9055	25.3303	25.7547	26.1786	26.602	27.0249	27.4471	27.8686	28.2895	28.7096	28.9194	29.129
700	29.129	29.5476	29.9653	30.3822	30.7983	31.2135	31.6277	32.041	32.4534	32.8649	33.0703	33.2754
800	33.2754	33.6849	34.0934	34.501	34.9075	35.3131	35.7177	36.1212	36.5238	36.9254	37.1258	37.3259
900	37.3259	37.7255	38.124	38.5215	38.918	39.3135	39.708	40.1015	40.4939	40.8853	41.0806	41.2756
1000	41.2756	41.6649	42.0531	42.4403	42.8263	43.2112	43.5951	43.9777	44.3593	44.7396	44.9293	45.1187
1100	45.1187	45.4966	45.8733	46.2487	46.6227	46.9955	47.3668	47.7368	48.1054	48.4726	48.6556	48.8382
1200	48.8382	49.2024	49.5651	49.9263	50.2858	50.6439	51.0003	51.3552	51.7085	52.0602	52.2354	52.4103
1300	52.4103	52.7588	53.1058	53.4512	53.7952	54.1377	54.4788	54.8186				

小知识

热电偶分度表给出的热电动势是以冷端温度 0 ℃为依据，否则会产生误差。

例：用铜－康铜热电偶测某一温度 T，参比端在室温环境 T_H 中，测得热电动势 $E_{AB}(T, T_H) = 1.999$ mV，又用室温计测出 $T_H = 21$ ℃，查此种热电偶的分度表可知，$E_{AB}(21, 0) = 0.832$ mV，故得

$$E_{AB}(T, 0)=E_{AB}(T, 21)+E_{AB}(21, T_0)$$

$$=1.999+0.832 \text{ mV}$$

$$=2.831 \text{ mV}$$

再次查分度表，与 2.831 mV 对应的热端温度 $T=68$ ℃。

注意：既不能只按 1.999 mV 查表，认为 $T=49$ ℃，也不能把 49 ℃加上 21 ℃，认为 $T=70$ ℃。

　　热电阻、热敏电阻和热电偶虽都是温敏传感器，均可用于温度场的测量。但它们的工作原理各不相同，尤其对热敏电阻，由于其线性较差，一般只用在温度测量与报警电路中（但对一些线性度较好的热敏电阻也可以用作温度测量）。

🔲 小常识

热电偶、热电阻和热敏电阻之间的区别

　　原理与特点不同：热电偶的测温原理是基于热电效应；热电阻的测温原理是基于导体的电阻值随着温度的变化而变化的特性；热敏电阻的测温原理是基于半导体的电阻率随着温度的变化而变化的特性；

　　信号性质不同：热电阻、热敏电阻产生的是阻值变化；热电偶是产生热电动势的变化；

　　检测的温度范围不一样：热电阻、热敏电阻是中低温检测；热电偶通常是中高温检测；

　　类型不同：热敏电阻有正温度系数、负温度系数等不同类型；热电阻均具有正温度系数；

　　材料不同：热电阻是金属材料；热敏电阻是半导体材料；热电偶是双金属或合金材料；

　　工作中的现场判断不同：热电阻、热敏电阻用万用表判断短路和断路，也可以通过加热观察电阻变化；热电偶有正负极，补偿导线也有正负之分。

任务 6　集成温度传感器及其应用分析

📋 学习目标

（1）了解集成温度传感器结构与分类

（2）熟悉集成温度传感器接口电路的设计方法

（3）能用万用表检测集成温度传感器的质量

（4）能设计、制作与调试集成温度传感器测量电路

实训视频：
集成温度传感
器电路的调试

技能训练 7　集成温度传感器测量电路制作与调试

任务描述：

　　利用集成温度传感器，设计制作一种温度测量电路。通过该项目设计与制作，进一步理解集成温度传感器的典型应用方法。要求对训练用电子元器件、集成温度传感器进行正确识

别与质量检测，在万能板上焊接一个温度测量电路，并能够进行数值显示。通过该项目训练，掌握电子产品电路的设计与调试方法。

器材准备：

LM35 集成温度传感器、数字式万用表或数字显示表头、直流稳压电源 1 台。

设计制作与调试过程：

按照任务要求设计的温度测量电路主要由集成温度传感器、数字显示表头等组成。其参考电路如图 2-19 所示。

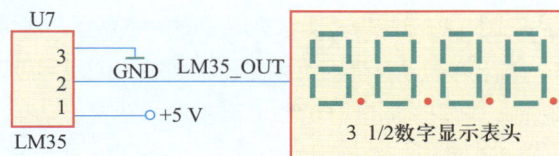

图 2-19　LM35 温度传感器测量电路

LM35 是一款精密温度传感器，其输出电压与摄氏温标呈线性关系，测温范围为 0 ~ 100 ℃，对应输出在 0 ~ 1 000 mV 之间变化，所以集成温度传感器输出端可以直接接入数字显示仪表测量。

将集成温度传感器 LM35 焊接到图 2-20 电路板的相应位置，此图也是集成温度传感器测量电路的 AR 体验识别图。检查电路连接，确认无误后接通供电电压（+5 V），用数字式万用表测试是否正常。

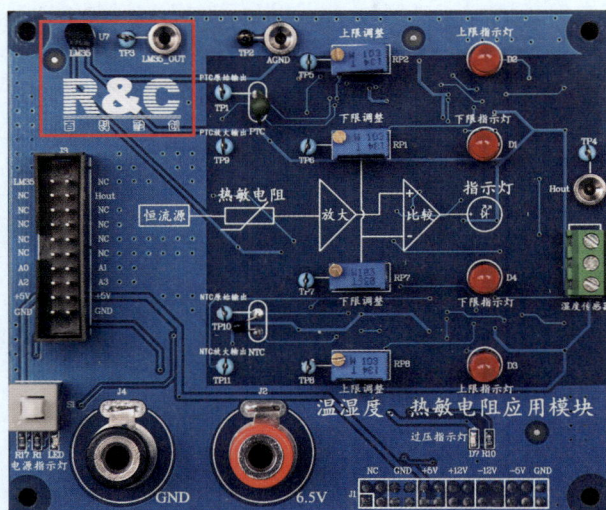

图 2-20　集成温度传感器测量电路 AR 体验识别图

将 LM35 温度传感器放置于当前环境温度中，通过数字显示表头读出温度值；改变传感器表面温度，记录数字显示表头显示的温度值。同时用万用表测量 LM35 输出端电压，记录在不同温度下的电压值，与数字显示表头的数值进行对照。

问题思考：

（1）如果发现 LM35 集成温度传感器在实训过程中输出的电压偏高，该如何处理？

（2）若 LM35 供电电压波动比较大，对测量结果将会造成怎样的影响？

AR 体验：
扫描二维码下载驱动程序，安装成功后扫描"集成温度传感器测量电路 AR 体验识别图"进行体验

2.6　集成温度传感器相关知识

2.6.1　集成温度传感器的结构与分类

1. 集成温度传感器的结构

集成温度传感器是利用半导体 PN 结的电流、电压特性与温度的关系，把温度敏感器件、信号放大电路、温度补偿电路、基准电源电路等在内的各个单元集成在一块极小的半导体芯片内，构成一个专用集成电路。

与传统的热敏电阻、热电阻、热电偶等相比，集成温度传感器具有测量精度高、线性好、灵敏度高、体积小、稳定性好、输出信号大等优点，因此在测温技术中应用越来越广泛。但由于受 PN 结耐热性能和特性范围的限制，它只能测量 150 ℃以下的温度。

2. 集成温度传感器的分类

按输出信号类型的不同，集成温度传感器可分为模拟式集成温度传感器、数字式集成温度传感器。模拟式集成温度传感器又分为电流型、电压型两大类。

按照输出信号形式的不同，集成温度传感器又可分为电压型集成温度传感器、电流型集成温度传感器、频率输出型集成温度传感器三大类。

电压型集成温度传感器输出阻抗低，易于同信号处理电路连接。电流型集成温度传感器输出阻抗高，可用于远距离温度遥感和遥测，而且不用考虑接线引入损耗和噪声。频率输出型集成温度传感器易于和微型计算机的连接。

常用的集成温度传感器类型有 LM35、AD590、AD592、LM56、LM335/LM336、AN6701、DS18B20 等。

2.6.2　集成温度传感器的工作原理

1. 电压输出型集成温度传感器

电压输出型集成温度传感器的输出信号为模拟电压，常见的有 LM35、AN6701S 等。

（1）LM35 集成温度传感器

LM35 是一款电压输出型精密温度传感器，测温范围为 0 ~ 100 ℃，其输出电压与摄氏温标呈线性关系，转换公式如式（2-17）所示。

在温度为 0 ℃时 LM35 输出为 0 V，随着温度每升高 1 ℃，输出电压增加 10 mV。

$$U_{out\_LM35}(t) = 10 \text{ mV/℃} \times t \text{ ℃} \tag{2-17}$$

LM35 有多种不同封装形式，TO-92 封装如图 2-21 所示。在常温下，LM35 不需要额外的校准处理即可达到 ±0.25 ℃的准确率。

因为 LM35 温度传感器的输出在 0 ~ 1 000 mV 之间变化，所以集成温度传感器输出端可以直接接入数字显示仪表。

（2）AN6701S 集成温度传感器

AN6701S 是日本松下公司生产的电压输出型集成温度传感器，其输出电压和温度变化成正比。

AN6701S 有 4 个引脚，其引脚排列如图 2-22 所示。AN6701S 共有三种连线方式，如图 2-23 所示。图 2-23（a）为正电源供电，图 2-23（b）为负电源供电，图 2-23（c）为

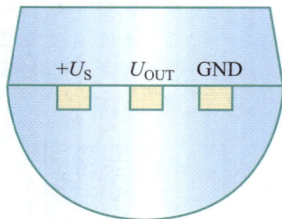

图 2-21　LM35 温度传感器底视图

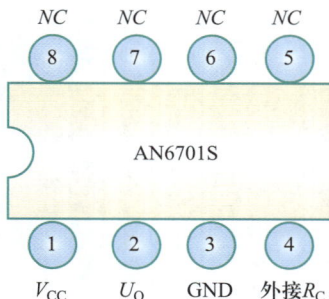

图 2-22　AN6701S 引脚排列

输出极性颠倒。电阻 R_C 用来调整 25 ℃下的输出电压，使其等于 5 V，R_C 阻值的范围在 3 ~ 30 kΩ，这时灵敏度可达 109 ~ 110 mV/℃，在 −10 ~ 80 ℃温度范围基本误差不大于 ±1 ℃。

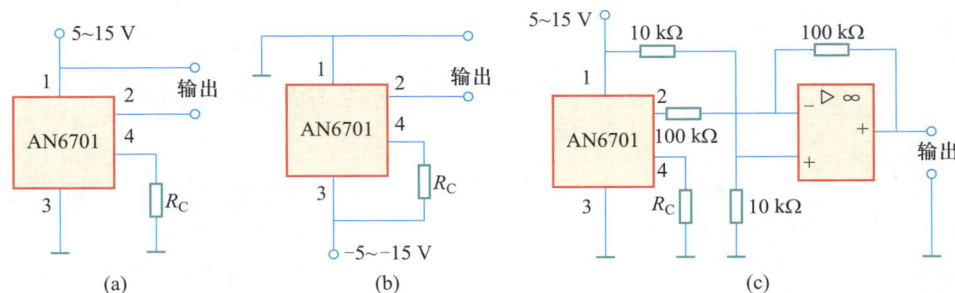

图 2-23　AN6701S 连线方式

2. 电流输出型集成温度传感器

AD590 是电流型集成温度传感器，其输出电流与环境绝对温度成正比。AD590 输出电流是以绝对温度零度（−273 ℃）为基准，每增加 1 ℃，它会增加 1 μA 输出电流，即温度灵敏系数为 1 μA/K。因此在室温 25 ℃时，其输出电流 I_{out}=(273+25) μA=298 μA。图 2-24 为 AD590 的外形和引脚排列，图 2-25 为 AD590 的电路符号与典型应用电路，图 2-26 为 AD590 构成的数字式温度计。

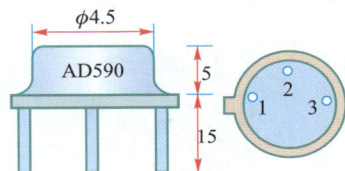

图 2-24　AD590 的外形和引脚排列

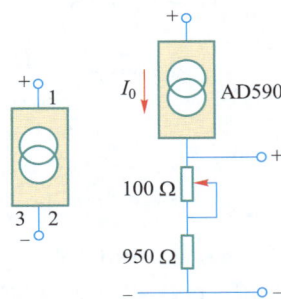

图 2-25　AD590 的电路符号与典型应用电路

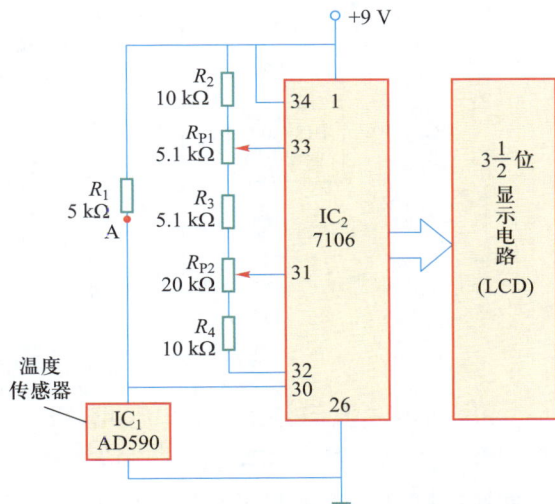

图 2-26　AD590 构成的数字式温度计

由于 AD590 是电流输出型温度传感器，在实际应用中，常在其输出端串联 1 kΩ 的精密电阻将电流信号转换成对应的电压信号以便于后续电路处理。

任务 7　热释电红外传感器及其应用分析

学习目标

（1）了解热释电红外传感器的结构与特性

（2）熟悉热释电红外传感器的工作原理

（3）能用万用表检测热释电红外传感器的质量

（4）能设计、制作与调试热释电红外传感器测量电路

实训视频：
人体红外感应报
警电路的调试

技能训练 8   人体红外感应报警电路制作与调试

任务描述：

利用热释电红外传感器制作完成一种人体感应报警电路。通过项目训练，熟悉热释电红外传感器原理，掌握热释电红外传感器构成人体感应报警电路的制作与调试方法。

器件准备：

热释电红外传感器、集成运算放大器、三极管、电阻、蜂鸣器、发光二极管、数字式万用表等。

设计制作与调试过程：

热释电红外传感器是基于热电效应原理的热电型红外传感器，由传感探测元件、干涉滤光片和场效应管匹配器三部分组成。热释电红外传感器在热辐射能量发生改变时，会产生电荷变化。热释电红外传感器主要应用于人体移动探测器、被动红外防盗报警器以及自动灯开关等。

按照任务要求设计的人体红外感应报警电路原理图如图 2-27 所示。

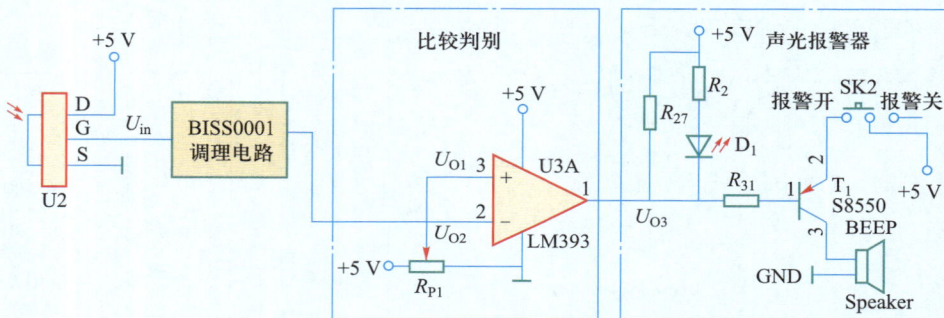

图 2-27   人体红外感应报警电路原理图

BISS0001 是由运算放大器、电压比较器、状态控制器、延迟时间定时器及封锁时间定时器等构成的数模混合专用集成调理电路，其内部结构如图 2-28 所示。BISS0001 具有较高性能的传感信号处理集成电路，它配以热释电红外传感器和少量外接元器件构成被动式的热释电红外开关。

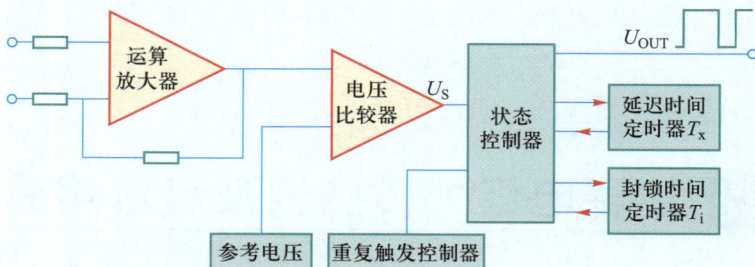

图 2-28   BISS0001 内部结构

在图 2-27 中，U2 为人体红外感应传感器，上方带有一个菲涅尔镜片，输出电压为 U_{in}，经过热释电红外处理芯片 BISS0001，最终输出电压 U_{o2} 与参考电位 U_{o1} 通过比较器 LM393

比较。当有人体在传感器周围移动时，U_{o2} 电压比 U_{o1} 高，U_{o3} 输出低电平，发光二极管 D_1 被点亮，三极管（T_1）驱动蜂鸣器 BEEP 发出警报声。同理，当传感器周围没有人体移动时，U_{o2} 电压比 U_{o1} 低，U_{o3} 输出高电平，发光二极管 D_1 不亮，蜂鸣器不响。

电路焊接与调试：

按照图 2-27 给定电路参数及设计选择的电阻参数在电路板上排版并焊接电路，电路样板如图 2-29 所示，此图也是人体红外感应报警电路 AR 体验识别图。

图 2-29 红外人体感应报警电路 AR 体验识别图

AR 体验：
扫描二维下载驱动程序，安装成功后扫描"人体红外感应报警电路 AR 体验识别图"进行体验

检查各相关连接线路，接通电源，确认后用数字式万用表测量红外人体感应应用模块的供电电压（+5 V）是否正常。

把报警控制开关 SK2 拨向"报警开"方向，调节电位器（R_{P1}），用万用表测量比较器的基准电压（参考电压 U_{o1}），并将此电压调整为 2.5 V。具体测量时，人体不要移动，此时报警蜂鸣器（BEEP）不响，报警灯（D_1）不亮；当有人体在热释电红外传感器周围移动时，热释电红外处理芯片 BISS0001 输出电压 U_{o2} 大于参考电压 2.5 V，报警蜂鸣器（BEEP）响，报警灯（D_1）亮，实现红外人体感应报警功能。

问题思考：

（1）在图 2-27 中，如果调换人体红外传感器的输出电压 U_{o2} 与参考电压 U_{o1} 在比较器 LM393 中的位置，按照上述步骤时将会出现什么现象？

（2）如果去掉人体红外传感器上方的菲涅尔镜片，按照上述步骤时将会出现什么现象？

（3）如果将手放在传感器上方保持不动，观察实验现象。

2.7 热释电红外传感器相关知识

2.7.1 热释电红外传感器的特性与结构

热释电红外传感器和热电偶都是基于热电效应原理的热电型传感器。不同的是热释电红外传感器的热电系数远远高于热电偶，其内部的热电元件由高热电系数的铁钛酸铅汞陶瓷以及钽酸锂、硫

教学课件：
热释电红外传感器的原理及应用

理论微课：
热释电红外传感器的原理及应用

酸三甘铁等配合滤光镜片窗口组成，其极化随温度的变化而变化，即物体的温度越高，辐射出的红外线越多，红外辐射的能力就越强。

图 2-30 为热释电红外传感器的结构与内部电路，图 2-31 为其外形。

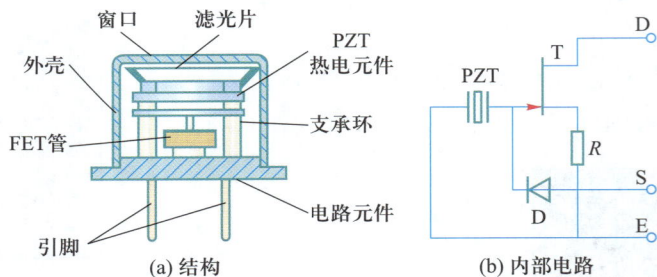

图 2-30　热释电红外传感器结构与内部电路

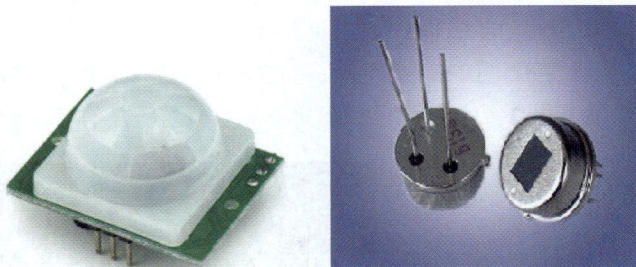

图 2-31　热释电红外传感器外形

2.7.2　热释电红外传感器的工作原理

　　热释电红外传感器主要由传感器探测元件、菲涅尔透镜、干涉滤光片和场效应管匹配器等部分组成。其中，传感器探测元件由一种高热电材料制成，在每个探测器内装有两个反极性串联的探测元件，以抑制高温产生的干扰；菲涅尔透镜一般装于探测器前方，用于提高探测器的灵敏度；场效应管主要用于完成阻抗变换。

　　工作时，热释电红外传感器将菲涅尔透镜传递过来的红外辐射转换为电信号，经信号处理电路对电信号进行处理，报警电路根据传递过来的电信号驱动蜂鸣器发出报警。

　　为了抑制因自身温度变化而产生的干扰，该传感器在工艺上将两个特征一致的热电元件反向串联或接成差动平衡电路方式，因而能以非接触式方式检测出物体放出的红外线能量变化，并将其转换为电信号输出。

任务 8　温度检测与自动控制系统分析

学习目标

（1）了解温度检测与自动控制系统结构
（2）熟悉滞回比较器电路结构与工作原理
（3）能设计、制作与调试温度回差调节与控制电路

实训视频：温度回差调节电路的调试

技能训练 9　温度回差调节电路制作与调试

任务描述：

　　利用同相滞回比较器构成温度回差调节与控制电路。当控制温度上升到 40 ℃时报警灯点亮，启动风扇降温；当温度降低到 20 ℃时报警灯熄灭，关闭风扇。通过本项目设计与制作，进一步理解温度测量与控制电路的典型应用方案，掌握温度自动控制系统的设计方法、

电路设计及调试方法。要求对训练用电子元器件、温度传感器进行正确识别与质量检测，在万能板上焊接一个温度控制系统电路，并能够进行数值显示。通过本项目训练，掌握电子产品电路的设计与调试方法。

器材准备：

切换开关、风扇、固定阻值电阻、电位器、运算放大器、数字式万用表或数字显式表头、MOS 管、发光二极管、双路直流稳压电源等。

设计制作与调试过程：

按照训练任务要求，可采用同相滞回比较器实现对一定范围内温度变化的控制。系统调节与控制电路包括信号源切换电路、同相滞回比较器、报警指示与控制电路等。

设计过程：

假设温度传感器输出电压与温度的变化关系为 10 mV/℃，则当温度控制范围在 20 ~ 40 ℃变化时，温度传感器输出电压变化对应为 200 ~ 400 mV。对同相滞回比较器电路，若电路采用 +5 V 供电，比较器输出高电平接近于 5 V，则反馈电阻与输入电阻的比值应为 5∶0.2=25∶1。

按照上述分析思路设计的温度回差调节与控制电路如图 2-32 所示。其中，SW1 为内部电路与外接温度传感器信号切换开关。利用比较器的输出控制 MOS 管通断，进而再去控制发光二极管或风扇的启停，即可实现对一定温度范围进行调节与控制的目的。当比较器输出高电平时，MOS 管导通，LED 灯被点亮，同时风扇被启动；当比较器输出低电平时，MOS 管截止，LED 灯不亮，风扇关闭。

电路焊接与调试：

按照图 2-32 给定的电路参数在电路板上排版并焊接电路，电路焊接样板如图 2-33 所示，此图也是温度回差调节电路 AR 体验识别图。调试时，首先打开电源开关，调整直流稳压电源的输出为 +5 V，将稳压电源的输出连接到电路模块的电源输入端子；其次，调节电位器 R_{P4}，使加到同相滞回比较器反相端的参考电压为 0.3 V 左右。将 SW1 打到 "1" 位置，利用电路本身产生的模拟温度电压信号作为控制信号。

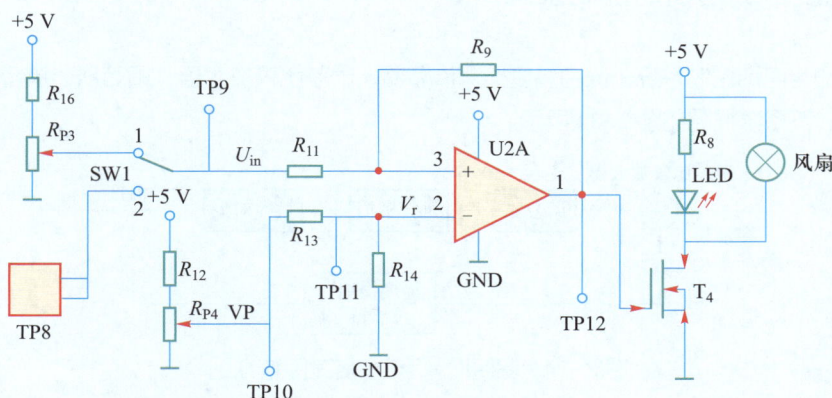

图 2-32　温度回差调节与控制电路

电路仿真：
图 2-32 温度回差调节与控制电路仿真

调节电位器 R_{P3}，使加到同相滞回比较器同相端的电压从零开始逐渐增加，并用万用表进行监测，观察发光二极管点亮或风扇启动时 R_{P3} 输出电压的数值；反方向调节 R_{P3} 使加到同相端的直流电压逐渐降低，观察发光二极管熄灭或风扇停止转动时 R_{P3} 输出的直流电压大小。

假如温度传感器测量电路的特性是 10 mV/℃，那么，可以根据发光二极管亮灭或风扇启停对应的电压范围计算出被控制温度回差的范围以及温度值上下限的大小。

如果将 SW1 切换到"2"的位置，可将本书技能训练 3 中的实训电路（见图 2-2）的输出信号直接连接到 TP8 输入到本项目的电路中，调节温控源的温度值，观察发光二极管与风扇的工作状态，调试记录温控源对应温度值的大小。

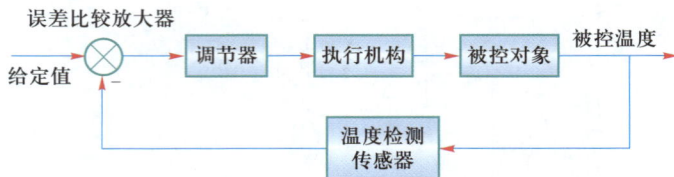

图 2-33　温度回差调节与控制电路 AR 体验识别图

问题思考：

（1）如果上下限温差设定值过小或过大，分别有什么不同的实验结果？

（2）如果利用 NE555 的工作特性来完成上述任务是否可行？若不行，试给出原因；如可以实现，试给出具体设计的电路，并说明电路的工作原理。

2.8　温度自动控制系统相关知识

2.8.1　温度检测与自动控制系统

温度检测与自动控制系统一般由温度检测传感器、误差比较放大器、调节器、执行机构与被控对象等组成，其系统框图如图 2-34 所示。

图 2-34　温度检测与自动控制系统框图

温度检测传感器是指对被测温度场进行检测的各类温度传感器。

误差比较放大电路的作用是将温度检测传感器测量得到的反映温度变化的电信号与给定值进行比较与放大处理。

调节器的作用是配合传感器、变送器实现对温度的测量显示，并配合执行机构对加热设备进行 PID 调节和控制。

执行机构的作用是控制阀门的开关或流量的大小，以达到对温度进行控制的目的。

2.8.2 滞回比较器电路与工作原理

1. 滞回比较器电路与特性

利用滞回比较器电路可以很好地实现对温度回差的控制。

滞回比较器又称为施密特触发器、迟滞比较器，是一个具有滞回曲线传输特性的比较器，通常可分为同相滞回比较器与反相滞回比较器两类。若在同相输入端引入正反馈网络，输入信号从同相端输入，便可组成如图 2-35 所示的同相滞回比较器。

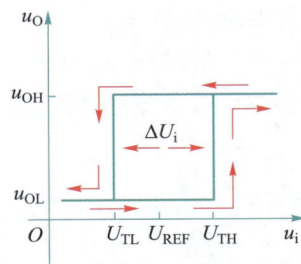

2. 滞回比较器工作原理

在图 2-35 中，假设被控温度的上限值为 t_H，对应温度传感器的输出电压为 U_{TH}，被控温度的下限值为 t_L，对应温度传感器的输出电压为 U_{TL}，反相端输入的参考电压为 U_{REF}，则可得到如图 2-36 所示的同相滞回比较器电路特性曲线。其中，参考电压 U_{REF} 大小决定滞回曲线在横坐标轴上向右侧移动距离，R_3/R_2 比值大小决定被控温度的变化范围。

图 2-35 同相滞回比较器   图 2-36 同相滞回比较器电路特性曲线

根据理论分析与计算可得到各参数间的关系为

$$\frac{R_3}{R_2} = \frac{U_{OH} - U_{OL}}{U_{TH} - U_{TL}} \approx \frac{U_{OH}}{\Delta U_i} \tag{2-18}$$

式中，$U_{OH} - U_{OL}$ 为比较器输出高低电平之差；ΔU_i 为温度控制范围所对应的电压变化范围。

例：某被控对象要求环境温度上升到 60 ℃时启动风扇降温（比较器输出高电平），当温度降低到 30 ℃时关断风扇电源（比较器输出低电平）。假设温度传感器测量电路的输出特性是 10 mV/℃，比较器输出电压高电平为 4.75 V，低电平为 0.25 V。试计算图 2-35 中电阻 R_3/R_2 比值。

解：根据温度传感器测量电路的输出特性，当被控温度范围为 30 ~ 60 ℃时，测量电路对应的输出电压变化范围是 300 ~ 600 mV，根据公式（2-18）可以得到

$$\frac{R_3}{R_2} = \frac{4.75 - 0.25}{0.6 - 0.3} = \frac{4.5}{0.3} = 15$$

按照电阻的标称值系列，本例中的电阻 R_3 可选取 15 kΩ，电阻 R_2 可选取 1 kΩ。

任务 9 湿度传感器及其应用分析

学习目标

（1）了解湿度传感器的结构与分类

（2）熟悉湿度传感器的工作原理

（3）能用万用表检测湿度传感器的质量

（4）能设计、制作与调试湿度传感器测量电路

实训视频：
湿度测量电路
的调试

技能训练 10   湿度测量电路制作与调试

任务描述：

利用湿度传感器，设计制作一种空气湿度测量电路。通过该项目设计与制作，进一步理解湿度传感器的典型应用方法。要求对训练用电子元器件、湿度传感器进行正确识别与质量检测，在电路板上焊接一个空气湿度测量电路，并能够进行湿度数值显示。通过该项目训练，掌握电子产品电路的设计与调试方法。

器材准备：

AM2001 湿度传感器、数字式万用表或数字显示表头、直流稳压电源等。

设计制作与调试过程：

按照任务要求设计的湿度测量电路主要由湿度传感器、信号调理电路、数字式万用表或数字显示表头等组成。其参考电路如图 2-37 所示，图中 H_{out} 为湿度信号输出。

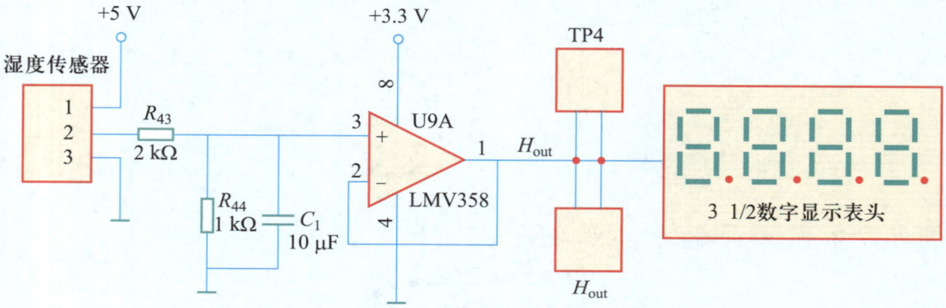

图 2-37   湿度测量电路原理图

AM2001 是湿敏电阻型湿度传感器，其输出信号为模拟电压输出方式。该传感器湿度检测范围为 0 ~ 99.9%RH，输出电压范围为 0 ~ 3 V。表 2-9 为 AM2001 相对湿度与输出电压对应关系，相对湿度越大，输出电压越大。本项目采用的数字显示表头用 0 ~ 1 V 的量程表示 0 ~ 100%RH，传感器输出电压衰减 3 倍后与湿度的对应关系是 0.1 V/10%RH，相互之间的对应关系如表 2-9 所示。

表 2-9   AM2001 标准湿度与输出电压对应关系

相对湿度（%RH）	0	10	20	30	40	50	60	70	80	90	100
输出电压 /V	0	0.3	0.6	0.9	1.2	1.5	1.8	2.1	2.4	2.7	3.0
H_{out} 电压 /V	0	0.1	0.2	0.3	0.4	0.5	0.6	0.7	0.8	0.9	1.0

电路焊接与调试：

按照图 2-37 给定的电路参数在电路板上排版并焊接在如图 2-38 所示电路板上，此图也是湿度测量电路 AR 体验识别图。

检查电路连接，确认无误后接通供电电压（+5 V），并用数字式万用表检测是否正常。将 AM2001 湿度传感器放置于当前的环境湿度中，通过数字显示表头读出相对湿度值大小。改变传感器表面湿度，记录数字显示表头显示的相对湿度值。同时用万用表测量当前 H_{out} 端口

的电压值，每改变一次环境湿度记录一次数字显示表头的显示值和对应的万用表测量的电压值，将记录结果填入表 2-10 中。

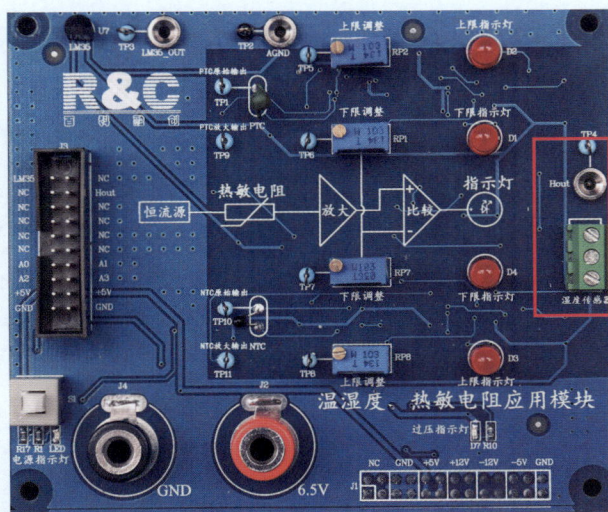

图 2-38　湿度测量电路 AR 体验识别图

AR 体验：
扫描二维码下载驱动程序，安装成功后扫描"湿度测量电路 AR 体验识别图"进行体验

表 2-10　测量相对湿度值与输出电压值

数字显示表头测量相对湿度值				
电压表测量的电压值 /mV				

问题思考：

（1）如果不用电阻分压，电压表测量电压值和数字显示表头显示值之间关系有何变化？

（2）电压跟随电路在传感器测量中有何作用？

2.9　湿度传感器相关知识

2.9.1　湿度传感器的结构与分类

1. 湿度传感器的定义和结构

湿度传感器是指能感受外界湿度变化，并通过器件材料的物理或化学变化，将湿度转换成可用电信号的器件或装置。

湿度传感器由湿度敏感元件和转换电路等部分组成。图 2-39 为常见的湿度传感器外形。

教学课件：
湿度传感器

理论微课：
湿度传感器

图 2-39　湿度传感器外形

2. 湿度传感器的分类

按照使用材料的不同，湿度传感器可分为陶瓷式、半导体式、电解质式和有机高分子式等多种类型；按照湿敏元件的不同，湿度传感器又可分为电阻式和电容式两大类。

2.9.2　湿度传感器的工作原理

动画：
湿敏电阻传感器原理

1. 电阻式湿敏传感器

湿敏电阻是一种随环境相对湿度的变化阻值发生变化的敏感元件。其特点是在基片上覆盖一层由感湿材料制成的膜，当空气中的水蒸气吸附在感湿膜上时，元件的电阻率和电阻值都发生变化，利用这一特性即可对湿度进行测量。

电阻式湿度传感器又可分为金属氧化物湿敏电阻、硅湿敏电阻、陶瓷湿敏电阻和碳膜湿敏电阻等多种类型。

湿敏电阻的优点是灵敏度高，但其线性度和产品的互换性较差。

动画：
湿敏电容传感器原理

2. 电容式湿敏传感器

湿敏电容一般是高分子薄膜电容，常用的高分子材料有聚苯乙烯、聚酰亚胺、铬酸醋酸纤维等。当环境湿度发生变化时，湿敏电容的介电常数发生变化，使其电容量发生变化，电容量变化量与相对湿度成正比，即当相对湿度增大时，湿敏电容量随之增大；反之减小。传感器后端的转换电路可以把湿敏电容变化量转换成电压量变化，对应于相对湿度 0 ~ 100%RH 的变化，传感器的输出呈 0 ~ 1 V 的线性变化。

湿敏电容的优点是灵敏度高、产品互换性好、响应速度快，但其精度与湿敏电阻相比较低。

3. 集成湿度传感器

利用集成电路工艺技术，将湿敏电阻或湿敏电容传感器、信号放大与处理电路等制作在同一芯片上即可制成集成湿度传感器。

集成湿度传感器按照其输出信号的不同可分为线性电压输出型、线性频率输出型和频率/温度输出型等多种类型。

集成湿度传感器具有产品互换性好、响应速度快、抗干扰能力强、不需要外部元件、易于连接单片机控制系统等一系列优点，在实际湿度测量场合得到广泛的应用。

2.9.3　湿度传感器的应用分析

教学课件：
湿度传感器应用案例

湿敏传感器广泛应用于洗衣机、空调器、录像机、微波炉等家用电器，以及工业、农业等方面，以用作湿度检测、湿度控制。

理论微课：
湿度传感器应用案例

1. 房间湿度检测控制电路

图 2-40 所示为房间湿度检测控制电路原理图。

在图 2-40 中，湿敏传感器采用的是湿敏电容，随着房间相对湿度的增大，传感器输出电压相应增大。将湿敏传感器输出电压分别接入比较器 A1 的反相端与 A2 的同相端，适当调整 R_{P1}、R_{P2} 的位置，即可构成房间湿度上下限报警电路，并通过电路输出控制继电器的工作状态，进而调节房间的湿度。

当房间相对湿度上升时，湿敏电容传感器输出电压升高，当该电压升高到大于比较器 6 脚电压时，比较器 A2 输出高电平，三极管 T_2 导通，继电器线圈 K_2 带电，红色发光二极管点亮，控制继电器接通排气扇，排除空气中的潮气。当相对湿度降低到一定值时，继电器 K_2 断开，排气扇停止工作。

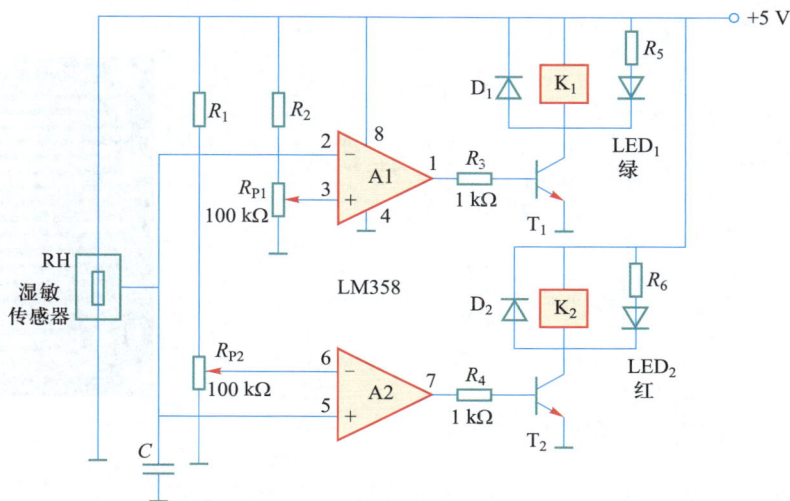

图 2-40　房间湿度检测控制电路原理图

电路仿真：
图 2-40　房间湿度检测控制电路仿真

当房间相对湿度下降时，传感器输出电压下降。当降低到低于 3 脚电压时，比较器 A1 输出高电平，三极管 T_1 导通，绿色发光二极管被点亮，继电器 K_1 吸合，接通加湿机以增大房间内的相对湿度。当房间湿度达到适当设定值时，加湿机停止工作。

2. 汽车后窗玻璃自动去湿电路

图 2-41 所示为汽车后窗玻璃自动去湿电路原理图。

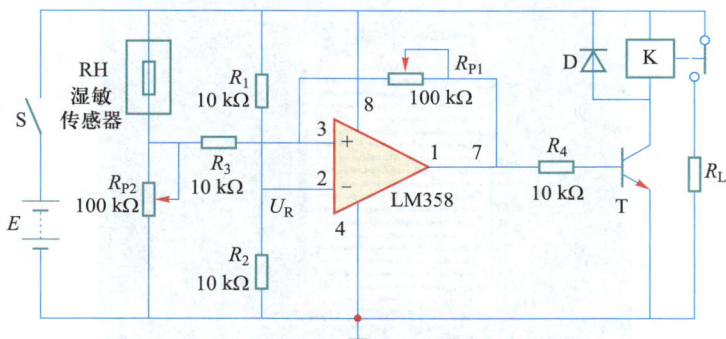

图 2-41　汽车后窗玻璃自动去湿电路原理图

R_L 为嵌入在玻璃上的加热电阻，RH 为设置在后窗玻璃上的湿敏传感器。由 LM358 集成运算放大器构成同相滞回比较器电路，电阻 R_1、R_2 串联分压产生比较器反相端用的基准电压 U_R，由 R_{P2} 与湿度传感器 RH 组成湿度检测电路。

按下湿度控制电路电源开关，当汽车后窗湿度正常时，比较器 3 脚电压低于 2 脚电压，输出低电平，三极管 T 截止，加热器不工作。随着湿度增加，湿度传感器电阻变小，R_{P2} 上分压逐渐增加，当后窗玻璃的湿度达到设定上限值时，比较器 3 脚电压高于 2 脚电压，比较器输出状态由低电平转换为高电平，三极管导通，继电器线圈带电，动合触点闭合，加热器开始加热；当后窗湿度达到设定的下限值时，比较器输出状态由高电平转为低电平，三极管截止，继电器线圈失电，加热器停止加热。

采用同相滞回比较器的目的是防止加热器在湿度设定值附近反复动作而损坏。

3. 雨量检测电路

图 2-42 所示为雨量检测电路原理图,图 2-43 为常用的雨量检测面板外形。

图 2-42 雨量检测电路原理图

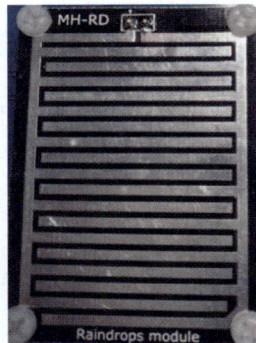

图 2-43 雨量检测面板外形

R_S 为雨量检测面板(传感器),由交叉的两路导线组成,如图 2-43 所示。当有雨滴落在面板上时,两路导线导通,即 R_S 为通路,LM393 同相输入端电压为 0,反相输入端电压由 R_{P1} 决定,在 0 ~ 5 V 之间。此时,同相输入电压小于反相输入电压,LM393 输出 DO 电压值为低电平,LED 灯 D_2 导通被点亮。当 R_S 断开时同相输入为 5 V,反相输入端电压小于 5 V,DO 电压值为高电平,D_2 不亮。

操作时,可将纸巾用水沾湿,放在检测面板上,此时 LED 灯 D_2 点亮。若不亮,可适当调整电位器 R_{P1} 或是加大纸巾湿度。

图 2-44 为雨量检测电路 AR 体验识别图。

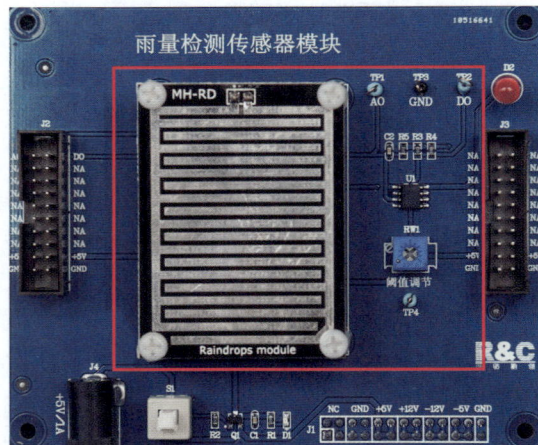

图 2-44 雨量检测电路 AR 体验识别图

任务 10 其他类温度传感器及其应用分析

学习目标

(1)了解双金属温度传感器、数字式温度传感器、红外温度传感器的结构与特性

（2）熟悉双金属温度传感器、数字式温度传感器、红外温度传感器的工作原理

（3）能用万用表检测双金属温度传感器、数字式温度传感器、红外温度传感器的质量

2.10　温度传感器拓展知识

2.10.1　双金属温度传感器及其应用

1. 双金属温度传感器的定义与分类

双金属温度传感器是利用双金属片的温度特性制作而成的一种温度传感器。

按照使用功能的不同，双金属温度传感器可以分为双金属温度计与双金属温控开关两类。其中，双金属温度计主要用于温度测量，而双金属温控开关主要用于对温度进行控制的场合。

2. 双金属温度传感器的结构与工作原理

双金属温度传感器一般是用两种或多种金属片叠压在一起组成的多层金属片元件，利用两种不同金属在温度改变时膨胀程度不同而进行工作的。图 2-45 所示为常见温度传感器的外形。

图 2-45（a）为工业用双金属温度计的外形。双金属温度计是由两种不同热膨胀系数的金属片相叠焊接在一起构成的双金属感温元件。当温度发生变化时，两金属片由于膨胀程度不同使得膨胀程度大的金属片发生弯曲，进而产生位移。根据温度与位移之间转换的关系将所测位移还原为温度值显示出来。

双金属温度计主要用于测量 −80 ~ +500 ℃ 范围的中低温度，其具有较好的抗震性，读数也较为方便，但其精度等级一般仅为 1.5 级，因此仅用作一般的工业用测温仪表。

图 2-45（b）为家用电器中常用的温控开关，通常由两层或多层不一样热膨胀系数的金属片组成，可直接将热能转变成机械能，达到接通、断开电路的目的。

3. 双金属温度传感器应用分析

（1）电熨斗温度控制系统

图 2-46 为电熨斗温度控制系统结构图。

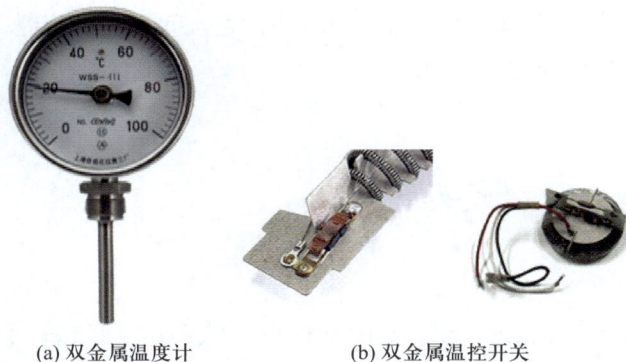

(a) 双金属温度计　　(b) 双金属温控开关

图 2-45　双金属温度传感器的外形

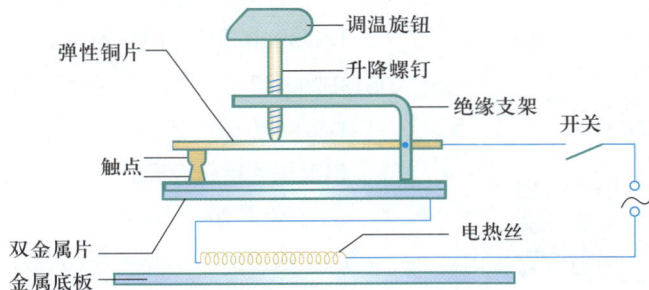

图 2-46　电熨斗温度控制系统结构图

电路工作原理：电熨斗工作时，动、静触点接触，电热组件通电发热。当温度达到选定温度时，双金属片受热下弯，使动触点离开静触点，自动切断电源；当温度低于选定温度时，双金属片复原，两触点闭合。再接通电路，通电后温度又上升，达到选定温度时又再断开，如此反复通断，

就能使电熨斗的温度保持在一定范围内。通过调节升降螺丝选定温度的高低，越往下旋，静触点越下移，选定的温度就越高。

需要较高温度熨烫时，要调节调温旋钮，使升降螺丝下移并推动弹性铜片下移，当温度升到较高，金属片发生弯曲较厉害触点才断开。

（2）电饭锅温度控制系统

图 2-47 所示为电饭锅温度控制系统结构图。

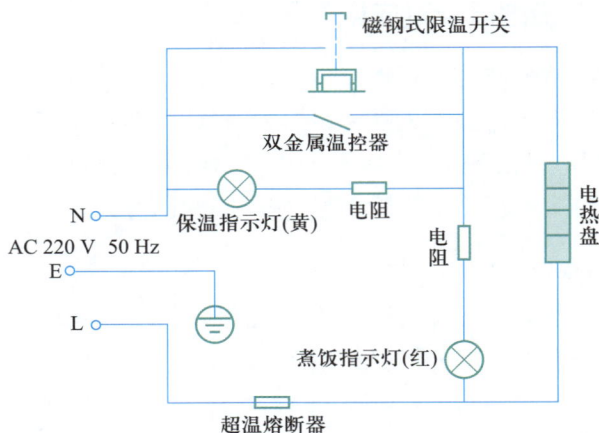

图 2-47 电饭锅温度控制系统结构图

电路工作原理：插上电源插头，电路通过双金属温控器的动断触点接通，指示灯点亮。煮饭时，按下磁钢限温器开关，电热器件通电加热，当温度上升到 80 ℃时，双金属片控制开关受温度变化自动跳开。但此时磁钢限温器开关仍然闭合，温度继续上升。直到水干饭熟，温度上升到 103 ℃左右时，限温器动作，磁钢限温器开关断开，指示灯熄灭，电饭锅进入焖饭保温阶段。当锅内温度降到 60 ℃左右时，双金属温控器开关闭合，电热丝通电加热，温度又开始上升。当温度上升到 80 ℃时，双金属温控器又断开。经保温器如此反复动作，电饭锅内的温度就保持在 60～80 ℃。

2.10.2 数字式温度传感器及其应用

数字式温度传感器是一种直接将温度变化转换为数字信号，并通过串行通信方式输出的传感器。常用的数字式温度传感器有 DS18B20、MAX6575、DS1722 等。

DS18B20 是美国 DALLAS 公司生产的新型单总线数字式温度传感器，图 2-48 所示为 DS18B20 的引脚排列与封装示意图。

DS18B20 数字式温度传感器，与传统温度传感器相比具有如下特点：

（1）采用单总线接口方式，可实现双向通信。

（2）测量温度范围为 −55～+125 ℃，测量精度高。

（3）在使用中不需要任何外围元器件，测量结果即可通过程序设定 9～12 位数字量方式串行传送。

（4）支持多点组网功能。多个 DS18B20 可并联在唯一的总线上实现多点测温。

（5）电源电压为 +3～+5.5 V，且供电方式灵活。DS18B20 可以通过内部寄生电路从数据线上获取电源。

（6）负压特性。电源极性接反时，温度计不会因发热而烧毁，但不能正常工作。

動画：
电饭煲工作原理

教学课件：
数字式温度传感器

理论微课：
数字式温度传感器

（7）掉电保护功能。DS18B20 内部含有 EEPROM，在系统掉电以后，它仍可保存分辨率及报警温度的设定值。

图 2-49 所示为 DS18B20 内部测温原理框图。

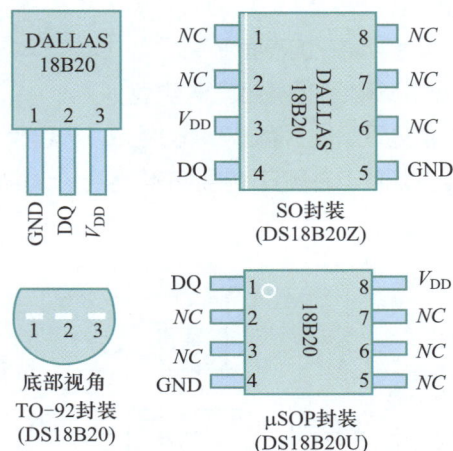

图 2-48　DS18B20 的引脚排列与封装示意图

图 2-49　DS18B20 内部测温原理框图

实训视频：
数字式温度传感器测温电路的调试

具体测温原理：低温度系数晶振的振荡频率受温度的影响较小，用于产生固定频率的脉冲信号送减法计数器 1，为计数器提供一频率稳定的计数脉冲。高温度系数晶振随温度变化其振荡频率明显改变，所产生的信号作为计数器 2 的脉冲输入。计数器 1 和温度寄存器被预置在 −55 ℃所对应的一个基数值。计数器 1 对低温度系数晶振产生的脉冲信号进行减法计数，当计数器 1 的预置值减到 0 时，温度寄存器的值将加 1，计数器 1 的预置将重新被装入，计数器 1 重新开始对低温度系数晶振产生的脉冲信号进行计数，如此循环直到计数器 2 计数到 0 时，停止温度寄存器值的累加，此时温度寄存器中的数值即为所测温度。

图 2-50 所示为 DS18B20 典型的应用电路。

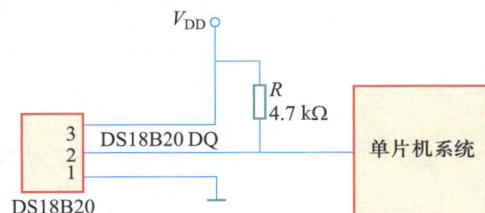

图 2-50　DS18B20 典型的应用电路

DQ 为数字信号输入 / 输出端；GND 为电源地；V_{DD} 为外接供电电源输入端，电源供电为 3.0 ～ 5.5 V（在寄生电源接线方式时接地）。关于单片机系统的编程请参考相关资料。

图 2-51 所示为数字温度测量电路 AR 体验识别图。

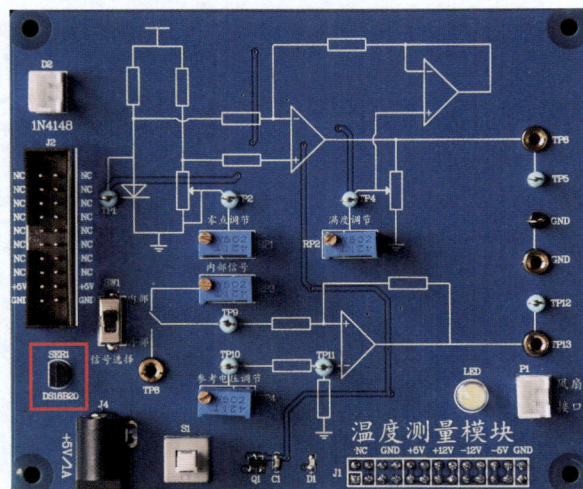

AR 体验：
扫描二维码下载驱动程序，安装成功后扫描"数字温度测量电路 AR 体验识别图"进行体验

图 2-51　数字温度测量电路 AR 体验识别图

教学课件：
红外温度传感器

理论微课：
红外温度传感器

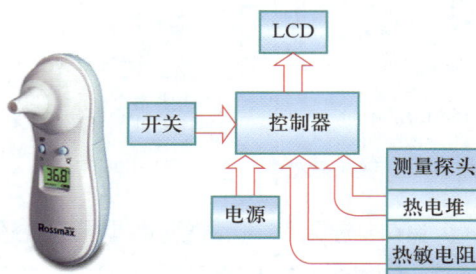

2.10.3 红外温度传感器及其应用

在自然界中，一切温度高于绝对零度（-273 ℃）的物体都在不停地向周围空间发出红外辐射能量。物体的红外辐射能量大小及其按波长的分布，与它的表面温度有着十分密切的关系。因此，通过对物体发射的红外线具有的辐射能转变成电信号，便能准确地测定它的表面温度。

红外测温仪按照原理不同一般可分为红外热像仪、红外热电视和红外测温仪三种类型。

红外测温仪由光学系统、光电探测器、信号放大器及信号处理、显示输出等部分组成。光学系统汇聚其视场内的目标红外辐射能量，红外能量聚焦在光电探测器上并转变为相应的电信号。该信号经过放大器和信号处理电路转变为被测目标的温度值。

1. 耳温枪测温原理

耳温枪通常使用热电堆传感器，此传感器包含光学系统、光电探测器（热电堆、热敏电阻）。图 2-52 所示为常见耳温枪的外形与内部电路框图。

耳温枪是属于非接触遥测式的温度测量仪，它是利用检测鼓膜所发出的红外线光谱来决定体温。根据黑体辐射理论，不同温度的物体所产生的红外线光谱也不同，利用热电堆传感器，检测人体鼓膜的远红外 6 ~ 15 μm 的辐射强度。热敏电阻用于测量热电堆本身的温度，通过计算辐射强度及热电堆本身的温度，即可得到被测物的温度。

图 2-52 耳温枪的外形与内部电路框图

2. 额温枪测温原理

额温枪也是一种红外测温仪，其基本组成包括光学系统、光电探测器、信号放大器及信号处理、显示输出等部分。光学系统汇集其视场内的目标红外辐射能量，辐射能量的大小及其波长的分布与它的表面温度有十分密切的关系。人体温度放射的红外波长为 9 ~ 13 μm。依据此原理便能准确地测定人体额头的表面温度，修正额头与实际体温的温差从而能显示准确的体温。

常用额温枪的外形结构如图 2-53 所示。

额温枪是一种非接触温度测量方式，更加适用于大规模的人群筛查。例如，突发公共卫生事件中用于以发热为典型症状的新型冠状肺炎、非典、禽流感、猪流感等的测温。

① 用于体温模式查询数据；进入设置模式
② 用于体温模式查询数据；设置模式下调整数据
③ 用于测量模式中，中英文显示的模式切换
④ 传感器，测量时此端对准被测物
⑤ 扳机键，用于开机测量使用
⑥ LCD显示器
⑦ 电池盖，向下打开安装或更换电池

图 2-53 常用额温枪的外形结构

实训视频：
红外测温传感器电路的调试

3. 红外温度传感器应用案例

TN901 是中国台湾燃太 Zytemp 红外数字测温模块，接收红外波长为 5 ~ 14 μm，测量温度范围为 -33 ~ 220 ℃，测量精度为 2 ℃。TN901 采用 SPI 输出，可直接与单片机连接进行信号处理，具有高精度、高灵敏度、低功耗、发射率可通过软件调节、抗热冲击能力强等一系列优点。

图 2-54 为 TN901 红外测温传感器的典型应用电路。

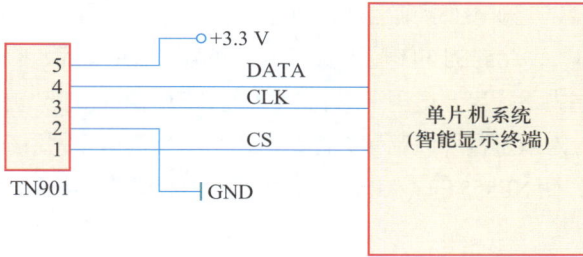

图 2-54　TN901 红外测温传感器的典型应用电路

图 2-55 为 TN901 红外测温电路 AR 体验识别图。

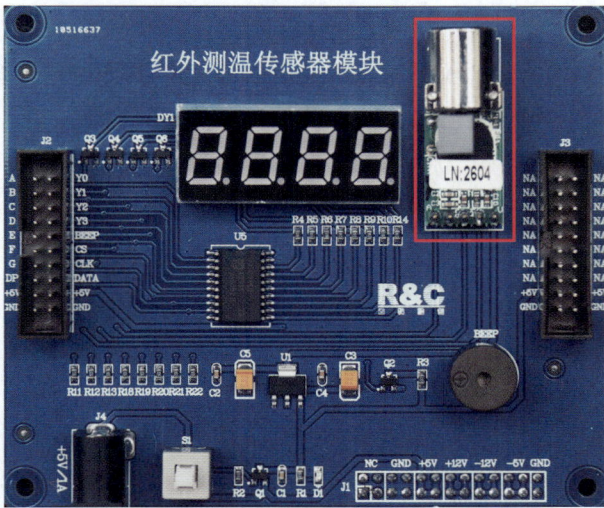

图 2-55　TN901 红外测温电路 AR 体验识别图

AR 体验：
扫描二维码下载驱动程序，安装成功后扫描"TN901 红外测温电路 AR 体验识别图"进行体验

2.10.4　温度传感器综合应用案例

1. 热敏电阻双限温控器

图 2-56 所示为由 NE555 和 NTC（负温度系数热敏电阻）等构成的温度双限控制器电路。

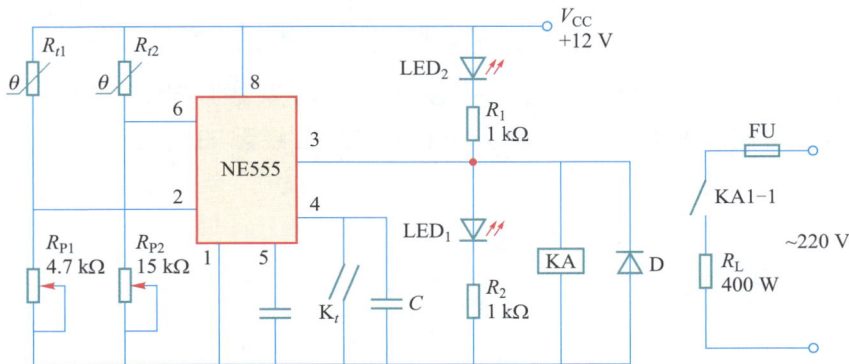

图 2-56　温度双限控制器电路

电路中的 R_{t1}、R_{t2} 为负温度系数热敏电阻，当温度低于 35 ℃时，R_{t1}、R_{P1} 分压后使 NE555 的 2 脚电压低于 1/3 V_{CC}，6 脚电压低于 2/3 V_{CC}，此时 3 脚输出高电平，继电器 KA 吸合，动触点 KA1-1 闭合，R_L 通电加热，同时作为加热指示的 LED$_1$ 发光；随着温度逐渐上升，热敏电阻的阻

值逐渐下降，NE555 的 2、6 脚电压逐渐上升，当温度上升到 40 ℃时，NE555 的 2 脚电压高于 1/3 V_{CC}，6 脚电压高于 2/3 V_{CC}，此时的 3 脚输出低电平，继电器 KA 释放，KA1-1 断开，停止加热，同时 LED$_2$ 发光作为保温指示。当温度再下降到 35 ℃时，电路重复动作，使温度始终保持在 35 ～ 40 ℃之间。电路中的 K$_t$ 为双金属片过温保护控制器，当出现电路控制系统失灵，温度超过 50 ℃时，双金属片触点闭合，使 NE555 的 4 脚接地强制复位，3 脚输出低电平，继电器 KA 断开，从而阻止温度的进一步上升。

2. 热敏电阻自动消磁电路

在彩色电视机中，由于彩色显像管的荫罩板、屏蔽罩等由铁磁性物质组成，在使用过程中很容易受电视机周围磁场的作用而被磁化，影响显像管的色纯度和会聚。因此，彩色电视机每次开机时都需要进行自动消磁。

通常的消磁方法是利用逐渐减小的交变磁场来消除铁磁性物质的剩磁。这种逐渐减小的交变磁场可以通过一个逐渐减小的交流电流流过线圈得到。

电视机中常用的自动消磁电路由消磁线圈、正温系数的热敏电阻等组成，其电路及工作原理如图 2-57 所示。

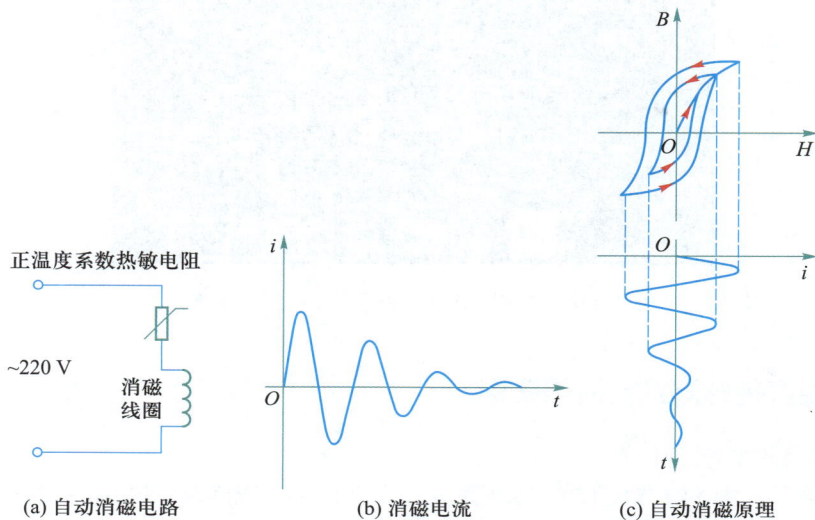

| (a) 自动消磁电路 | (b) 消磁电流 | (c) 自动消磁原理 |

图 2-57　自动消磁电路及工作原理

接通电源时，由于热敏电阻阻值很小（一般为 18 Ω），消磁线圈中流过的电流很大，该电流同时流过热敏电阻使热敏电阻的阻值迅速增大，进而使流过消磁线圈中的电流迅速减小，达到自动消磁目的。

思考与练习题

一、填空题

1. 常用的电阻式温度传感器有＿＿＿＿＿和＿＿＿＿＿两大类。

2. 热敏电阻通常是由＿＿＿＿＿材料构成，是利用＿＿＿＿＿随温度的升高而增大的特性来测量温度。

3. 热电阻是利用＿＿＿＿＿材料的＿＿＿＿＿随温度变化而变化的性质制成的温度传感器。

4. 常用的热敏电阻有＿＿＿＿＿、＿＿＿＿＿和＿＿＿＿＿等三种类型。

5. 常用的热电阻有_____和_____两大类。

6. 热电偶产生的热电动势包括_____和_____，它是基于_____效应原理而工作的。

7. 热电偶回路的热电动势只与组成热电偶的_____及_____有关。

8. 湿度传感器按照使用的湿敏元件不同可分为_____和_____两大类。

二、判断题

1. PN 结用作温度传感器时利用的是其单向导电性。 （　　）

2. 正温度系数热敏电阻随温度升高其电阻值相应增大。 （　　）

3. 负温度系数热敏电阻随温度升高其电阻值相应增大。 （　　）

4. 对金属铂热电阻 Pt100，在温度为室温 25 ℃时对应的电阻值为 100 Ω。 （　　）

5. 金属铜热电阻是一种中高温测量传感器。 （　　）

6. Pt100 是一种中高温测量传感器。 （　　）

7. 热电偶属于高温测量传感器。 （　　）

8. 理论上讲，任意一种金属导体都可用作测温传感器。 （　　）

9. 集成温度传感器属于低温测量用传感器。 （　　）

10. 热电偶测温时输出的是电阻变化信号。 （　　）

11. 金属热电阻随温度变化产生电阻变化，具有负温度系数。 （　　）

12. 理论上讲，任意两种不同材料的导体都可以组成测温用热电偶。 （　　）

13. 人们通常说的湿度指的是绝对湿度。 （　　）

14. 额温枪是一种红外测温仪。 （　　）

15. 利用三极管的温度特性也可以用作温度测量用传感器。 （　　）

三、分析与计算题

1. 说明利用 PN 结二极管进行温度测量的原理。

2. 常用的热敏电阻分为几大类？各自的特性是什么？

3. 分析图 2-58 所示电路的功能，说明点画线框 Ⅰ、Ⅱ、Ⅲ 电路的作用，并描述电路的工作原理。

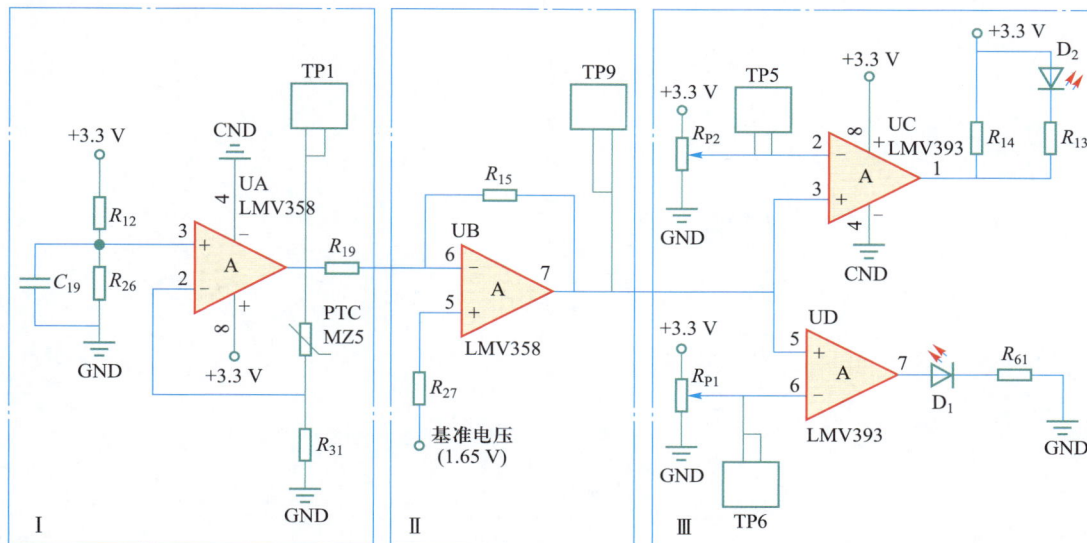

图 2-58　题 3 图

项目3 光敏传感器应用电路设计与调试

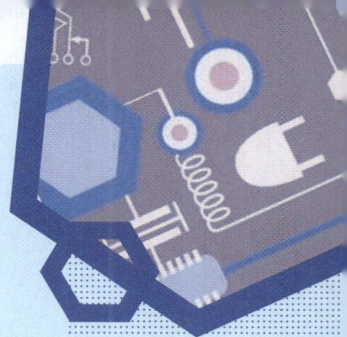

项目调研

光敏传感器是以光电器件作为转换元件的传感器，它可用于检测直接引起光量变化的非电物理量，如光强、光照度、辐射测温、气体成分分析等；也可用于检测能转换成光量变化的其他非电量，如零件直径、表面粗糙度、应变、位移、振动、速度、加速度，以及物体的形状、工作状态的识别等。在日常生活中，光敏传感器被广泛用于自动照明控制、自动门控制、防盗报警、电子警察等系统中。通过网络资源或实地考察不同场景下光敏传感器的使用环境、测量范围，了解不同光敏传感器的特点。

实施方案

实施本项目的意义在于根据被测光照强度的不同或借助光作为媒介进行相关参量的测量来选取合适的光敏传感器。在确定使用的传感器后再根据其输出信号的类型（电压信号、电流信号或电阻信号等）设计出相应的接口电路，将传感器测量得到的与光照强度对应的不同种类的信号转换成为标准的电压值输出。

知识目标

（1）光敏传感器基础
（2）光敏电阻的结构与工作原理
（3）光敏晶体管的结构与工作原理
（4）光电开关的结构与工作原理
（5）光电池的结构与工作原理
（6）红外传感器的结构与工作原理
（7）其他类光敏传感器的工作原理

技能目标

（1）能用万用表初步判断常用光敏传感器的质量
（2）能设计、制作与调试光敏电阻传感器应用电路
（3）能设计、制作与调试光敏晶体管应用电路

（4）能设计、制作与调试光电开关应用电路

（5）能设计、制作与调试光电池测量电路

（6）能设计、制作与调试红外测距电路

（7）能设计、制作与调试 PM2.5 传感器测量电路

素质目标

（1）培养学生科技筑梦、强国有我的坚定信念

（2）培养学生的规范意识与安全意识

（3）培养学生获取信息并利用信息的能力

（4）培养学生正确处理人际关系的能力

（5）培养学生运用特种技术的能力

任 务 1   认知光敏传感器

学习目标

（1）了解光度学相关概念

（2）掌握光电效应的定义与分类方法

（3）熟悉光敏传感器的定义与种类

（4）能识别常见的光敏传感器

3.1   光敏传感器基础知识

3.1.1   光度学

1. 光谱与可见光

光是一种电磁波，按照波长或频率次序排列的电磁波序列称为光谱。光的波长越短，对应的频率就越高。可见光谱是人的视觉可以感受的光谱，图 3-1 为可见光光谱范围示意图，对应的光谱范围为 380 ~ 780 nm。根据视觉感受，可见光分为红、橙、黄、绿、青、蓝、紫七个波长段，对应为七种不同的光色彩。

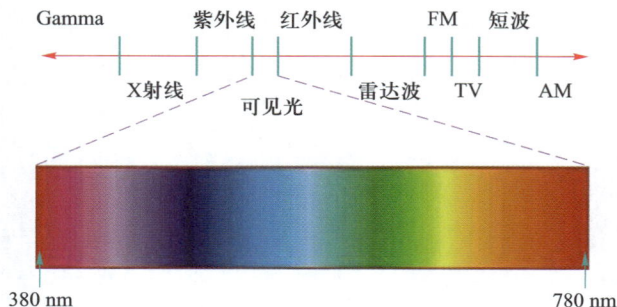

图 3-1   可见光光谱范围示意图

2. 光度单位

用于描述光度的主要单位有光通量、发光强度、发光效率、照度、亮度等。

光通量：光源在单位时间内产生光感的能量之和，用 Φ 表示，单位是流明（lm）。

发光强度：光源在某一给定方向的单位立体角内发射的光通

量，用 I 表示，单位是坎德拉（cd）。

发光效率：光源所发射的光通量与该光源所消耗电功率的比值，单位是流明 / 瓦（lm/W）。

照度：单位被照面积上接收到的光通量，用 E 表示，单位是勒克斯（lx）。

亮度：发光体表面发光强弱的物理量，是指视角方向上单位面积的发光强度，用 L 表示，单位是坎德拉 / 平方米（cd/m^2）。

3. 光电器件

光电器件是光敏传感器的核心，是一种将光信号转换成电信号的检测元件。常见的光电器件有光电管、光电倍增管、光敏电阻、光敏二极管、光敏三极管、光电池、光电编码器等。

3.1.2　光电效应

1. 光电效应的定义

光电效应是指光照射到物体上使物体发射电子，进而使得其电导率发生变化，或产生电动势等。这些因光照引起物体电学特性改变的现象称为光电效应。

2. 光电效应的分类

光电效应可分为外光电效应、内光电效应。

（1）外光电效应

外光电效应是指在光线照射下，使物体内的电子逸出物体表面向外发射的现象。向外发射的电子称为光电子。基于外光电效应的器件有光电管、光电倍增管等，它们均属于真空光电器件。

（2）内光电效应

内光电效应是指在光线照射下使物体的电阻率发生变化或产生光生电动势的现象。内光电效应又可分为光电导效应、光生伏特效应等。

基于光电导效应的光电器件主要是光敏电阻，基于光生伏特效应的光电器件主要有光电池、光电晶体管（包括光电二极管、光电三极管）等，它们属于半导体光电器件。

3.1.3　光敏传感器

1. 光敏传感器的定义与分类

光敏传感器也称光电传感器，是利用光电器件把光信号转换成电信号（电压、电流、电阻等）的一种传感器。

当光敏传感器工作时，首先将被测量转换成光量的变化，然后再通过光电器件把光量的变化转换成相应电量的变化，从而实现对非电量的测量。由此可见，光敏传感器的基本组成包括光路和电路两大部分。

光敏传感器根据工作原理的不同可分为光电效应传感器、红外热释电探测器、固体图像传感器和光纤传感器四大类。

常见光敏传感器主要有光电倍增管、光敏电阻、U 形光电开关、反射型光电开关、光电池、红外传感器、CCD 图像传感器、光纤传感器等，图 3-2 所示为常见光敏传感器的外形结构图。

（1）光电效应传感器

光电效应传感器是指基于光电效应的传感器。这类传感器在受到可见光照射后产生光电效应，将光信号转换成电信号输出。光电效应传感器除能测量光强外，还能利用光线的投射、遮挡、反

教学课件：
光电效应的定义与分类

理论微课：
光电效应的定义与分类

教学课件：
光电发射效应及典型器件

理论微课：
光电发射效应及典型器件

教学课件：
光电导效应及典型器件

理论微课：
光电导效应及典型器件

教学课件：
光生伏特效应及典型器件

理论微课：
光生伏特效应及典型器件

教学课件：
光电传感器的组成与分类

理论微课：
光电传感器的
组成与分类

动画：
外光电效应

动画：
光电导效应

动画：
光生伏特效应

教学课件：
光电传感器的
特性与参数

理论微课：
光电传感器的
特性与参数

思政聚焦：
"两弹一星"
功勋王大珩英
雄事迹

射、干涉等测量多种物理量，如尺寸、位移、速度、温度等。

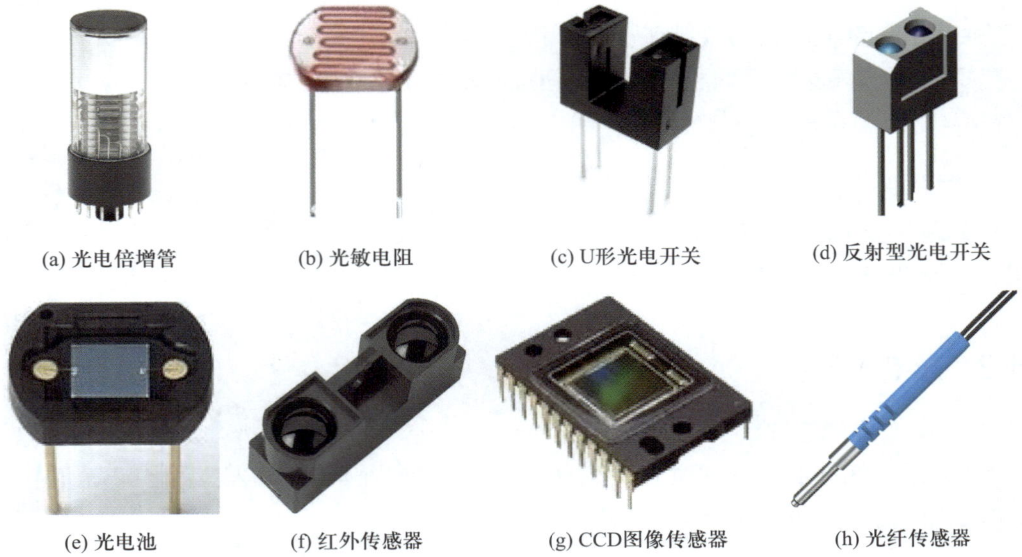

(a) 光电倍增管   (b) 光敏电阻   (c) U形光电开关   (d) 反射型光电开关

(e) 光电池   (f) 红外传感器   (g) CCD图像传感器   (h) 光纤传感器

图 3-2 常见光敏传感器的外形结构图

（2）红外热释电探测器

红外热释电探测器是指对光谱中的红外光敏感的器件，它是利用辐射的红外光照射材料时引起材料化学性质发生变化或产生输出热电动势的原理制成的一类器件。

（3）固体图像传感器

固体图像传感器分为两类：一类是用电荷耦合器件（CCD）的光电转换和电荷转移功能制成的 CCD 图像传感器，另一类是用光敏二极管、MOS 晶体管构成的将光信号变成电荷或电流信号的 CMOS 图像传感器。

（4）光纤传感器

光纤传感器是一种有源光敏传感器，它将来自光源的光信号经过光纤送入调制器，使待测参数与进入调制区的光相互作用后，导致光的光学性质（如光的强度、波长、频率、相位、偏振态等）发生变化，成为被调制的信号源，再经过光纤送入光探测量，经调解后获得被测参数。

2. 光敏传感器的特点与应用

光敏传感器具有结构简单、响应速度快、高精度、高分辨率、高可靠性、抗干扰能力强，可实现非接触测量等一系列优点，被广泛用于直接对光信号或间接用于对温度、应变、位移、速度等参量的自动控制与测量系统中。

任 务 2 光敏电阻及其应用分析

📋 学习目标

（1）了解光敏电阻的种类、结构、参数与特性

（2）熟悉光敏电阻的工作原理

（3）掌握光敏电阻接口电路的设计方法

（4）能对光敏电阻感光灯电路进行调试

实训视频：
光敏电阻感光
灯电路的调试

技能训练 11　光敏电阻感光灯电路制作与调试

任务描述：

利用光敏电阻设计制作一种感光灯控制电路。通过本训练项目，加深对光敏电阻传感器特性的理解，熟悉光敏传感器控制电路的组成、工作原理，掌握光敏传感器控制电路的焊接、测试与调整方法。

要求对训练用电子元器件和集成电路进行正确识别与质量检测，并在万能板上焊接一个光敏电阻感光灯控制电路，当光线亮时照明灯熄灭，光线暗时照明灯自动点亮。

器材准备：

光敏电阻，电阻、电容、电位器若干，发光二极管、三极管、高亮发光二极管。

设计制作与调试过程：

按照任务要求设计的感光灯电路如图 3-3 所示。电路中选用光敏电阻作为感光元件，由光敏电阻 R_{K1}、可调电位器 R_{P1} 以及两个固定阻值的电阻构成惠斯通电桥电路。当环境光照强度减弱时，光敏电阻阻值变大，TP6 处电压也增大，与 TP5 的差值也在增加，通过运放后 TP8 处电压增大，将开启三极管 T_1，高亮发光二极管 D_5 的亮度也在增加；反之，光敏电阻所处环境光照强度越大，则高亮发光二极管 D_5 亮度越暗，直至熄灭。调节电位器 R_{P1} 可调整电路感光阈值。

电路仿真：
图 3-3 光敏
电阻感光灯电
路仿真

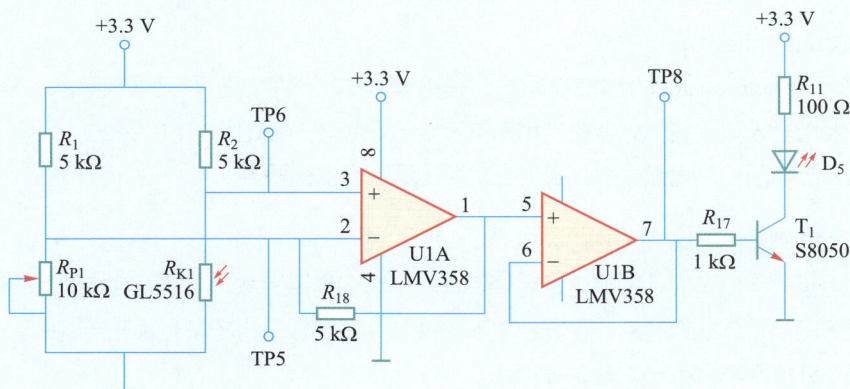

图 3-3　光敏电阻感光灯电路

在电路板上按照图 3-3 所示电路进行元件排版、布线与焊接，制作成图 3-4 所示电路样板，此图也是光敏电阻感光灯电路 AR 体验识别图。

检查电路连接，确认无误后接通供电电压（+5 V），并用数字式万用表检测是否正常。

将光敏电阻 R_{K1} 放置在当前光照环境中，观察发光二极管 D_5 亮度的变化。改变光敏二极管上照射光强的大小，同时观察发光二极管 D_5 亮度的变化。

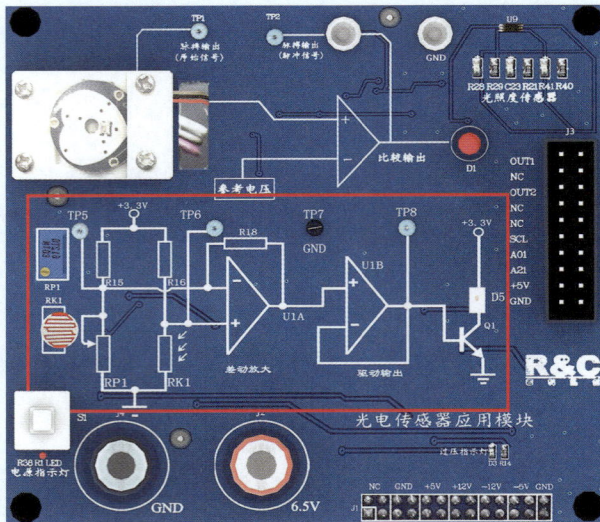

图 3-4　光敏电阻感光灯电路 AR 体验识别图

问题思考：
（1）如果调换 R_{K1} 与电位器 R_{P1} 的位置，按照实验步骤完成实验会出现什么现象？
（2）如果改变运放 U1A 的放大倍数，发光二极管 D_5 的亮度将会出现怎样的变化？

3.2　光敏电阻相关知识

3.2.1　光敏电阻的材料与结构

1. 光敏电阻的材料

光敏电阻（photoresistor），也称光导管，是由半导体材料制成的对光强敏感的一种光电器件。光敏电阻一般用于光强测量、光强控制和光电转换（将光的变化转换为电的变化）。

常用的光敏电阻材料有硫化镉、硫化铅、锑化铟、碲化镉汞等。

2. 光敏电阻的结构

光敏电阻是一种没有极性的纯电阻元件。其基本结构是用涂敷、喷涂、烧结等方法在绝缘衬底上制作成很薄的半导体光敏材料，在光敏材料的两端引出电极，再将其封装在透明的管壳内。光敏电阻的结构、外形与电路符号如图 3-5 所示。

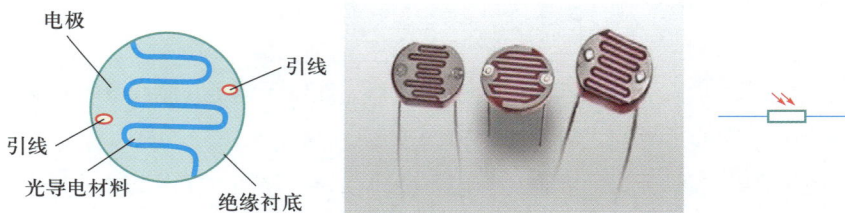

(a) 结构与外形　　　　　　　　　　　　(b) 电路符号

图 3-5　光敏电阻的结构、外形与电路符号

3.2.2　光敏电阻的参数与特性

1. 光敏电阻的参数

光敏电阻的主要参数包括暗电阻、暗电流、亮电阻、亮电流、灵敏度等。

暗电阻与暗电流：通常将光敏电阻未受到光照射时的阻值称为暗电阻，此时流过的电流称为暗电流。

亮电阻与亮电流：在受到光照射时的阻值称为亮电阻，此时流过的电流称为亮电流。亮电流与暗电流之差，称为光电流。

无光照时，光敏电阻阻值（暗电阻）很大，电路中电流（暗电流）很小。当光敏电阻受到一定波长范围的光照时，它的阻值（亮电阻）急剧减少，电路中电流迅速增大。

对于光敏电阻，其暗电阻越大、亮电阻越小，则性能越好，此时光敏电阻的灵敏度高。实际光敏电阻的暗电阻阻值一般在兆欧级，亮电阻阻值在几千欧以下。

由于光敏电阻没有极性，纯粹是一个电阻器件，使用时既可加直流电压，也可加交流电压。

2. 光敏电阻的主要特性

光敏电阻的主要特性包括：伏安特性、光照特性、光谱特性、频率特性、温度特性、灵敏度、时间常数、最高工作电压等。

（1）伏安特性

在一定照度下，光敏电阻两端所加电压与光电流之间的关系称为伏安特性。图 3-6 为硫化镉光敏电阻的伏安特性曲线。

由图 3-6 可见，在一定光照度下，光敏电阻两端加的电压越大，流过光敏电阻的光电流越大，没有饱和现象。在给定的偏压情况下，光照度越大，光电流也就越大，其电压 – 电流的关系为直线，即其阻值与入射光量有关。

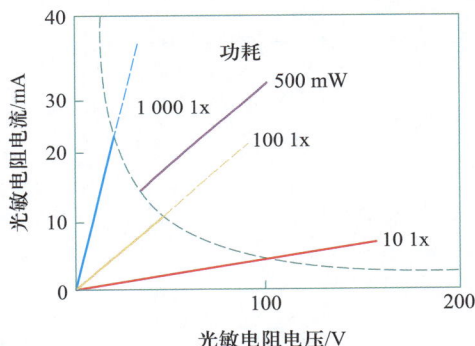

图 3-6　硫化镉光敏电阻的伏安特性曲线

> **💬 小贴士**
>
> 光敏电阻的阻值与照射到光敏电阻上的入射光量有关，而与加在其两端的电压和流过的电流无关。

光敏电阻的最高工作电压是由耗散功率决定的，耗散功率又和面积以及散热条件等因素有关。

（2）光照特性

光照特性是指光敏电阻的光电流与光通量之间的关系，图 3-7 为硫化镉光敏电阻的光照特性曲线。

对绝大多数光敏电阻，其光照特性是非线性的，因此光敏电阻一般在自动控制系统中用作开关式光电信号转换而不易用作线性测量元件。

（3）光谱特性

光敏电阻对不同波长的光，其灵敏度是不同的，即不同的光敏电阻对不同波长的入射光有不同的频率响应。图 3-8 为几种常见光敏电阻的光谱特性曲线。

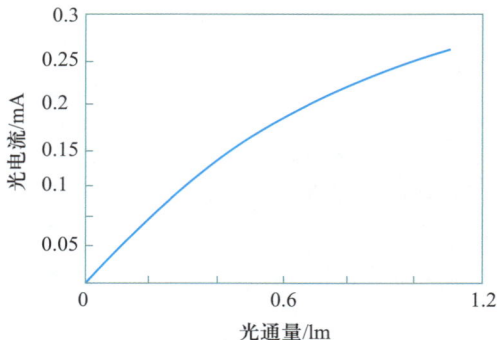

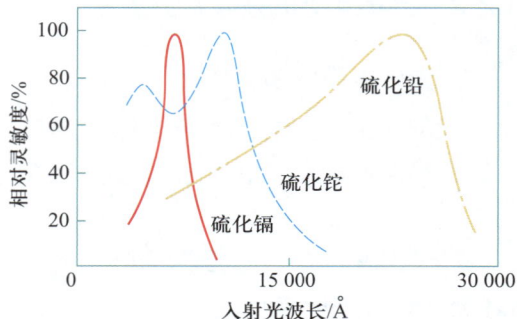

图 3-7　硫化镉光敏电阻的光照特性曲线　　　图 3-8　光敏电阻的光谱特性曲线

光敏电阻具有灵敏度高、工作电流大、光谱响应范围宽、机械强度高、耐振动、使用方便等特点，但其存在响应时间长、频率特性差、强光照射下光电线性度较差、受温度影响大等缺点，主要用于红外的弱光探测和开关控制等领域。

（4）温度特性

光敏电阻受温度的影响较大。当温度升高时，它的暗电阻和灵敏度都下降，如图 3-9（a）所示。另外，温度变化也将影响光敏电阻的光谱特性曲线，图 3-9（b）是硫化铅光敏电阻的光谱温度特性曲线。由图 3-9（b）可见，随着温度升高，光谱响应峰值将会向短波方向移动。因此采取降温措施，可以提高光敏电阻对长波光的响应。

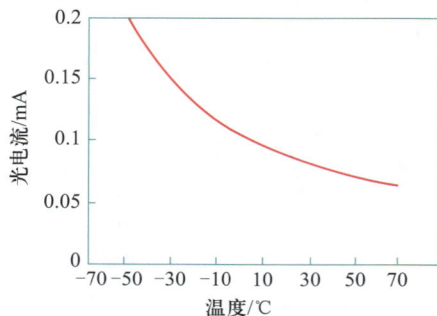

动画：
光敏电阻原理

(a) 硫化镉光敏电阻的温度特性　　　(b) 硫化铅光敏电阻的光谱温度特性

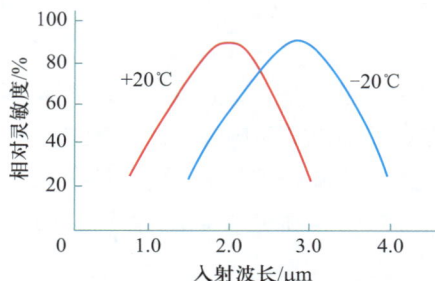

图 3-9　光敏电阻温度特性曲线

3.2.3　光敏电阻的工作原理

教学课件：
光敏电阻的应用

光敏电阻是利用内光电效应工作的光电器件，其工作原理如图 3-10 所示。光敏电阻两电极间加上直流电压，回路中便有电流流过。当无光照时，光敏电阻阻值很大，电路中电流很小；当有光照时，由于光电导效应，光敏电阻阻值急剧变小，光电流急剧增大。光电流大小随光照强度增大而增大。

3.2.4　光敏电阻的应用

理论微课：
光敏电阻的应用

1. 光敏电阻调光灯电路

光敏电阻在照明调节、控制以及光控开关等领域获得广泛地应用。图 3-11 为光控调光灯电路原理示意图。

图 3-10　光敏电阻工作原理

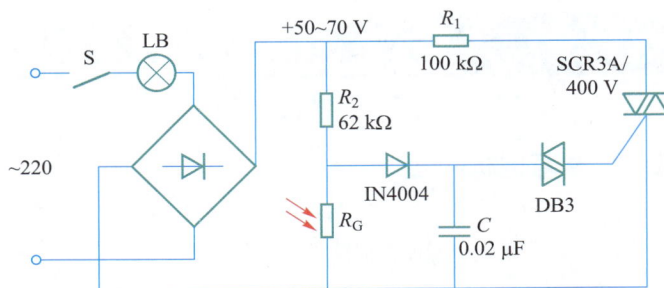

图 3-11　光控调光灯电路

电路工作原理：当周围光线变弱时，光敏电阻 R_G 的阻值增大，使加在电容 C 上的分压上升，触发双向二极管 DB3 导通，进而使晶闸管 SCR 的导通角增大，照明灯两端电压增大，照明灯亮度增大。反之，若周围的光线变亮，则 R_G 的阻值下降，导致晶闸管的导通角变小，照明灯两端电压也同时下降，使灯光变暗，从而实现对灯光照度的控制。

2. 光敏电阻光控开关电路

由光敏电阻构成的光控开关电路如图 3-12 所示。

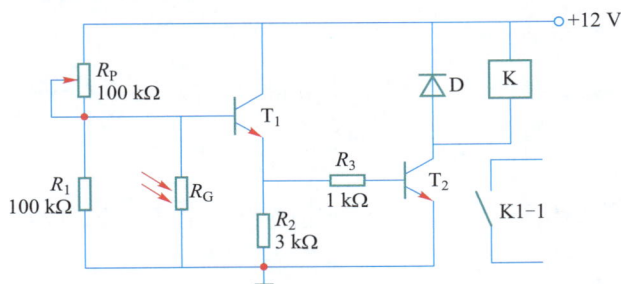

图 3-12　光控开关电路

工作原理：当光照度下降到设置值时，由于光敏电阻阻值上升激发 T_1 导通，进而使得 T_2 也导通，T_2 的激励电流使继电器工作，动合触点闭合，动断触点断开，实现对外电路的控制。

3. 光敏电阻汽车前大灯控制电路

由光敏电阻构成的汽车前大灯控制电路原理如图 3-13 所示。

图 3-13　汽车前大灯控制电路

工作原理：在夜间行车时，若无灯光照射光敏电阻 R_{gm}，则光敏电阻呈高阻值，555 输出高电平，场效应管 BG_1、BG_2 均导通，汽车两前大灯 D_1 和 D_2 均发光。当对方有车开来时，R_{gm} 呈低阻值，555 输出低电位，场效应管 BG_1、BG_2 均截止，汽车两前大灯 D_1 和 D_2 均熄灭。

任务 3   光敏晶体管及其应用分析

学习目标

（1）了解光敏晶体管的种类、结构与特性
（2）熟悉光敏晶体管的工作原理
（3）掌握光敏晶体管接口电路的设计方法
（4）能对人体脉搏测量电路进行调试

实训视频：
人体脉搏测量
电路的调试

技能训练 12   人体脉搏测量电路制作与调试

任务描述：

利用人体脉搏传感器设计一种人体脉搏测量电路。通过本训练项目，加深对反射式光电传感器特性的理解，熟悉反射式光电传感器控制电路的组成、工作原理，掌握光电传感器检测电路的焊接、测试与调整方法。

要求对训练用电子元器件和集成电路进行正确识别与质量检测，并在万能板上焊接一个人体脉搏测量电路，测量精度为 ±2 次 /min。

器材准备：

反射式人体脉搏传感器，电阻、电容、电位器若干，集成运算放大器 LMV358，比较器 LMV393，红色发光二极管，频率计，直流稳压电源。

设计制作与调试过程：

按照任务要求设计的人体脉搏测量电路如图 3-14 所示。电路组成包括人体脉搏传感器、运算放大器、比较器、发光二极管指示电路等。

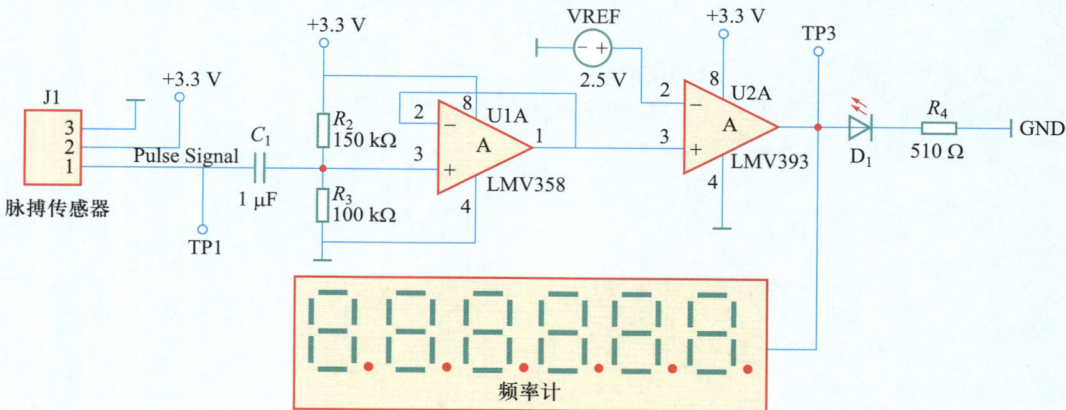

图 3-14   人体脉搏测量电路

脉搏传感器选用反射式人体脉搏传感器，J1 为人体脉搏传感器接口，1 脚为传感器模拟输出，经过电阻衰减网络衰减、经电压跟随电路输出后加到比较器的同相输入端，比较器的反相输入端接入 2.5 V 的直流电压作为基准电平，比较器输出信号 TP3 可直接接入频率计显示被测脉搏的数值，也可直接驱动发光二极管 D_1。

在电路板上按照图 3-14 所示电路进行元件排版、布线与焊接，电路焊接样板如图 3-15 所示，此图也是人体脉搏测量电路 AR 体验识别图。

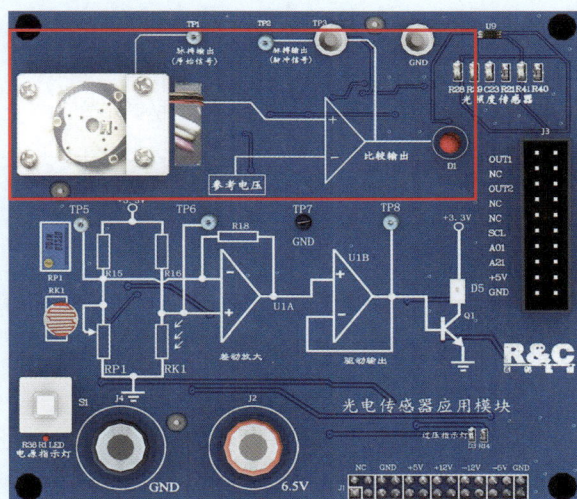

图 3-15 人体脉搏测量电路 AR 体验识别图

AR 体验：
扫描二维码下载驱动程序，安装成功后扫描"人体脉搏测量电路 AR 体验识别图"进行体验

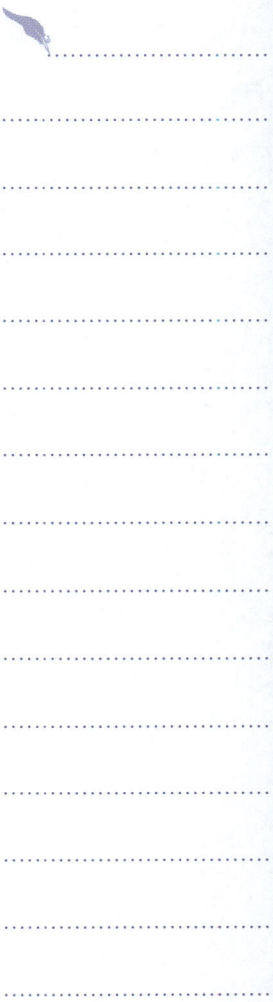

具体测试时，接通电源，用双踪示波器探头分别接入脉搏传感器输出 TP1 和比较器输出 TP3 位置。用手指轻轻放在脉搏传感器上，观察发光二极管 D_1 变化情况（若无明显现象，改变手指接触位置，直到观察到发光二极管 D_1 有规律闪烁为止），记录示波器上测得 TP1 处的人体脉搏模拟信号波形与 TP3 处的脉搏脉冲信号波形，根据所测得的波形参数计算被测人体的脉搏数值大小，同时观察频率计上显示的数值并做记录。

  * 在实际测量时，可借助发光二极管的闪烁情况初步判断人体脉搏的跳动情况。只有当发光二极管的闪烁频率有稳定的规律时才能说明手指与传感器的接触相对稳定。

问题思考：
（1）如果在人刚运动结束后测量脉搏，测量结果将会发生怎样的变化？
（2）改变手指接触传感器上不同的测量位置，所得到的测量结果是否会有差异？

小常识

PULSE SENSOR

PULSE SENSOR 内部包括 LED 驱动电路、微型表面贴装环境亮度传感器 APDS9008，低通滤波器和轨对轨单运算放大器 MCP6001 等，电路结构如图 3-16 所示，可直接输出与人体脉搏对应的模拟信号波形，供电电压为 3.3 V 或 5 V，信号幅度为 0~3.3 V 或 0~5 V。

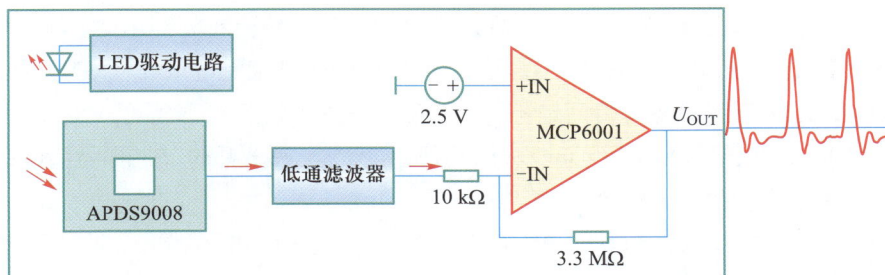

图 3-16 PULSE SENSOR 内部电路结构

3.3   光敏晶体管相关知识

3.3.1   光敏二极管

光敏二极管（photodiode）又称光电二极管，它是一种光电转换器件。

1. 光敏二极管的结构与分类

（1）光敏二极管的结构

光敏二极管的管心与普通二极管相似，也是 PN 结，其外壳可用金属、玻璃、陶瓷树脂封装。凡是金属封装的光电二极管，都有一个用于透光的玻璃窗口，光线通过该窗口射到管心上，其结构与电路符号如图 3-17 所示。

（2）光敏二极管的分类

光敏二极管按照材料不同可分为硅、锗、砷化镓、碲化铟等；按照结构不同可分为 PN 结型、PIN 结型、雪崩型等，其中用得最多的是 PN 结型。

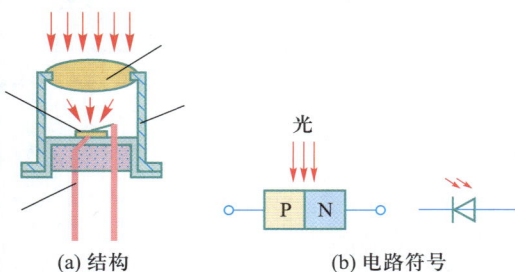

(a) 结构   (b) 电路符号

图 3-17   光敏二极管结构与电路符号

2. 光敏二极管的主要参数

光敏二极管的主要参数包括最高工作电压、光电流、暗电流、光谱响应特性等。

最高工作电压：指无光照时，光敏二极管允许的最高反向工作电压。

光电流：指受到一定的光照及最高工作电压下流过管子的反向电流。一般光电流在几十微安，并且与照度呈线性关系。光敏二极管的光电流越大越好。

暗电流：指光敏二极管在无光照，并施加一定反向电压时的漏电流。暗电流越小，光电二极管的性能越稳定，检测弱光的能力越强。由于暗电流随温度与反向偏置电压变化而变化，在要求稳定性高的电路中，需用考虑进行温度补偿。

光谱响应特性：不同类型的光电二极管，其光谱特性和峰值波长不同。通常，锗管的光谱范围要比硅管宽。

3. 光敏二极管的工作原理

光敏二极管在无光照时，反向电阻很大，反向电流（暗电流）很小，这时光敏二极管处于截止状态，只有少数载流子在反向偏压的作用下，渡越阻挡层形成微小的反向电流即暗电流；在有光照时，PN 结附近受光子轰击，吸收其能量而产生电子 – 空穴对，从而使 P 区和 N 区的少数载流子浓度大大增加，因此在外加反向偏压和内电场的作用下，P 区的少数载流子渡越阻挡层进入 N 区，N 区的少数载流子渡越阻挡层进入 P 区，从而使通过 PN 结的反向电流大为增加，这样就形成了光电流。由于光敏二极管的光电流 I 与照度之间呈线性关系。因此较为适合检测等方面的应用。

由此可见，光敏二极管的基本原理是利用 PN 结的光生伏特效应，即光照到 PN 结上时，PN 结吸收光能，产生电动势的现象。在不受光照时，处于截止状态；受光照时，处于导通状态。

光敏二极管有以下两种工作状态：

（1）光敏二极管上不加偏压，利用 PN 结在受光照时产生正向电压的原理，把它用作微型光电池，电路如图 3-18（a）所示。无偏置电路可以用于测量宽范围的入射光，一般作光电检测器，例如照度计等，但响应特性比不上反向偏置的电路。

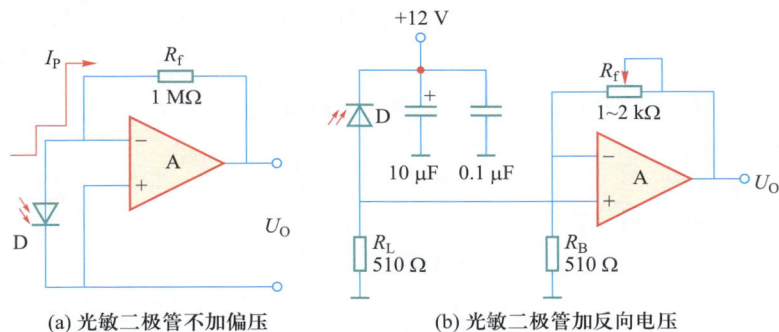

(a) 光敏二极管不加偏压　　　　(b) 光敏二极管加反向电压

图 3-18　光敏二极管两种工作状态

（2）当光敏二极管加上如图 3-18（b）所示的反向电压时，管子中的反向电流随着光照强度的改变而改变，光照强度越大，反向电流越大，光敏二极管大多数都工作在这种状态。

📶 小经验

光电二极管的质量检测

（1）电阻测量法：用万用表 $R \times 100$ 或 $R \times 1\mathrm{k}$ 挡。像测普通二极管一样，正向电阻应为 $10\,\mathrm{k}\Omega$ 左右，无光照时，反向电阻应为 ∞，然后让光电二极管见光，光线越强，反向电阻应越小。光线特强时，反向电阻可降到 $1\,\mathrm{k}\Omega$ 以下。这样的管子就是好的。若正反向电阻都是 ∞ 或零，说明管子是坏的。

（2）电压测量法：把万用表（指针式）接在直流 $1\,\mathrm{V}$ 左右的挡位。红表笔接光电二极管正极，黑表笔接负极，在阳光或白炽灯照射下，其电压与光照强度成正比，一般可达 $0.2 \sim 0.4\,\mathrm{V}$。

（3）电流测量法：把指针式万用表拨在直流 $50\,\mu\mathrm{A}$ 或 $500\,\mu\mathrm{A}$ 挡，红表笔接光电二极管正极，黑表笔接负极，在阳光或白炽灯照射下，其短路电流可达数十到数百微安。

4. 光敏二极管的应用分析

图 3-19 为利用光敏二极管构成的路灯控制电路原理示意图。

电路工作原理：当光照强度达到一定值时，光敏二极管的光电流增大，三极管 T_1、T_2 均导通，继电器线圈带电，动断触点断开，路灯不亮。

当无光照或光线较暗时，流过光敏二极管的只有暗电流，电流值很小，T_1、T_2 处于截止状态，继电器线圈失电，动断触点闭合，路灯亮。

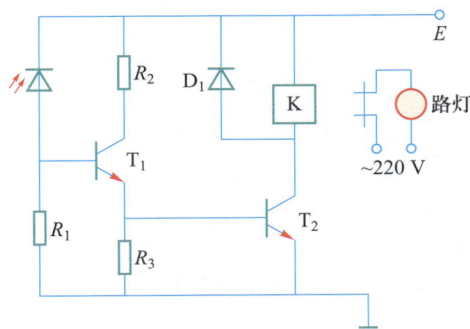

图 3-19　路灯控制电路原理示意图

3.3.2　光敏三极管

1. 光敏三极管的结构与原理

光敏三极管（phototriode）和普通三极管的结构相类似，也有两个 PN 结。不同之处是光敏三极管有一个对光敏感的 PN 结作为感光面，一般用集电结作为受光结。

多数光敏三极管没有基极引出线，只有集电极和发射极两个引脚。因此，光敏三极管实质上是一种相当于在基极和集电极之间接有光敏二极管的三极管。光敏三极管的结构与电路符号如图 3-20 所示。

由于光敏三极管将光信号转换成电信号的同时，又将电流进行了放大，因此，光敏三极管比光敏二极管具有更高的灵敏度。

2. 光敏三极管的应用分析

图 3-21 为由光敏三极管构成的光控开关电路。

教学课件：
光敏三极管的
应用

理论微课：
光敏三极管的
应用

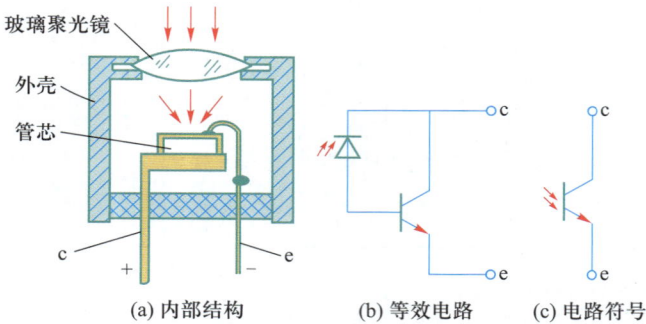

(a) 内部结构　　(b) 等效电路　　(c) 电路符号

图 3-20　光敏三极管的结构与电路符号

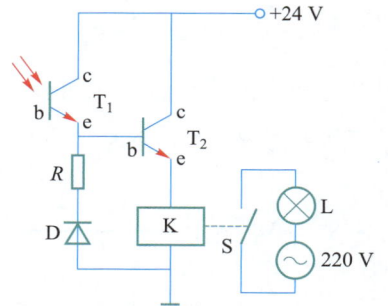

图 3-21　光控开关电路

当有光线照射于光敏三极管 T_1 上时，流过光敏三极管的光电流使三极管 T_2 导通，继电器线圈带电，继电器动合触点闭合，使被控制灯 L 点亮工作。

图 3-22 为光敏三极管构成的烟雾报警电路，由红外发光管、光敏三极管构成的串联反馈感光电路、半导体管开关电路及集成报警电路等组成。

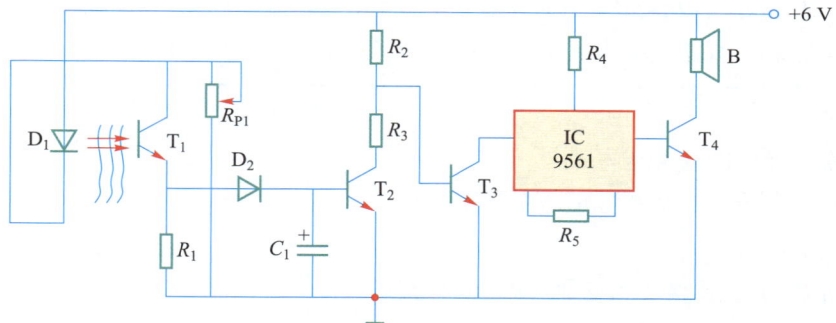

图 3-22　烟雾报警电路

工作原理：当被监视环境无烟雾时，红外发光二极管 D_1 发出的光被光敏三极管 T_1 接收后致其内阻减小，使得 D_1 和 T_1 串联电路中的电流增大，红外发光二极管 D_1 的发光强度相应增大，光敏三极管内阻进一步减小。如此循环便形成了强烈的正反馈过程，直至使串联感光电路中的电流达到最大值，在 R_1 上产生的压降经 D_2 使 T_2 导通，T_3 截止，报警电路不工作。当被监视的环境中烟雾急剧增加时，空气中的透光性恶化，此时光敏三极管 T_1 接收到的光通量减小，其内阻增大，串联感光电路中的电流也随之减小，发光二极管 D_1 的发光强度也随之减弱。如此循环便形成了负反馈的过程，使串联感光电路中的电流直至减小到起始电流值，R_1 上的电压也降到 1.2 V，使 T_2 截止，T_3 导通，报警电路工作，发出报警信号。C_1 是为防止短暂烟雾的干扰而设置的，IC9561 为四声报警芯片。

任务 4　光电耦合器与光电开关及其应用分析

学习目标

（1）了解光电耦合器的结构与工作原理
（2）熟悉光电耦合器的原理与典型应用
（3）了解光电开关的结构与分类
（4）熟悉光电开关的原理与典型应用
（5）能对光电测速系统进行调试

技能训练 13　光电测速系统电路制作与调试

任务描述：

　　利用反射式光电码盘传感器设计一种直流电机速度测量电路。通过本训练项目，加深对光电断续器特性的理解，熟悉光电断续器速度测量电路的组成、工作原理，掌握光电开关传感器检测电路的焊接、测试与调整方法。

　　要求对训练用电子元器件和集成电路进行正确识别与质量检测，并在万能板上焊接一个直流电机速度测量电路，利用模拟与数字两种方式控制调节电机速度，通过转速表与单片机智能显示终端显示出被测电机的速度，测量精度为 ±2 r/min。

器材准备：

　　反射式光电开关 RPR220，5 V 直流电机，直流电机驱动器 L298N，PWM 与模拟控制转换开关，模拟调节旋钮，三孔光电码盘，反相器，单片机系统，转速表，直流稳压电源等。

设计制作与调试过程：

　　利用反射式光电传感器配合光电码盘进行电机转速测量。将反射式光电对管放置于电机转盘下方，在电机转盘上开 M 个透光槽，当转盘转到透光槽的位置时，光电接收管无法接收到反射信号，输出为高电平；反之输出为低电平。

　　电机转速可表示为

$$v = \frac{n}{M} \tag{3-1}$$

其中，M 为透光孔个数，n 为测得的脉冲个数。

　　按照任务要求及上述测量原理设计的光电码盘测速系统如图 3-23 所示。本系统的电路

实训视频：
光电测速系统电路的调试

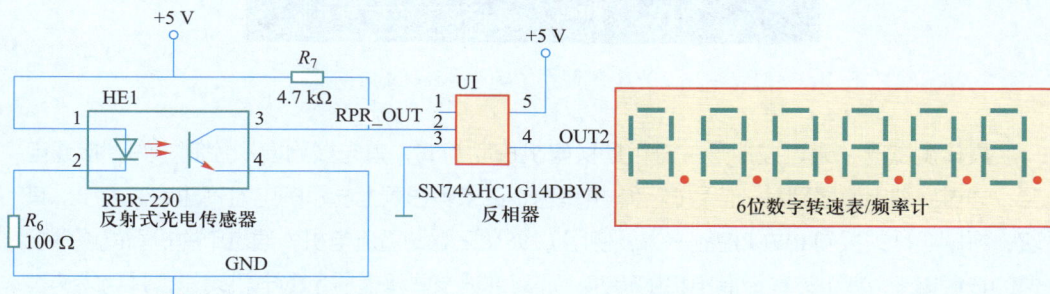

图 3-23　光电码盘电机测速电路

组成包括反射式光电码盘、反相器、转速表、转速控制切换开关、模拟调节电位器、电机驱动电路、单片机系统等，电机驱动转换如图 3-24 所示。

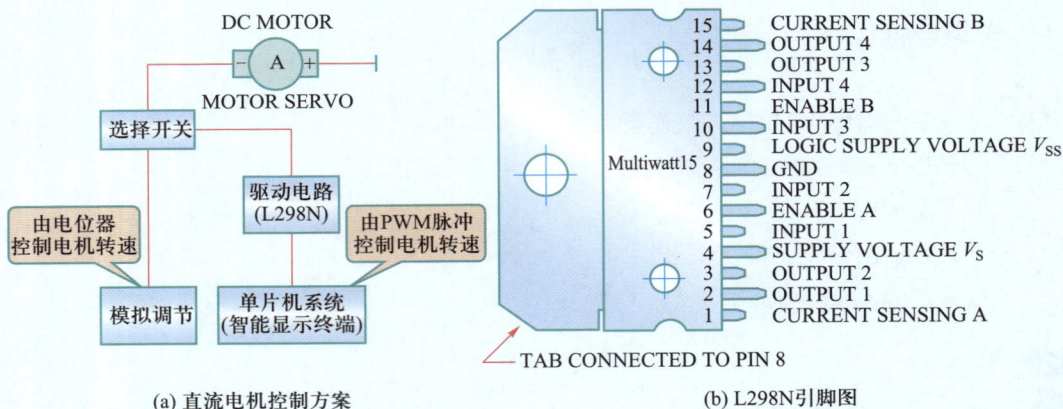

(a) 直流电机控制方案   (b) L298N引脚图

图 3-24   直流电机驱动方案及 L298N 驱动芯片引脚

将反射式光电对管放置于电机转盘下方，在电机转盘上开三个透光槽。当转盘转到透光槽位置时，光电接收管无法接收到反射信号，RPR_OUT 输出为高电平；反之，当接收管接收到反射信号时，RPR_OUT 输出为低电平。

U1 为单门反相器，用于对反射式光电管输出信号整形，最后将脉冲送入 6 位数字频率计 / 转速表中，显示数值的 1/3 即为当前电机的实际转速。

在电路板上按照图 3-23 所示电路进行元件排版、布线与焊接，电路焊接样板如图 3-25 所示，此图也是光电测速系统 AR 体验识别图。

AR 体验：
扫描二维码下载驱动程序，安装成功后扫描"光电测速系统电路 AR 体验识别图"进行体验

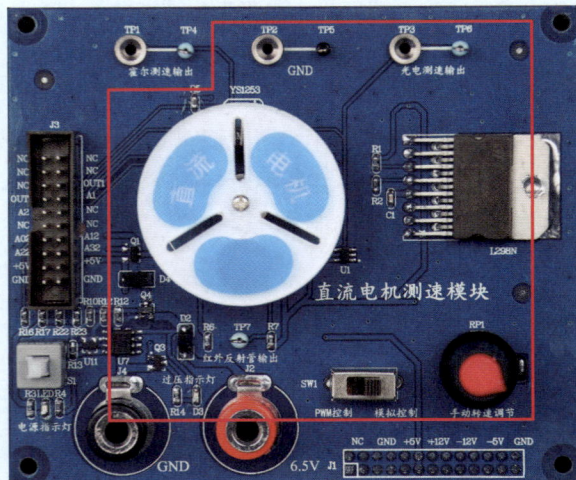

图 3-25   光电测速系统电路 AR 体验识别图

具体测试时，通过拨挡开关进行切换电机控制方式，首先拨到模拟控制一端，接通电源，通过旋动电位器到某一位置调整电机转速，记录转速表上显示的电机转速数值大小。其次，将切换开关拨到 PWM 控制一端，使用 L298N 来驱动直流电机，通过单片机智能终端配置的按键增加 / 减小功能控制电机的转速，观察并记录屏幕上显示的电机转速，并与转速表上显示的电机转速进行对比，分析两者之间转速显示的误差原因。

*注意：由于光电码盘是三孔结构，实际转速为转速表显示转速数值的 1/3。

问题思考：
（1）如果不采用反相器对反射式光电对管输出信号进行整形，是否会对结果有影响？
（2）如果采用对射式光电开关进行电机转速测量，该如何安装传感器？

小常识

电机驱动芯片 L298N 的功能与使用技巧

L298N 是 ST 公司生产的一种高电压、大电流电机驱动芯片。内含两个 H 桥的高电压大电流全桥式驱动器，内部包含 4 通道逻辑驱动电路，接收标准 TTL 逻辑电平信号，该芯片可以驱动一台两相步进电机或四相步进电机，也可以驱动两台直流电机。

L298N 芯片采用 15 脚封装，其中的 1 脚和 15 脚可单独引出连接电流采样电阻器，形成电流传感信号；OUT1、OUT2 和 OUT3、OUT4 之间可分别接 2 个电机。5、7、10、12 脚接输入控制电平，控制电机的正反转，ENA、ENB 接控制使能端，控制电机的停转。

3.4　光电耦合器与光电开关相关知识

3.4.1　光电耦合器

1. 光电耦合器的结构与电路符号

光电耦合器（简称光耦）是把发光器件（如发光二极体）和光敏器件（如光敏三极管）组装在一起，封装在一个外壳内，通过光线实现耦合构成电－光和光－电转换器件。发光元件通常采用砷化镓发光二极管，光敏元件可以是光敏二极管，也可以是光敏三极管或光敏晶闸管等。

图 3-26 为几种常见光电耦合器的电路符号，图 3-27 为常用光电耦合器的封装及外形结构图。

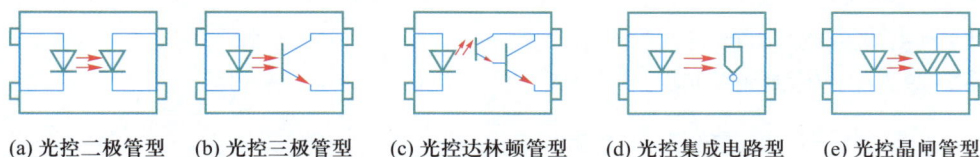

(a) 光控二极管型　(b) 光控三极管型　(c) 光控达林顿管型　(d) 光控集成电路型　(e) 光控晶闸管型

图 3-26　常见光电耦合器的电路符号

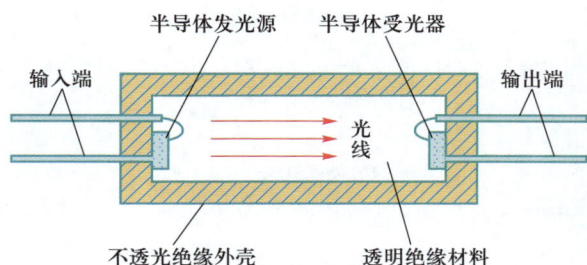

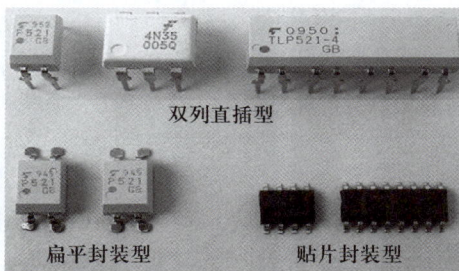

图 3-27　常用光电耦合器封装及外形结构

2. 光电耦合器的工作原理

在光电耦合器中，由发光二极管辐射可见光或红外光，受光器件在光辐射作用下控制输出电流的大小。通过电 - 光、光 - 电两次转换进行输入与输出间耦合。

　　由于光电耦合器的输入回路与输出回路之间完全隔离，没有电气联系，也没有共地。输入与输出间的绝缘电阻在 $10^{11} \sim 10^{12}\Omega$，器件具有很强的抗干扰能力和隔离性能，可以避免振动和噪声干扰，因此被广泛用于信号隔离、电平变换、信号传输、控制系统中无触点开关等。

小经验

光电耦合器质量检测

（1）万用表检测法

　　利用万用表测量光电耦合器输入端的正反向电阻、若测得的正向电阻很小，反向电阻很大，则说明该光电耦合器发送端的发光二极管质量是好的；同理，用万用表测量光电耦合器输出端的电阻，正常时应为无穷大。

　　在正常情况下，光电耦合器输入端与输出端各引脚间的电阻均应为无穷大。

（2）简易电路检测法

　　光电耦合器质量检测电路如图 3-28 所示。按照光电耦合器上标注的输入、输出器件符号与极性，将直流电源接入电路

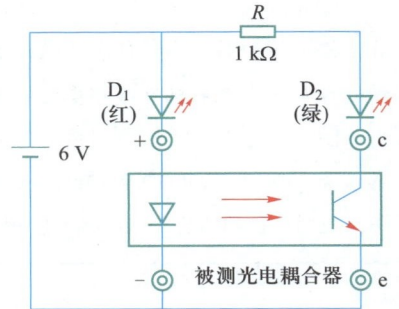

图 3-28　光电耦合器质量检测电路

中。如果发光二极管 D_1、D_2 能够同步点亮发光，说明该光电耦合器质量是好的；如果红色发光二极管 D_1 不发光；说明光电耦合器内部的发光二极管可能已开路或损坏；如果 D_1 发光而绿色发光二极管 D_2 不亮，则说明光电耦合器内部的光电接收器件已开路或损坏。

3. 光电耦合器的应用分析

　　光电耦合器具有体积小、使用寿命长、工作温度范围宽、抗干扰性能强、无触点且输入与输出在电气上完全隔离等特点，在各种电子设备上得到广泛的应用。光电耦合器可用于隔离电路、负载接口及各种家用电器等电路中。

（1）光电耦合器组成的开关电路

图 3-29 为由光电耦合器组成的简单开关电路。

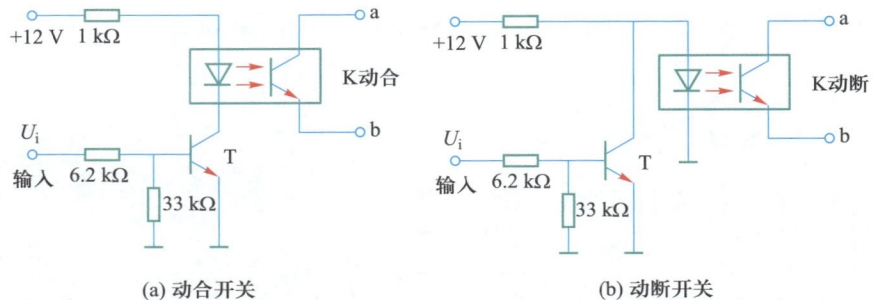

(a) 动合开关　　　　(b) 动断开关

图 3-29　光电耦合器开关电路

　　在图 3-29（a）中，当输入信号为低电平时，三极管 T 处于截止状态，发光二极管无电流流过，输出端 a、b 间的电阻非常大，相当于开关"断开"。当输入信号为高电平时，三极管 T 导通，发光二极管发光，则输出端 a、b 间的电阻变得很小，相当于开关"接通"。故称无信号时开关不通，为动合状态。

图 3-29（b）所示电路则为"动断"状态。因为无信号输入时，虽三极管 T 截止，但发光二极管有电流通过而发光，使输出端 a、b 处于导通状态，相当于开关"接通"。当有信号输入时，三极管 T 导通，由于 T 的集电结压降到 0.3 V 以下，远小于发光二极管的正向导通电压，所以发光二极管无电流流过不发光，则输出端 a、b 间的电阻很大，相当于开关"断开"，故称"动断"式开关。

（2）光电耦合器组成的逻辑电路

图 3-30 为由光电耦合器组成的与门逻辑电路。其逻辑表达式为 $F=A \cdot B$。图中两只光敏管串联，只有当输入逻辑电平 $A=1$、$B=1$ 时，输出 $F=1$。

（3）光电耦合器组成隔离耦合电路

图 3-31 为由光电耦合器组成的交流耦合放大电路。适当选取发光回路限流电阻 R_1，使光电耦合器的电流传输比为一常数，即可保证该电路的线性放大作用。

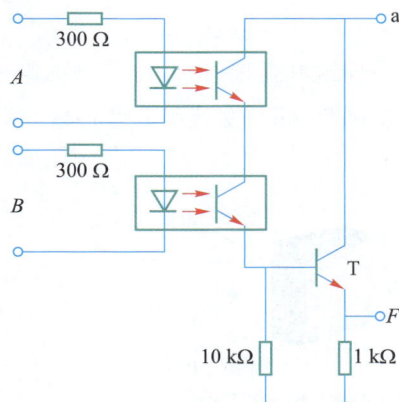

图 3-30　光电耦合器组成与门逻辑电路　　　图 3-31　交流耦合放大电路

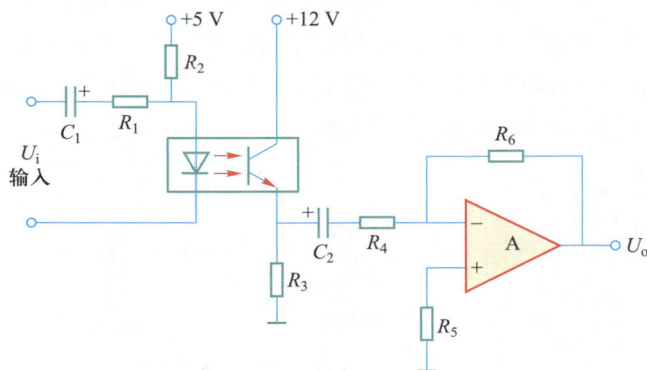

小常识

光电耦合器选用

光电耦合器有线性型与非线性型两大类。线性型光电耦合器的电流传输特性曲线接近于直线，并且小信号时性能较好，能以线性特性进行隔离控制，通常应用于开关电源电路的信号隔离；非线性型光电耦合器的电流传输特性曲线是非线性的，这类光耦适用于开关小信号的传输。

3.4.2　光电开关

1. 光电开关的结构与分类

光电开关是光电传感器的一种，它利用被检测物对光束的遮挡或反射，由同步回路选通电路，从而达到检测物体有无或其他相关参数的目的。

光电开关将输入电流在发射器上转换为光信号射出，接收器再根据接收到的光线的强弱或有无对目标物体进行探测。

光电开关按照结构的不同可分为对射式、反射式等不同类型。

遮断型光电开关也称对射式光电开关，结构如图 3-32 所示。在对射式光电开关上包含有相互分离且光轴相对放置的发射器和接收器，发射器发出的光线直接进入接收器，当被检测物体经过发射器和接收器之间且阻断光线时，光电开关将产生一个脉冲信号。遮断型光电开关的检测距离一般可达十几米，对所有能遮断光线的物体均可检测。

动画：
U 形光电开关
工作原理

动画：
反射式光电测
速原理

动画：
透射式光电测
速原理

教学课件：
光电断续器的
应用

理论微课：
光电断续器的
应用

教学课件：
光电开关的应用

理论微课：
光电开关的应用

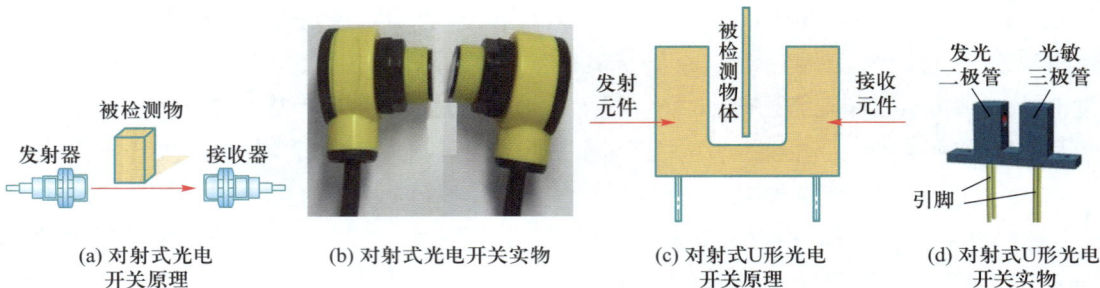

(a) 对射式光电
开关原理　(b) 对射式光电开关实物　(c) 对射式U形光电开关原理　(d) 对射式U形光电开关实物

图 3-32　对射式光电开关

槽式光电开关属于对射式光电开关，外形采用标准的 U 形结构，其发射器和接收器分别位于 U 形槽的两边，并形成一光轴，当被检测物体经过 U 形槽且阻断光轴时，光电开关将产生开关信号。

通常，将用于近距离检测的光电开关称为光电断路器。

反射式光电开关是一种集发射器和接收器于一体的传感器，当有被检测物体经过时，物体将光电开关发射器发射的足够量的光线发射到接收器，于是光电开关就产生了开关信号。图 3-33 为常见反射式光电开关的结构示意图。

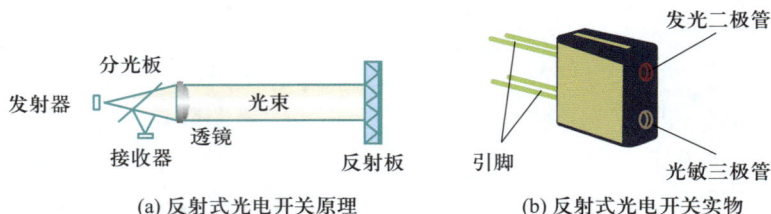

(a) 反射式光电开关原理　(b) 反射式光电开关实物

图 3-33　反射式光电开关

2. 光电开关的工作原理

光电开关与光电耦合器一样，都包含发光源和受光器两部分，工作原理也基本相同。不同之处在于，光电耦合器是通过调节发光二极管的电压大小调节发光强度，从而改变光电接收管的电流。而光电开关则是将输入电流在发射器上转换为光信号射出，接收器再根据接收到的光线强弱或有无实现对目标物体的检测。此外，光电开关接收器所接收发光源发出的光不是在器件内部传输，而是在器件的外部传输。

由于光电开关输出回路和输入回路之间电气隔离，已被用作物位检测、液位控制、产品计数、宽度判别、速度检测、定长剪切、孔洞识别、信号延时、自动门传感、色标检出、冲床和剪切机以及安全防护等诸多领域。此外，利用红外线的隐蔽性，还可在银行、仓库、商店、办公室以及其他需要的场合作为防盗警戒之用。

3. 光电开关的应用分析

（1）公共汽车关门安全提示器

用于公共汽车关门的安全提示器电路如图 3-34 所示。当车门关好时，挡板插入光电断路器 U 形槽内，光电三极管无工作电流，输出为高电平。当两

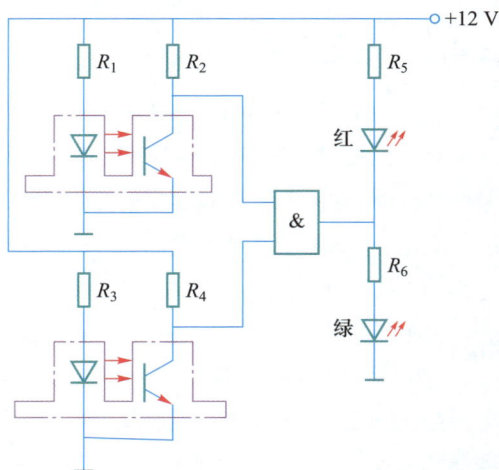

图 3-34　公共汽车关门安全提示器

个门都关好时,相应地输出两个高电平,与门输出为高电平,绿色指示灯点亮;当至少有一个门未关好时,则与门输出为低电平,红色指示灯点亮,提醒司机不能让汽车前行。

（2）光电式数字转速表

图3-35为光电式数字转速表工作原理图。在电机的转轴上安装一个具有均匀分布齿轮的调制盘,如图3-35（a）所示,当电机转动时带动调制盘转动,发光二极管发出的恒定光源被调制成随时间变化的调制光,透光与不透光交替出现,光敏管将间断地接收到透射光信号,输出电脉冲。图3-35（b）为信号放大整形电路,当有光照时,发光二极管产生光电流,使 R_P 上压降增大,直到三极管 T_1 导通,作用到 T_2、T_3 组成的射极耦合触发器,使其输出 U_O 为高电平;反之,输出 U_O 为低电平。电机转速可通过脉冲信号的频率来确定,并通过频率计进行计数。

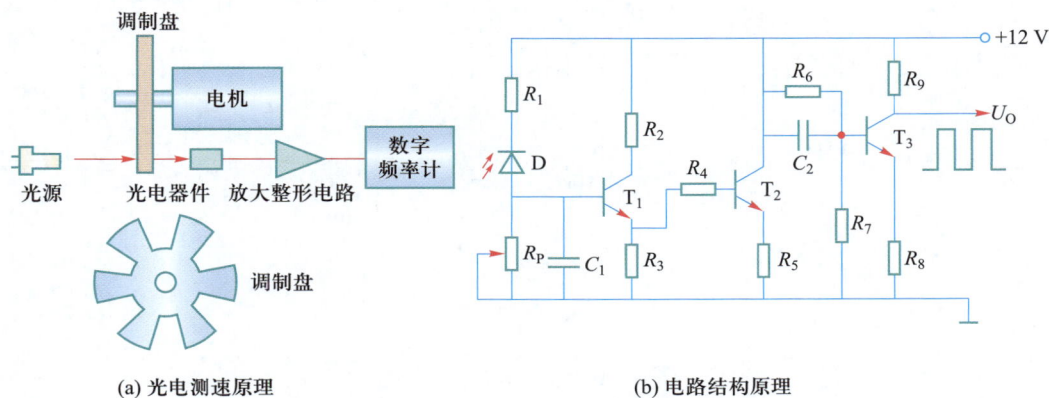

(a) 光电测速原理　　　　　　(b) 电路结构原理

图3-35　光电式数字转速表工作原理图

任务 5　光电池及其应用分析

学习目标

（1）了解光电池的种类、结构与特性

（2）熟悉光电池的工作原理

（3）掌握光电池接口电路的设计方法

（4）能对光电池检测电路进行调试

技能训练 14　光电池检测电路制作与调试

任务描述：

利用光电池制作一款光强度报警电路。要求当环境照明光线强度达到一定值时,报警指示灯点亮。

器材准备：

硅光电池,运算放大器,比较器,场效应管,继电器,发光二极管,电阻、电位器,直流稳压电源等。

设计制作与调试过程：

硅光电池 BPW34S 是一种在光的照射下产生电动势的半导体元件。利用光电池作为感光传感器，将光线照射在光电池上产生的热电动势进行放大后，与一定基准电压进行比较，输出的高低电平变化即可驱动场效应管的导通与截止，进而控制发光二极管的亮灭状态。

按照任务要求设计的硅光电池光强检测电路如图 3-36 所示，图中包括硅光电池传感器、运算放大器、比较器、发光二极管指示驱动电路等。

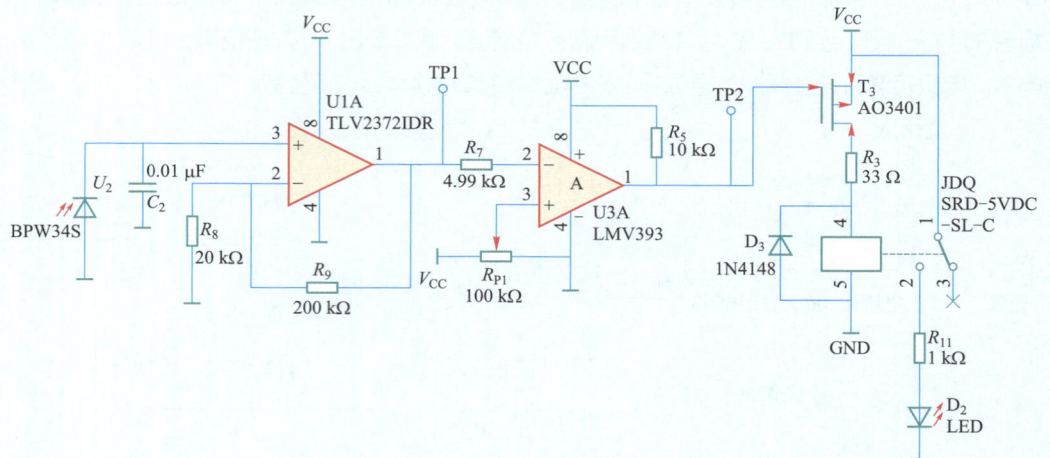

图 3-36　硅光电池检测电路

在图 3-36 所示电路中，硅光电池的输出接入运算放大器的同相输入端，放大器的放大比例为（$1+R_9/R_8$），放大后的信号与 R_{P1} 输出的参考电压通过比较器 LMV393 进行比较。当光强度够大时，比较器反相输入端电压大于同相输入端电压，LMV393 输出电压为低电平，MOS管 AO3401 导通，继电器吸合，LED 灯 D_2 被点亮。

当无光照或光照强度不足时，运算放大器的输出电压较低，比较器输出高电平，场效应管截止，发光二极管不亮。在电路板上按照图 3-36 所示电路进行元件排版、布线与焊接，电路焊接样板如图 3-37 所示，此图也是光电池检测电路 AR 体验识别图。

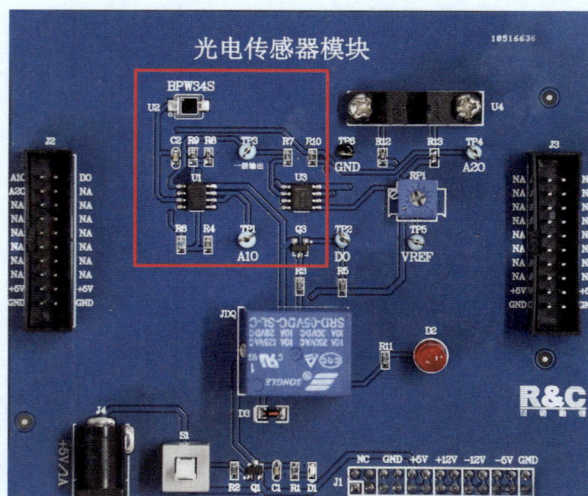

图 3-37　光电池检测电路 AR 体验识别图

在进行实验时，用黑色纸条逐渐靠近光电池表面，观察发光二极管的亮暗情况。调整电

位器 R_{P1}，改变比较器同相端输入信号大小，重复上述实验过程。

问题思考：

（1）利用不同波长的光照射光电池时，所得到的实验结果是否一致？

（2）如果要求随光强变化发光二极管的亮度成反比关系，如何改进电路结构或参数？

3.5　光电池相关知识

3.5.1　光电池的结构与分类

光电池（photocell）又称太阳能电池，是一种直接将光能转换为电能（电动势）的光电器件，它能接收不同强度的光照射，产生大小不同的电流。光电池在有光线作用下实质就是电源，电路中有了这种器件就不需要外加电源，属有源器件。

思政聚焦：
全球能源危机与太阳能绿色能源

1. 光电池的结构与电路符号

光电池是一种特殊的半导体二极管。光电池的外形结构与电路符号如图 3–38 所示。

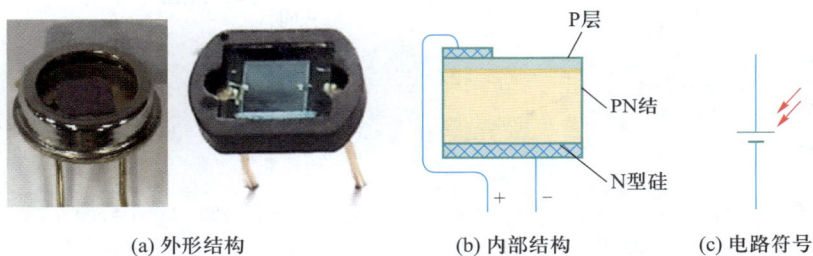

(a) 外形结构　　　　(b) 内部结构　　　　(c) 电路符号

图 3-38　光电池外形结构与电路符号

2. 光电池的种类与特点

光电池按照使用材料的不同可分为硒光电池、硅光电池、锗光电池、硫化铊光电池、硫化镉光电池、砷化镓光电池等。

光电池具体性能稳定、光谱范围宽、频率特性好、转换效率高、耐高温辐射、价格便宜、寿命长等特点，被广泛用作光电转换、光电探测和光能利用等方面。

教学课件：
光电池的基本特性

3. 光电池的特性

光电池的特性包括光照特性、光谱特性、温度特性与频率特性等。

（1）光照特性

指不同强度的光照射在光电池上，光电池有不同的短路电流 I_{sc} 和开路电压 U_{oc}，如图 3–39（a）所示。短路电流 I_{sc}– 光强 E_v 特性是一条直线，即短路电流在很宽的光强范围内，与光强呈线性关系，而开路电压是非线性的，而且，当光照度在 2 000 lx 时，开路电压就趋于饱和。因此，要想用光电池来测量或控制光的强弱，应当用光电池的短路电流特性。

（2）光谱特性

不同的光电池，光谱曲线峰值的位置不同，光电池的光谱特性如图 3–39（b）所示。例如硅光电池峰值波长在 0.8 μm 左右，硒光电池在 0.54 μm 左右。硅光电池的光谱范围宽，在 0.45 ~ 1.1 μm

理论微课：
光电池的基本特性

之间，硒光电池的光谱范围在 0.34 ~ 0.75 μm 之间，只对可见光敏感。

（3）温度特性

指开路电压和短路电流随温度变化而变化的情况，如图 3-39（c）所示。硅光电池的参数受环境温度的影响较大，开路电压的温度系数一般为 2.1 mV/℃，短路电流的温度系数一般为 +78 μA/℃。开路电压随温度的升高而快速下降，短流电流随温度升高而缓缓增大。所以，用光电池作传感器制作的测量仪器，即使采用 I_{sc}-E、特性，在被测参量恒定不变时，仪器的读数也会随环境温度的变化而漂移，所以，仪器必须采用相应的温度补偿措施。

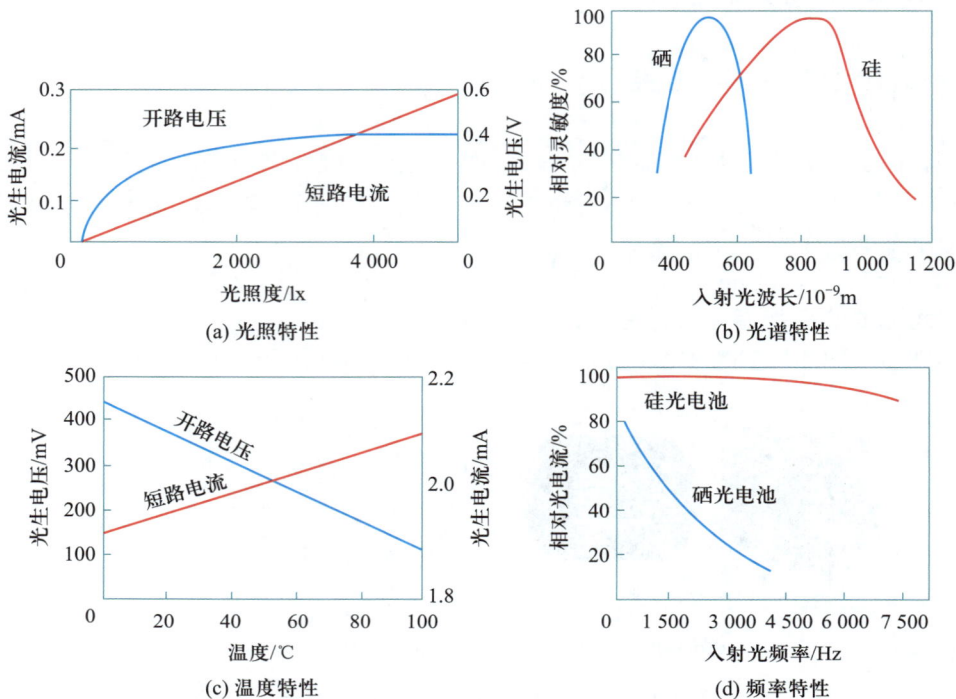

图 3-39　光电池特性

（4）频率特性

指光电池相对输出电流与光的调制频率之间关系，如图 3-39（d）所示。光电开关中当入射光照度变化时，由于光生电子空穴对的产生和复合都需要一定时间，因此入射光调制频率太高时，光电池输出电流的变化幅度将下降，硅、硒光电池的频率特性不同，硅光电池的频率特性较好，工作频率的上限为数万赫兹，而硒光电池的频率特性较差。在一些测量系统中，光电池作为接收器件，测量调制光的输入信号，所以高速计算器的转换一般采用硅光电池作为传感器元件。

3.5.2　光电池的工作原理

光电池实质上是一个大面积的 PN 结，其工作原理如图 3-40 所示。当光照射到 PN 结的一个面，如 P 型面时，若光子能量大于半导体材料的禁带宽度，那么 P 型区每吸收一个光子就产生一对自由电子和空穴，电子 - 空穴对从表面向内迅速扩散，在结电场的作用下，最后建立一个与光照强度有关的电动势（光生伏特效应）。

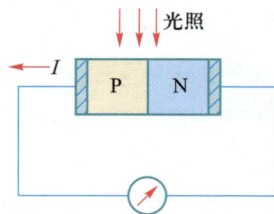

动画：
光电池原理

图 3-40　光电池工作原理示意图

3.5.3　光电池的应用分析

目前，光电池的应用范围进一步被扩展至机械仪表、自动化遥测、远程遥控等领域。此外，光电池还被应用在家庭生活当中，并且逐渐成为家用电器的"能源中心"。太阳能供电不受季节、天气、白昼等因素影响，可以在晴天储备能量，并且每家每户都可以使用，还可以形成一个大的供电系统网络。

太阳能电话、太阳能冰箱、太阳能空调、太阳能电视机都已经研究设计成功。它们利用屋顶上的太阳能吸收装置给家电提供能量，并且多余的能量还可以储存，所以遇上阴雨天等，也有足够的能量供给家电设备，这十分有利于节能环保。

不同强度的光线照射在硅光电池上会产生不同强弱的电流，电流与光线的强度形成线性的关系，因此利用硅光电池可以测量和控制光的强弱程度。

教学课件：
光电池的应用

理论微课：
光电池的应用

任务 6　红外传感器及其应用分析

学习目标

（1）了解红外传感器的组成与分类
（2）熟悉红外传感器的工作原理
（3）掌握红外传感器的典型应用电路
（4）能调试红外测距传感器应用电路

技能训练 15　红外测距电路制作与测试

任务描述：

利用红外测距传感器设计一种位移测量电路。通过本训练项目，加深对红外光电传感器特性的理解，熟悉红外光电传感器测量电路的组成、工作原理，掌握红外光电传感器检测电路的焊接、测试与调整方法。

要求对训练用电子元器件和集成电路进行正确识别与质量检测，并在万能板上焊接一个红外测距测量电路，测距范围：10 ~ 80 cm；测量精度：± 1 cm。

器材准备：

红外测距传感器 GP2Y0A21YK0F，集成运算放大器 AD8615，单片机系统，直流稳压电源等。

设计制作与调试过程：

红外测距传感器是一种反射式光电传感器，由发射器发出的红外信号遇到障碍物后反射到接收光电器件上，并以此判断测量场内是否有障碍物，距离不同，其反射信号强度也不同。

图 3–41 为本训练项目所使用的红外测距传感器 GP2Y0A21YK0F 的内部电路框图及特性曲线。由此特性曲线可以看出，该传感器在 10 ~ 80 cm 测距范围内的电压输出近似为线性。

实训视频：
红外测距电路
的调试

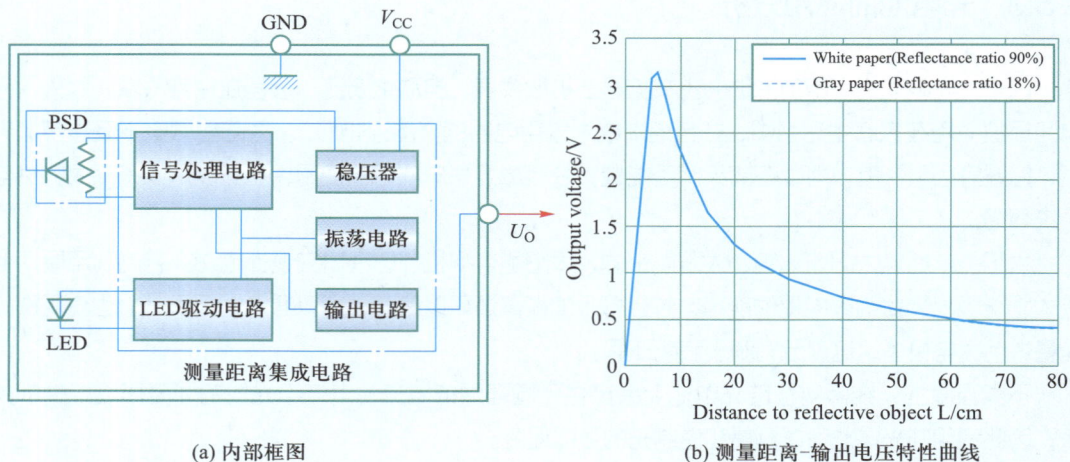

(a) 内部框图

(b) 测量距离-输出电压特性曲线

图 3-41　红外测距传感器 GP2Y0A21YK0F 内部框图及特性曲线

　　按照任务要求设计的红外测距电路如图 3-42 所示。图中的 U1 为红外测距传感器，TP5 为红外测距传感器直接输出电压，通过一级跟随电路之后得到输出电压 OUT1（TP6 处）以增加驱动能力，并将最终结果送到数字显示表头或单片机系统中进行处理、显示。

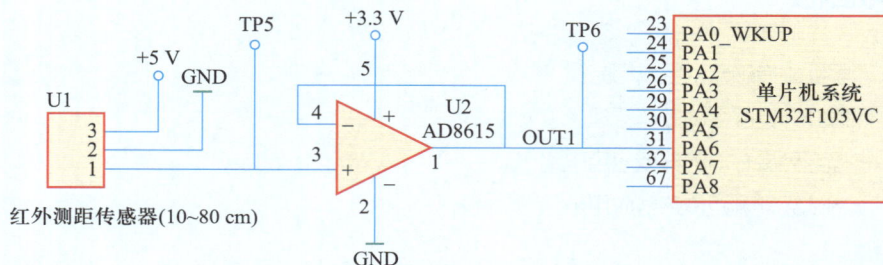

图 3-42　红外测距电路

　　在电路板上按照图 3-42 所示电路进行元件排版、布线与焊接，电路焊接样板如图 3-43 所示，此图也是红外测距电路 AR 体验识别图。

图 3-43　红外测距电路 AR 体验识别图

　　具体实训时，将传感器输出与单片机显示终端连接，用纸板遮挡在传感器上方某一高度（有效测距范围 10 ~ 80 cm），记录此时物体高度，观察数字显示表显示的电压，并记录。同时观察智能显示终端上显示的距离，记录结果。改变遮挡物体高度，记录测量结果，绘制传感器输出电压与测量距离之间的曲线图，并与传感器输出特性图对比。

问题思考：

（1）如果遮挡物是透明的，是否会对测量结果造成影响？

（2）若在强光干扰环境下进行上述步骤操作，所得结果是否有差异？

3.6　红外传感器相关知识

3.6.1　红外传感器的组成与分类

1. 红外传感器的组成

红外传感器属于光电式传感器，是利用红外线为介质的测量系统。红外传感器的前端是红外辐射源，中间是光学系统，后端是红外探测器与信号处理电路。凡是具有红外辐射的物体都可以视为红外辐射源，红外探测器是将红外辐射能转换为电能的器件或装置。

2. 红外传感器的分类与作用

红外传感器根据探测机理可分成为：光子探测器（基于光电效应）和热探测器（基于热效应）。光子探测器是利用红外辐射的光子效应而进行工作的传感器。所谓光子效应，是指当有红外线入射到某些半导体材料上时，红外辐射中的光子流与半导体材料中的电子相互作用，改变了电子的能量状态，从而产生各种电学现象。光子探测器主要用于辐射与光谱的测量、灾害人员搜索与跟踪系统、热成像系统、红外测距与通信等领域。

热探测器是利用红外辐射的热效应，即当热式传感器的敏感元件吸收所入射的红外辐射后，其温度随之变化，进而使敏感元件的相关物理参数发生相应变化，通过对这些物理参数及其变化的测量就可确定传感器所吸收的红外辐射量。热探测器主要用于温度的测量、人体入侵报警等场合。

3.6.2　红外传感器的工作原理及应用

1. 红外传感器的工作原理

红外传感器通常具有一对红外信号发射与接收的二极管，当发射的红外光束照射到物体后形成一个反射光束，经红外光电传感器接收后转换为电信号，再经后续的信号处理电路处理后即可显示出被测的距离。

2. 红外传感器的应用分析

图 3-44 为利用红外光电传感器构成的红外动态尺寸检测仪系统框图，其中包括红外辐射电路、光学系统、红外接收电路、放大电路与信号处理电路、单片机系统、显示单元等。该系统属于非接触测量。

本系统对被测工件尺寸的检测主要基于遮光式测量原理。被测物在光源与光电器件之间，被测物在传送带上移动时将会不同程度的挡光或透光，光电器件的输出反映被测物的尺寸或位置。

教学课件：
红外传感器的
原理及分类

理论微课：
红外传感器的
原理及分类

动画：
红外测距传感
器原理

教学课件：
红外传感器的
应用

理论微课：
红外传感器的
应用

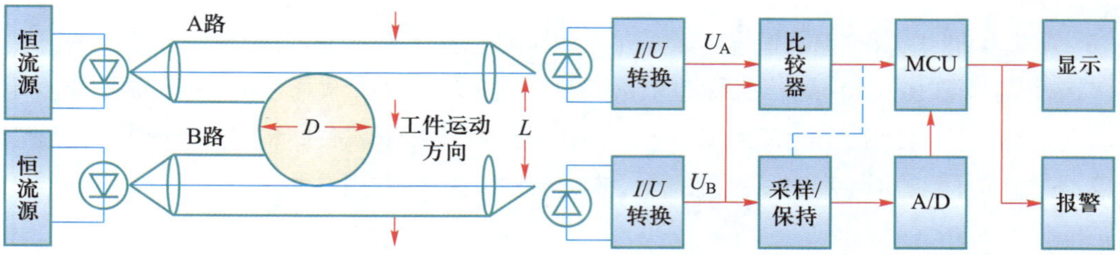

图 3-44　红外动态尺寸检测仪系统框图

系统采用红外发光管作为光源，通过光学系统将发散光变为平行光。当被测工件在传送带上以均匀速度移动时，在通过测量区域过程中，光电二极管接收到的光通量随被测工件尺寸大小而发生相应的变化，经光电转换后输出的电压信号也会发生相应的变化。通过调整两光束的光轴距使之与被测工件尺寸相接近，则当不同尺寸工件通过测量区域时便可得到两路电信号，系统电路的输出电压与工件尺寸的特性曲线如图 3-45 所示。

对标准工件，理想情况下可调整两光束的光轴距使两路输出电压等值点为无工件时输出电压最大值的 1/2。这样，通过比较被测不同尺寸工件通过两光束时得到的输出电压等值点与标准尺寸等值点的差，经信号处理电路处理后便可得到被测工件的尺寸大小。

红外测量系统具有测量精度高、速度快、非接触测量等一系列优点。

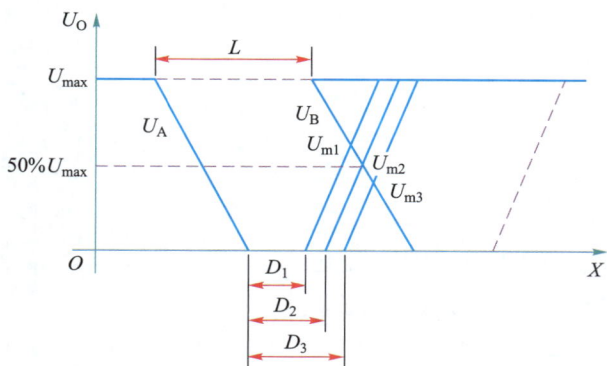

图 3-45　输出电信号与工件移动量关系曲线

任务 7　光敏传感器检测原理及应用分析

📋 学习目标

（1）了解光敏传感器的检测原理
（2）熟悉 PM2.5 传感器与光照度传感器的原理
（3）熟悉颜色识别传感器与光纤传感器的原理
（4）能对 PM2.5 测量电路进行调试
（5）能对颜色识别电路进行调试

3.7　光敏传感器拓展知识

动画：
光敏传感器检测原理

3.7.1　光敏传感器检测原理

光敏传感器在工业生产及人们生活中有着较为广泛的应用。按照光敏传感器的不同类型，在实际应用中主要有辐射式、吸收式、反射式、遮光式四种形式，如图 3-46 所示。

图 3-46（a）是光源本身是被测物。图 3-46（b）是光源发出的光穿过被测物，其中一部分被吸收，另一部分投射到光敏器件上，吸收量取决于被测物的某些参数。图 3-46（c）是光源发出的光

投射到被测物上，然后从被测物上反射到光敏器件上，反射回的光强大小取决于被测物的形状和性质。图 3-46（d）是被测物在光源与光敏器件之间，被测物挡住一部分光，光敏器件的输出反映被测物的尺寸或位置。

(a) 辐射式　　　　　　　(b) 吸收式

(c) 反射式　　　　　　　(d) 遮光式

图 3-46　光敏传感器的几种应用形式

3.7.2　PM2.5 传感器及其应用

1. PM2.5 传感器的作用

PM2.5 传感器又叫粉尘传感器、灰尘传感器，可以用来检测空气中的粉尘浓度，即 PM2.5 值大小。在空气动力学中把当量直径小于 10 μm 能进入肺泡区的粉尘通常称为呼吸性粉尘。直径在 10 μm 以上的尘粒大部分通过撞击沉积，在人体吸入时大部分沉积在鼻咽部，而 10 μm 以下的粉尘可进入呼吸道的深部，而在肺泡内沉积的粉尘大部分是 5 μm 以下的粉尘。

PM10 是指环境空气中空气动力学当量直径小于等于 10 μm 的颗粒物。PM2.5 细颗粒物直径小，在大气中悬浮的时间长，传播扩散的距离远，且通常含有大量有毒有害的物质，因而对人体健康影响更大，PM2.5 可进入肺部、血液，如果带有病菌会对人体有很大的危害，包括对我们的呼吸道系统、心血管系统，甚至生殖系统。

2. PM2.5 传感器的结构与工作原理

PM2.5 粉尘传感器内部由一个红外发光二极管（IRED）和红外接收管组成光学传感系统，成对角分布，结构如图 3-47 所示。根据光的散射原理，微粒和分子在光的照射下产生光的散射现象，与此同时，还吸收部分照射光的能量。当一束平行单色光入射到被测颗粒时，会受到颗粒周围散射和吸收的影响，光强将被衰减。这样便可得到入射光通过待测浓度场的相对衰减率。而相对衰减率

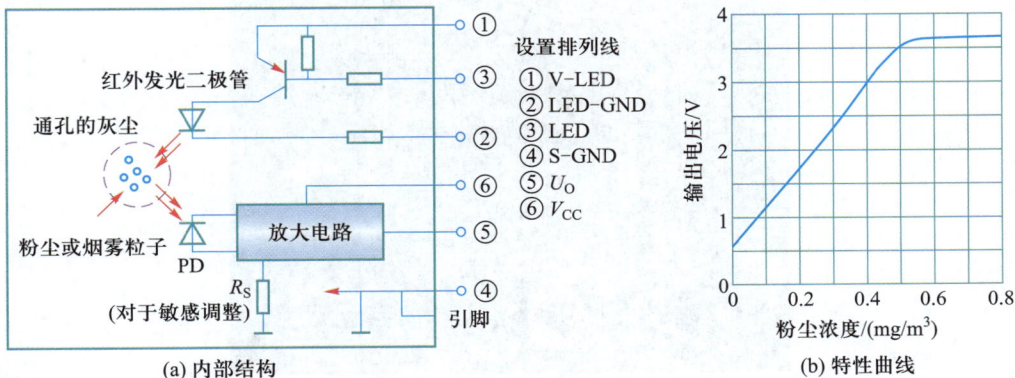

动画：
PM2.5 传感器原理

设置排列线
① V-LED
② LED-GND
③ LED
④ S-GND
⑤ U_O
⑥ V_{CC}

(a) 内部结构　　　　　　　(b) 特性曲线

图 3-47　PM2.5 传感器的内部结构与特性曲线

的大小基本上能够线性反映待测场灰尘的相对浓度。光强的大小和经光电转换的电信号强弱成正比，通过测得电信号就可以得到相对衰减率，进而得到待测场里灰尘的浓度。

3. PM2.5 传感器的应用分析

图 3-48 为 PM2.5 测量电路原理图，其中包括 PM2.5 测量传感器、反相器、电压跟随器、单片机系统等。

实训视频：
PM2.5 测量电路的测试

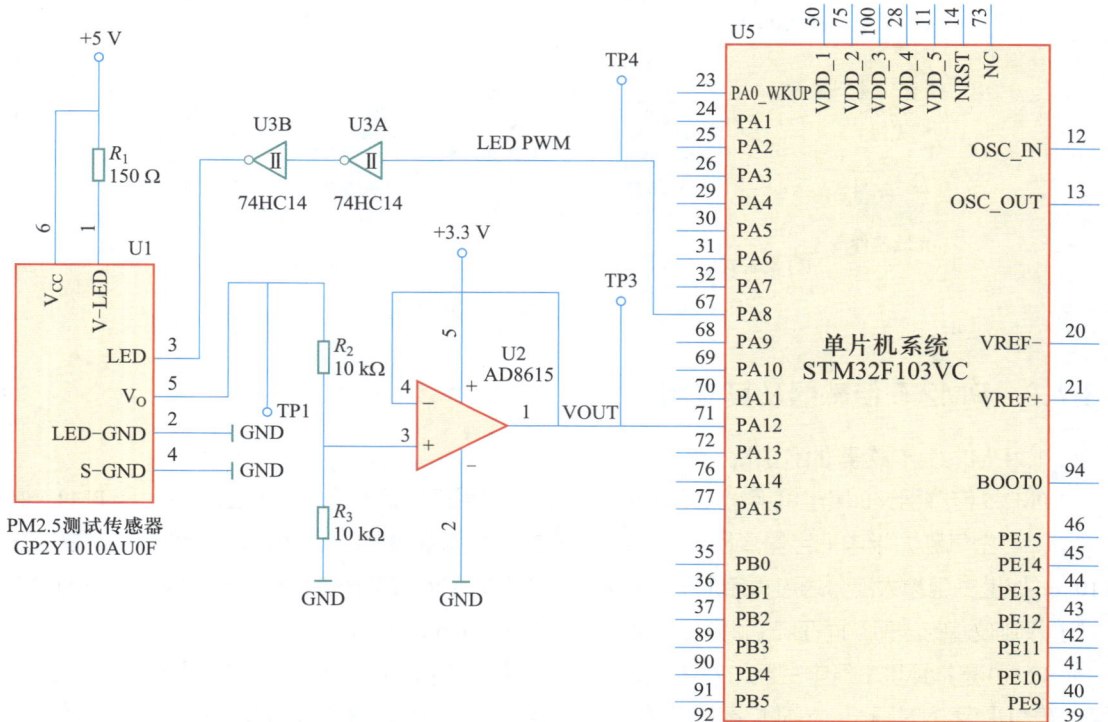

图 3-48　PM2.5 测量电路

在图 3-48 中，PM2.5 测量传感器的 3 脚接收来自单片机的一定频率的脉冲波，用于控制红外发射管发出红外光；5 脚为输出端，经电压跟随器得到 VOUT 信号，送到单片机处理，通过计算即可得到 PM2.5 值，单位为 $\mu g/m^3$。

按照图 3-48 电路制作的电路板参考图如图 3-49 所示，此图也是 PM2.5 测量电路 AR 体验识别图。

AR 体验：
扫描二维码下载驱动程序，安装成功后扫描 "PM2.5 测量电路AR 体验识别图" 进行体验

图 3-49　PM2.5 测量电路 AR 体验识别图

3.7.3　光照度传感器及其应用

1. 光照度传感器的定义与分类

光照度是指物体被照亮的程度，用单位垂直面积所接收的光通量来表示，单位为勒克斯（Lux，lx），1 勒克斯等于 1 lm 的光通量均匀分布于 1 m² 面积上的光照度。

光照度传感器，也称光强度传感器，是指能感受表面光照度并转换成可用电信号的传感器，用于对环境光照度的测量，输出为标准的电压或电流信号。

光照度传感器按照输出信号的类型不同可分为电压输出型与电流输出型；按照输出信号的方式可分为模拟输出型与数字输出型两大类；按照检测光环境的不同可分为室内型与室外型等。图 3-50 为常用光照度传感器的外形结构图。

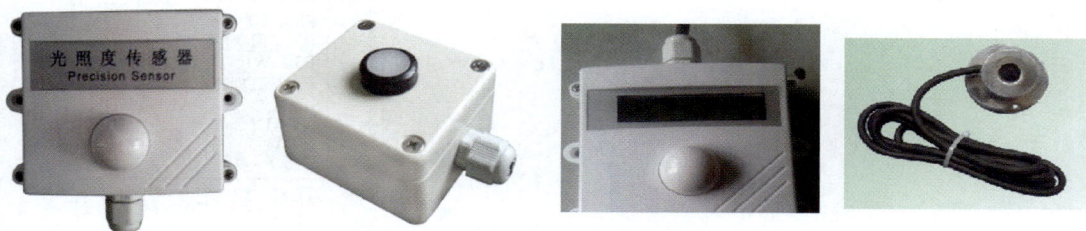

图 3-50　常用光照度传感器的外形结构图

2. 光照度传感器的工作原理

光照度传感器的核心是光电接收器件。理论上讲，所有的光电器件都可作为光照度测量传感器，将被测光的强度大小通过光电器件转换成电压或电流信号。但不同的光电器件对不同波长、不同强度的光，其灵敏度也不同，因此，作为光照度测量用传感器必须根据被测光的场景、强度大小选取对应的光电器件。专用光照度测量传感器将光电器件与信号调理电路集成在一个芯片上，使得传感器的灵敏度、抗干扰性等性能得到很大的提高，因此在光照度测试环境中获得广泛的应用。

3. 光照度传感器的应用分析

BH1750FVI 是一种用于两线式串行总线接口的数字型光强度传感器集成电路。利用它的高分辨率可以探测较大范围的光强度（1 ~ 65 535 lx）变化。其内部结构框图如图 3-51 所示，框图内各部分的含义如下：

- PD：接近人眼反应的光敏二极管。
- AMP：集成运算放大器：将 PD 电流转换为 PD 电压。
- ADC：模数转换获取 16 位数字数据。
- Logic+I²C Interface（逻辑 +I²C 接口）：光强度计算和 I²C 总线接口。
- OSC：内部振荡器（时钟频率典型值：320 kHz）。该时钟为内部逻辑时钟。

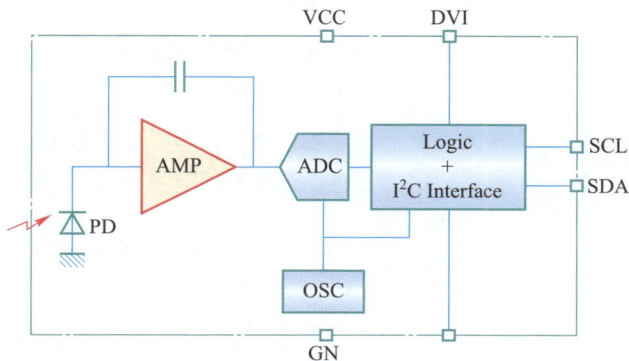

图 3-51　光强度传感器 BH1750FVI 内部结构框图

图 3-52 为利用 BH1750FVI 构成的光强度测量电路。该电路主要由光强度传感器集成电路芯片 BH1750FVI 和单片机系统组成。

当数字芯片 BH1750FVI 正常工作时，可由单片机通过 I²C 总线读出光照强度数据，并经单片机进行数据处理后将数据显示在智能终端上。改变传感器周围的光照环境，可观察到单片机显示终端上显示光强度的变化数值。

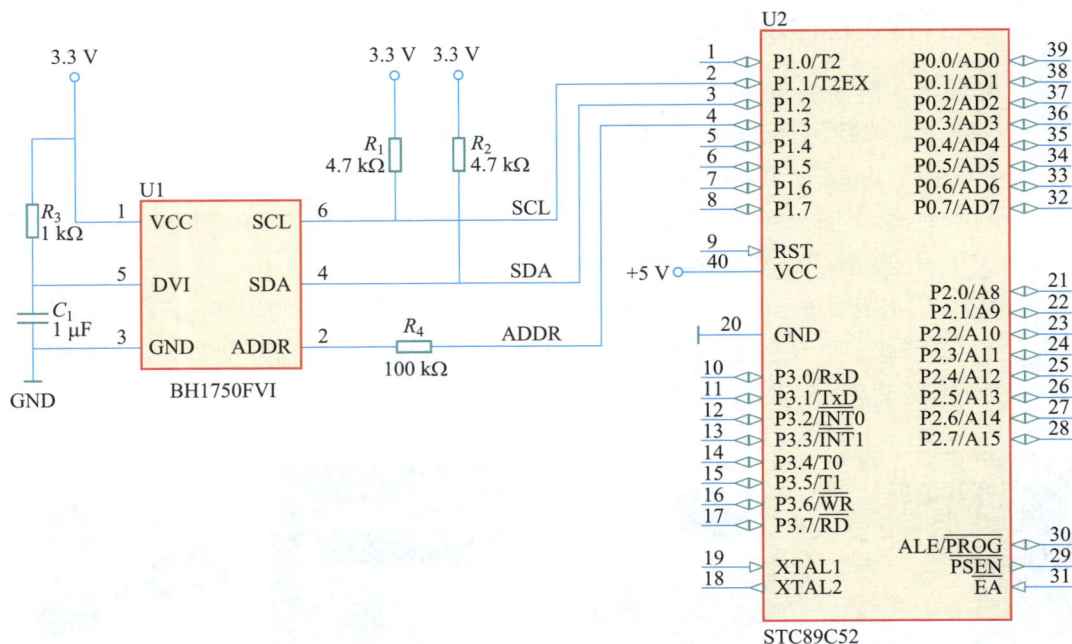

图 3-52   光强度测量电路

3.7.4   颜色识别传感器及其应用

1. 颜色识别传感器的定义与分类

颜色识别传感器是指能够将物体表面的颜色转换成相应的电压或频率输出的器件或装置。颜色识别传感器应用在图书馆中可以利用颜色区分文献进行分类,应用在包装行业可以利用不同颜色表示产品不同性质或用途等。

颜色识别传感器主要分为颜色传感器与色标传感器两大类。

RGB 颜色传感器是通过测量构成目标物体对三基色的反射比率,从而鉴别物体的颜色。这种颜色检测法精密度极高,能准确区别极其相似的颜色,甚至相同颜色的不同色调。对相似颜色和色调的检测可靠性较高。

色标传感器通过与非色标区相比较来实现色标检测,而不是直接测量颜色。色标传感器使用的是白炽灯光源或单色 LED 光源,常用于检测特定色标或物体上的斑点。

2. 颜色识别传感器的工作原理

(1)光与彩色

光是一种以电磁波形式传播的特殊物质,而彩色又是光的一种特殊属性。

光的种类很多,分类方法各异。例如,按照颜色不同可将光分为彩色光和非彩色光;按照频率成分不同可分为单色光和复合光等。

光作为一种物质,它具有可分解与可合成的特点,例如,太阳发出的白光在一定条件下可分解为红、橙、黄、绿、青、蓝、紫七彩光,这七彩颜色的光又同样可以合成为白光。

物体呈现的颜色由两种因素决定:一是发光体本身发出光的波长不同,所呈现的颜色就不同,例如,霓虹灯发出的光呈红色;二是照射它的光源,也就是说,物体的颜色是它本身透射或反射光的结果,例如红色物体在白光照射下呈红色,而在绿光照射下则呈黑色。

人眼对光的感觉不仅有亮度上的不同,还会有颜色种类与深浅程度上的差异。在色度学中采用亮度、色调和色饱和度来表征彩色光的基本特性，称为彩色三要素。

亮度是彩色光作用于人眼时所产生的明亮程度的感觉，是描述颜色亮暗的一种属性，与光的能量有关。

色调是指颜色的种类，取决于物体的主色波长。不同波长的光呈现的颜色也不同。

色饱和度是指颜色的深浅程度，即颜色的纯度或彩色光掺入白光的纯度。

（2）三基色原理

适当选取三种基色（红，绿，蓝），将它们按不同比例进行合成，就可以引起不同的颜色感觉，合成彩色光的亮度由三个基色的亮度之和决定，色度由三基色分量的比例决定，三基色彼此独立，任一种基色不能由其他两种颜色配出。

（3）色敏器件

常用的色敏器件有硒光电池、硅光电二极管和三极管、半导体色敏器件等，主要作用是实现光－电信号间的转换。

（4）工作原理

色敏器件是半导体光敏传感器的一种，也是基于内光电效应将光信号转换为电信号的光辐射探测器件，可直接测量从可见光到近红外波段内单色辐射的波长，是一种新型的光敏器件。

3. 颜色识别传感器的应用分析

TCS230 是 TAOS 公司生产的一种可编程彩色光到频率的传感器。采用 8 引脚的 SOIC 表面贴装式封装，其内部结构与引脚排列如图 3-53 所示。

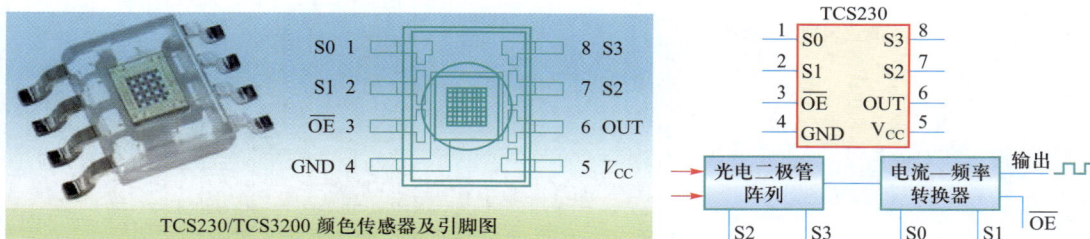

图 3-53　TCS 颜色传感器引脚功能与内部电路框图

TCS230 把可配置的硅光电二极管与电流频率转换器集成在一个单一的 CMOS 电路上，并在单一芯片上集成有 64 个光电二极管和红绿蓝（RGB）三种滤光器，通过分析经三种滤波器输出得到的红绿蓝三基色的光强，就可以分析出投射到 TCS230 传感器上的光的颜色。TCS230 的输出信号是数字量，可以驱动标准的 TTL 或 CMOS 逻辑输入，因此可直接与微处理器或其他逻辑电路相连接。由于输出的是数字量，并且能够实现每个彩色信道 10 位以上的转换精度，因而不再需要 A/D 转换电路，使电路变得更简单。

TCS230 引脚说明：

S0、S1 用于选择输出比例因子或电源关断模式；S2、S3 用于选择滤波器的类型；$\overline{\text{OE}}$ 是频率输出使能引脚，可以控制输出的状态，当有多个芯片引脚共用微处理器的输入引脚时，也可以作为片选信号；OUT 是频率输出引脚，GND 是芯片的接地引脚，V_{CC} 为芯片提供工作电压。图 3-54 是 TCS 芯片 S0、S1 及 S2、S3 各引脚的可用组合。

根据三基色原理，自然界中的绝大多数颜色都是由三基色（红、绿、蓝）按照不同比例混合得到的。这样，如果知道构成各种颜色的三基色的值，就能够知道所测试物体的颜色。对于 TCS230 来说，当选定一个颜色滤波器时，它只允许某种特定的基色通过，阻止其他原色的通过。例如：当选择红色滤波器时，入射光中只有红色可以通过，蓝色和绿色都被阻止，这样就可以得到红色光的光强；同理，选择其他的滤波器，就可以得到蓝色光和绿色光的光强。通过这三个值，就可以分析投射到 TCS230 传感器上的光的颜色。

S0	S1	输出频率定标	S2	S3	滤波器类型
L	L	关断电源	L	L	红色
L	H	2%	L	H	蓝色
H	L	20%	H	L	无
H	H	100%	H	H	绿色

图 3-54   TCS230 各引脚功能组成

图 3-55 为 TCS230 颜色传感器与 STC89C52 单片机的接口电路。

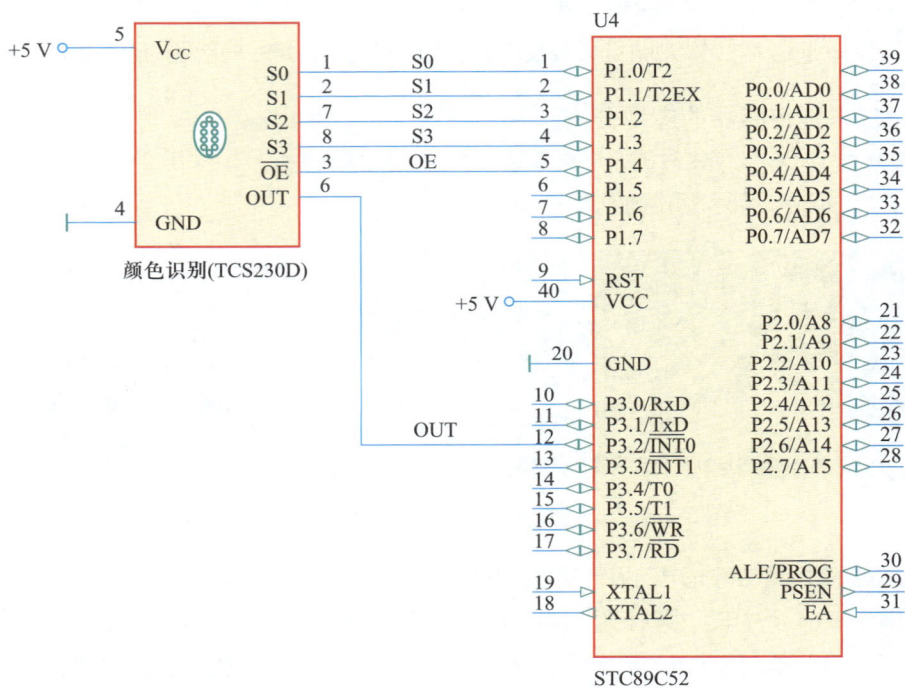

图 3-55   TCS230 颜色传感器与 STC89C52 单片机的接口电路

在图 3-55 中，STC89C52 的 P1 口的几个引脚来控制 TCS230 的控制引脚，S0、S1 用于选择输出比例因子或电源关断模式；S2、S3 用于选择滤波器的类型；$\overline{OE}$ 是频率输出使能引脚，当 $\overline{OE}$ 被拉低之后，TCS230 模块开始工作。同时，将 TCS230 的输出端 OUT 引脚接到 STC89C52 单片机的外部中断 $\overline{INT0}$（P3.2）上，用于计算在不同的滤波器下传感器输出频率。启用 STC89C52 的一个定时器，配置成定时模式，设置定时时长（在这里以 10 ms 为例），先进行白平衡校准，将传感器放置在白色光源下，通过依次选通红色、绿色和蓝色滤波器，分别测得在不同的滤波器下传感器输出频率值，分别记为 R_r、G_g、B_b；使用 255 分别除以 R_r、G_g、B_b，得到红色、绿色和蓝色在当前环境下的比例因子，完成白平衡校准。在实际测试中，使用同样的时间进行计数，把测得的脉冲数再乘以求得的比例因子，然后就可以得到所对应的 R、G 和 B 的值与颜色。

图 3-56 为按照图 3-55 电路制作的颜色识别电路识别图，扫描二维码下载驱动程序，安装成功后再扫描图 3-56AR 体验识别图即可进行颜色识别实验的 AR 体验。

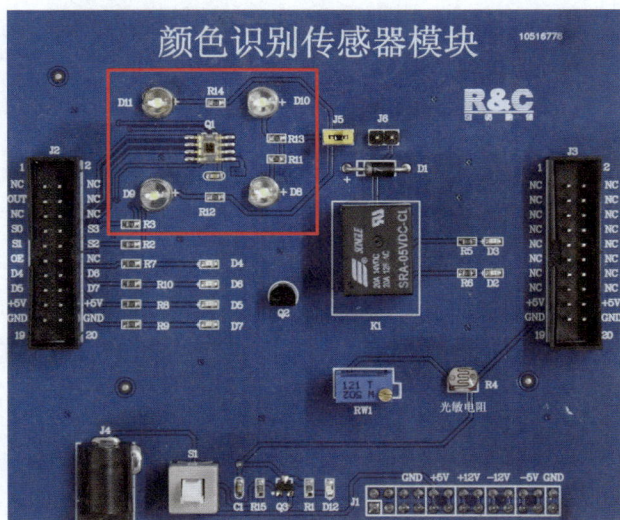

图 3-56　颜色识别电路 AR 体验识别图

AR 体验：
扫描二维码下载驱动程序，安装成功后扫描"颜色识别电路 AR 体验识别图"进行体验

> **小常识**
>
> ### CIS 典型应用
>
> CMOS 图像传感器简称为 CIS，广泛应用于智能手机、汽车、安防、医疗影像等领域。
>
> 手机领域：重点关注图像传感器的高像素与宽动态范围。
>
> 车载领域：重点关注图像传感器的高动态范围、暗光成像能力和 LED 闪烁抑制。
>
> 安防领域：重点关注图像传感器对红外的敏感度以及隔绝光干扰的能力。

3.7.5　光纤传感器及其应用

光导纤维简称光纤，是 20 世纪 70 年代发展起来的一种新兴的光电技术材料。近年来，随着光纤技术的发展，光纤传感技术和光纤传感器获得广泛的应用。

1. 光纤的结构与分类

光纤是一种多层介质结构的同心圆柱体，包括纤芯、包层和保护层等，如图 3-57 所示。

纤芯位于光纤的中心，是由玻璃或塑料制成的圆柱体，光主要在纤芯中传输；围绕着纤芯的圆筒形部分为包层，用较纤芯折射率小的玻璃或塑料制成。纤芯的粗细、材料和包层材料的折射率对光纤的特性起决定性影响。保护层的作用主要是增强光纤的机械强度，另外还可以利用不同的颜色区分各种光纤。

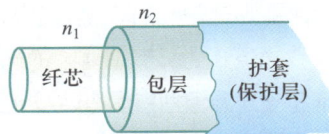

图 3-57　光纤结构

光在光纤中的传播基于光的全反射原理，如图 3-58 所示。当光线以不同角度入射光纤端面时，在端面发生折射后进入光纤。在光纤内部，入射纤芯（光密介质）与包层（光疏介质）交界面，一部分透射到包层，一部分反射回纤芯。当入射光线在光纤端面中心的入射角减小到某一角度时，光线发生全反射。光线在光纤内经过多次全反射，最后就可以从另一端射出。

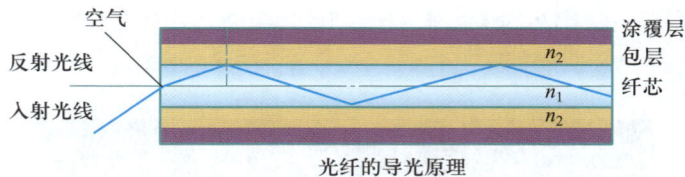

图 3-58　光纤传光示意图

　　光纤的分类方法很多，例如，按照光纤使用材料的不同可分为玻璃光纤、塑料光纤；按照输出模式的不同可分为单膜光纤、多膜光纤；按照用途的不同可分为通信光纤和非通信光纤等。

　　光纤的主要参数包括数值孔径、光纤模式和传输损耗等。数值孔径反映光纤的集光能力，光纤的数值孔径越大，集光能力就越强。

　　光纤模式是指光波在光纤中的传播途径和方式。对不同入射角的光线，在界面反射的次数是不同的，传递的光波间的干涉也不同。

2. 光纤传感器的结构与分类

　　光纤传感器主要有由光发送器、光纤、敏感元件、光接收器、信号处理系统等组成，如图 3-59 所示，图 3-60 为常用光纤传感器的外形结构。

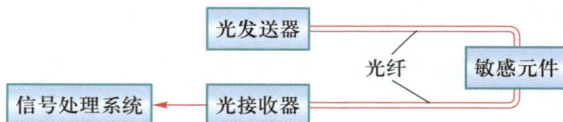

图 3-59　光纤传感器的组成

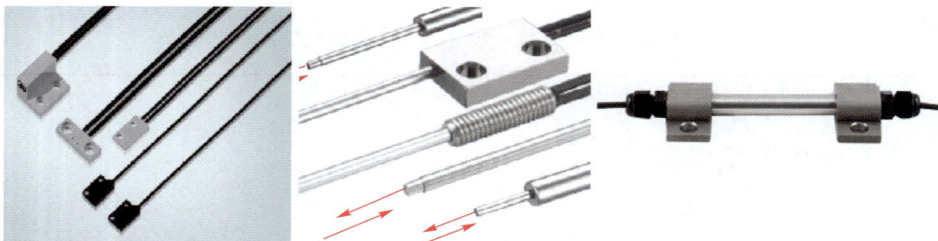

图 3-60　光纤传感器的外形结构

　　由光发送器发出的光源经光纤引导至敏感元件。这时，光的某一性质受到被测量的调制，已调光经接收光纤耦合到光接收器，使光信号变为电信号，最后经信号处理得到所期待的被测量。光纤传感器则是一种把被测量的状态转变为可测的光信号的装置。

　　光源：光纤传感器中的光源种类很多，按照光的相干性可分为相干光源和非相干光源两大类。非相干光源包括白炽灯、发光二极管，相干光源包括各种激光器等。

　　光探测器：光纤传感器中的光探测器一般为光电式传感器，作用是将光能转换为电能。

　　光纤传感器的分类方法很多，例如：按照光纤在传感器中的作用不同可将光纤传感器分为功能型（传感型）、非功能型（传光型）两大类。

　　功能型光纤传感器是利用光纤本身的特性把光纤作为敏感元件，被测量对光纤内传输的光进行调制，使传输的光的强度、相位、频率或偏振态等特性发生变化，再通过对调制过的信号进行解调，从而得出被测信号。

非功能型光纤传感器是利用其他敏感元件感受被测量的变化，光纤仅作为信息的传输介质。

按照光纤传感器调制的光波参数不同又可将光纤传感器分为强度调制型光纤传感器和相位调制型光纤传感器两大类。

对强度调制型光纤传感器，是一种利用被测对象的变化引起敏感元件的折射率、吸收或反射等参数的变化，而导致光强度变化来实现敏感测量的传感器。

对相位调制型光纤传感器，是一种利用被测对象对敏感元件的作用，使敏感元件的折射率或传播常数发生变化而导致光的相位变化，再用干涉仪来检测这种相位变化而得到被测对象的信息。

3. 光纤传感器的工作原理

光纤传感器的工作原理示意图如图 3-61 所示。

图 3-61　光纤传感器工作原理示意图

当外界温度、压力、电场、磁场、振动等因素作用于光纤时，将会引起光纤中传输的光波特征参量（振幅、相位、频率、偏振态等）发生变化，只要测量出这些参量随外界因素的变化关系，即可确定对应物理量的变化大小，进而实现对应参数的测量。

4. 光纤传感器的应用

（1）光纤电流传感器

光纤电流传感器是以法拉第磁光效应为基础，以光纤为介质的新兴电力计量装置。光纤电流传感器主要由传感头、输送与接收光纤、电子电路等三部分组成，如图 3-62 所示。传感头包含载流导体，绕于载流导体上的传感光纤，以及起偏镜、检偏镜等光学部件，是光纤电流传感器最为重要和关键的部件。电子电路包含光源、受光元件、信号处理电路等。

光纤电流传感器通过测量光波在通过磁光材料时其偏振面由于电流产生的磁场的作用而发生旋转的角度来确定被测电流的大小，是一种新型的电流传感器。

（2）光纤流速传感器

光纤流速传感器，主要由多模光纤、光源、铜管、光电二极管及测量电路所组成，结构如图 3-63 所示。

具体测量时，可将多模光纤插入顺流而置的铜管中，由于流体流动而使光纤发生机械变形，从而使光纤中传播的各模式光的相位发生变化，光纤的发射光强出现强弱变化，其振幅的变化与流速成正比。

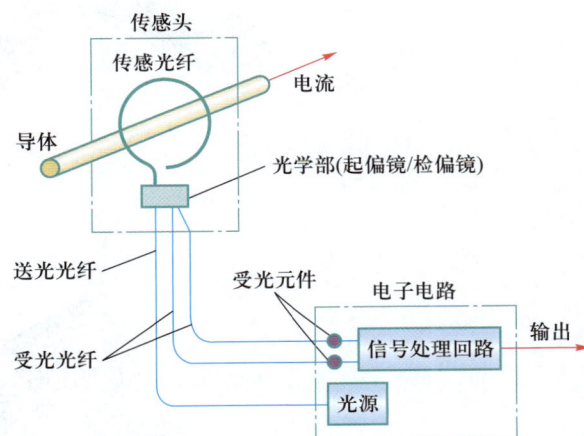

图 3-62　光纤电流传感器示意图

3.7.6　光敏传感器综合应用

1. 反射式光电开关

反射式光电开关通常是集光发射器和光接收器于一体。当被测物体经过该光电开关时，发射器发出的光线经被测物体表面反射由接收器接收，于是产生开关信号。反射式光电开关既可用于开关报警电路，也可用于生产线产品计数、距离检测等场合。图3-64为光电接近开关或光电测距原理示意图，图3-65为红外感应控制水龙头原理示意图。

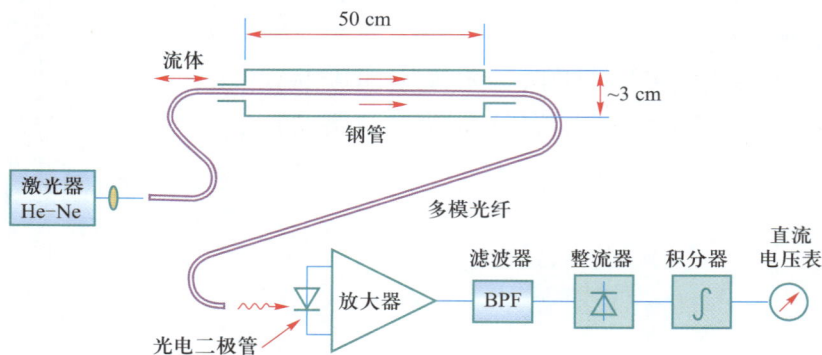

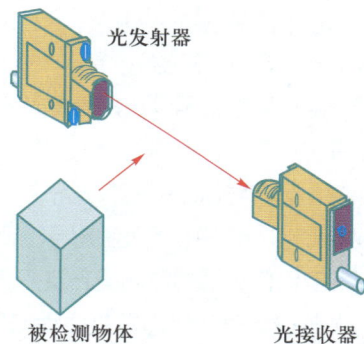

图3-63　光纤流速传感器测量原理示意图

图3-64　光电测距原理示意图

2. 遮断式光电开关

遮断式光电开关由相互分离且相对安装的光发射器和光接收器组成。当被检测物体位于发射器和接收器之间时，光线被阻断，接收器接收不到光线而产生开关信号。遮断式光电开关广泛用于产品计数、光电报警、尺寸检测等场合。图3-66为对射遮断式光电报警器原理示意图，图3-67为工件三维尺寸检测原理示意图，图3-68为生产线产品自动计数装置原理示意图。

图3-65　红外感应控制水龙头原理示意图

图3-66　对射遮断式光电报警器原理示意图

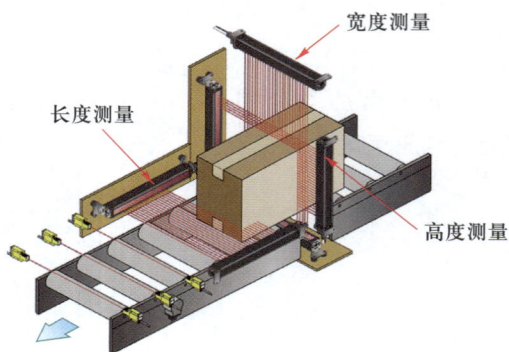

图3-67　工件三维尺寸检测原理图

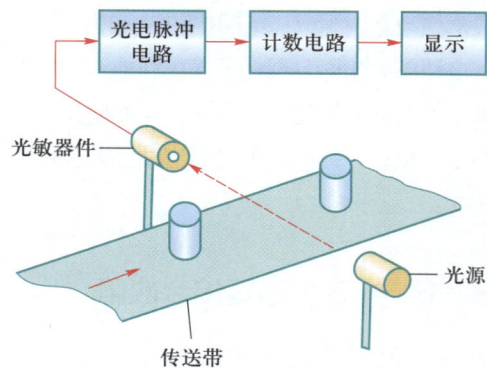

图3-68　生产线产品自动计数装置原理示意图

思考与练习题

一、填空题

1. 光电效应一般可分为_____和_____两大类。

2. 内光电效应又可分为_____和_____两大类。

3. 基于光生伏特效应的光电器件有_____、_____和_____等。

4. _____是指当光照射到某些物质上时，会使该物质的电特性发生变化的物理现象。对光敏电阻，在给定偏压下，光照度越大，其光电流就_____。

5. 光电开关按照结构的不同一般可分为_____和_____等不同类型。

二、判断题

1. 光敏电阻工作的原理是基于光生伏特效应。　　　　　　　　　　（　　）

2. 利用光电断续器可以测量直流电机的转速。　　　　　　　　　　（　　）

3. 当光敏电阻受光照射后，其阻值将会变大。　　　　　　　　　　（　　）

4. 光电池对红光和蓝光的灵敏度是相同的。　　　　　　　　　　　（　　）

5. 光电传感器可以用作塑料薄膜的均匀度测量。　　　　　　　　　（　　）

6. 光电管是基于外光电效应工作的一种光电器件。　　　　　　　　（　　）

7. 光电耦合器可用于电路的短路保护。　　　　　　　　　　　　　（　　）

8. 光电池除作为光电接收器件外，还可用作太阳能电池。　　　　　（　　）

9. 光电二极管与普通二极管一样都具有单向导电性。　　　　　　　（　　）

10. PM2.5 传感器属于光电传感器。　　　　　　　　　　　　　　　（　　）

三、分析与简答题

1. 分析图 3-69 所示灯光控制电路的工作原理。

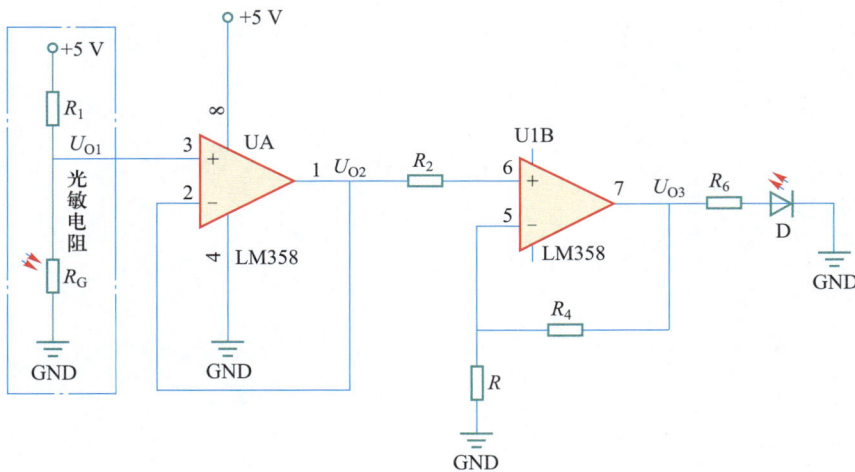

图 3-69　灯光控制电路

2. 画出光电开关作为生产线产品计数的框图，说明其工作原理。

项目 4 力敏传感器应用电路设计与调试

📚 项目调研

在工业生产中，力敏传感器被广泛用来对压力、液位、流量、加速度等进行测量。在日常生活中，力敏传感器被广泛用于弹簧秤、电子秤、电梯、地磅等系统中。通过网络资源或实地考察不同场景下力敏传感器的使用环境、测量范围，了解不同力敏传感器的特点。

📗 实施方案

实施本项目的意义在于如何根据被测压力、重量、位移、液位等参量的不同来选取合适的力敏传感器。在确定使用的传感器后再根据其输出信号的类型（电压信号、电流信号或电阻信号等）设计出相应的传感器接口电路，将传感器测量得到的与被测量对应的电信号转换成为标准的电压值输出。

✍ 知识目标

（1）力敏传感器基础
（2）电阻应变式传感器的结构与工作原理
（3）半导体应变式传感器的结构与工作原理
（4）电阻应变式传感器接口电路的结构与工作原理
（5）电容式传感器的结构与工作原理
（6）电感式传感器的结构与工作原理

🌐 技能目标

（1）能用万用表判断电阻应变式传感器的引线功能
（2）能设计、制作与调试电阻应变传感器接口电路
（3）能设计、制作与调试简易电子秤电路
（4）能设计、制作与调试电容触摸开关电路
（5）能设计、制作与调试金属探测电路

素质目标

（1）培养学生的科学精神与态度

（2）培养学生高度的责任心、爱岗敬业的职业操守

（3）培养学生的团队协作与团队互助能力

（4）培养学生精益求精的工匠精神

（5）培养学生自主学习、独立思考的判断能力

任务 1　认知力敏传感器

学习目标

（1）了解力敏传感器的定义与分类方法

（2）熟悉常用力敏传感器的工作原理

（3）能识别常见的力敏传感器

4.1　力敏传感器基础知识

教学课件：
力敏传感器的
概念

理论微课：
力敏传感器的
概念

教学课件：
力敏传感器的
分类

理论微课：
力敏传感器的
分类

4.1.1　力敏传感器的作用与特性

1. 力敏传感器的定义与组成

力敏传感器（又称压力传感器），顾名思义，就是将力或压力的变化转换成应变或位移，最后转换成电信号的一类传感器。

力敏传感器工作时，首先利用弹性元件把被测量（如力、压力、力矩、振动等）转换成应变或位移，然后再通过传感器把应变或位移转换成相应参量的变化，从而实现对非电量的测量。由此可见，力敏传感器的基本组成包括弹性元件和变换电路两大部分。

2. 力敏传感器的特性

力敏传感器具有结构简单、响应速度快、高精度、高分辨率、高可靠性，可实现非接触测量等一系列优点，可广泛用于直接对力（压力）、重量或间接用于对液位、振动、流量、速度等的测量系统中。

4.1.2　力敏传感器的分类与工作原理

1. 力敏传感器的分类

力敏传感器的分类方法很多，根据内部结构的不同可分为机械式压力传感器和半导体式压力传感器两大类。根据力－电转换原理的不同可分为电阻式力敏传感器、压阻式力敏传感器、电感式力敏传感器、电容式力敏传感器、压电式力敏传感器、谐振式力敏传感器等。其中，电阻式压力传感

器广泛应用在家用电子产品如电子秤中，其他力敏传感器多用在工业控制系统中。

2. 力敏传感器的工作原理

（1）电阻式压力传感器

电阻式压力传感器是通过弹性敏感元件将外部的应力转换成应变 ε，再根据电阻应变效应，由电阻应变片将应变转换成电阻值的微小变化，通过测量电桥转换成电压或电流的输出。

（2）电容式压力传感器

电容式压力传感器，是一种利用电容敏感元件将被测压力转换成与之成一定关系的电量输出的压力传感器。它一般采用圆形金属薄膜或镀金属薄膜作为电容器的一个电极，当薄膜感受压力而变形时，薄膜与固定电极之间形成的电容量发生变化，通过测量电路即可输出与电容成一定关系的电信号。电容式压力传感器常采用极距变化型，压力使传感器唯一的可动部件即测量膜片极板产生微小的位移，造成与固定极板所形成的电容量发生变化。

（3）电感式压力传感器

电感式压力传感器是利用电感线圈电感量变化来测量压力的传感器，常见的电感式压力传感器有气隙式和差动变压器式两种。

气隙式压力传感器的工作原理是被测压力作用在膜片上使之产生位移，引起差动电感线圈的磁路磁阻发生变化。由于膜片距磁心的气隙一边增加另一边减少，电感量则一边减少另一边增加，由此构成电感的差动变化，通过电感组成的电桥输出一个与被测压力相对应的交流电压。

差动变压器式压力传感器的工作原理是被测压力作用在弹簧管上，使之产生与压力成正比的位移，同时带动连接在弹簧管末端的铁心移动，使差动变压器的两个对称的和反向串联的二次绕组失去平衡，输出一个与被测压力成正比的电压，也可以输出标准电流信号与电动单元组合仪表联用构成自动控制系统。

（4）压电式压力传感器

压电式压力传感器是以压电效应为基础，将力学量转换为电量的器件。当某些晶体或多晶体陶瓷在一定的方向上受到外力作用时，在某两个对应的晶面上，会产生符号相反的电荷。当外力消失时，电荷也消失；当外力改变方向时，两晶面上的电荷符号也随之改变。因此，压电传感器不能用于静态测量，因为经过外力作用后的电荷，只有在回路具有无限大的输入阻抗时才得到保存。

（5）谐振式压力传感器

谐振式压力传感器是利用谐振元件把被测压力转换成频率信号的传感器。它是谐振式传感器的重要应用方面，主要有振弦式压力传感器、振筒式压力传感器、振膜式压力传感器和石英晶体谐振式压力传感器。

（6）扩散硅压力传感器

扩散硅压力传感器工作原理也是基于压阻效应。利用压阻效应原理，被测介质的压力直接作用于传感器的膜片上（不锈钢或陶瓷），使膜片产生与介质压力成正比的微位移，使传感器的电阻值发生变化，利用电子电路检测这一变化，并转换输出一个对应于这一压力的标准测量信号。

（7）蓝宝石压力传感器

利用应变电阻式工作原理，采用硅－蓝宝石作为半导体敏感元件，具有无与伦比的计量特性。因此，利用硅－蓝宝石制造的半导体敏感元件，对温度变化不敏感，即使在高温条件下，也有着很好的工作特性。

教学课件：力敏传感器的应用

理论微课：力敏传感器的应用

（8）陶瓷压力传感器

陶瓷压力传感器是基于压阻效应。压力直接作用在陶瓷膜片的前表面，使膜片产生微小的形变，厚膜电阻印刷在陶瓷膜片的背面，连接成一个惠斯通电桥，由于压敏电阻的压阻效应，使电桥产生一个与压力成正比的高度线性、与激励电压也成正比的电压信号。

图 4-1 为常见力敏传感器的外形结构图。

(a) 电阻式压力传感器　　　(b) 压阻式压力传感器　　　(c) 扩散硅压力传感器

(d) 电容式压力传感器　　　(e) 电感式压力传感器　　　(f) 陶瓷式压力传感器

图 4-1　常见力敏传感器的外形结构图

任务 2　电阻应变式力敏传感器及其应用分析

学习目标

（1）了解应变效应与压阻效应的基本概念

（2）熟悉电阻式压力传感器的种类与特点

（3）熟悉电阻应变片与半导体应变片的内部结构与工作原理

（4）掌握仪表放大器的电路结构与工作原理

（5）能设计与分析电阻式压力传感器的接口电路

（6）能用万用表判断电阻式压力传感器的引线功能

（7）能调试简易电子秤测量电路

实训视频：
简易电子秤电路
的测试与调整

技能训练 16　简易电子秤电路制作与调试

任务描述：

利用电阻式压力传感器制作简易电子秤，加深了解电阻式应变片的作用，熟悉简易电子秤的结构、电路原理及调试方法，掌握电子产品常见故障的检测与维修方法。

要求测重范围：0 ~ 100 g，测量精度为 ±1 g。

器材准备：

电阻式压力传感器，仪表放大器 AD8237，运算放大器 AD8629、AD8615，数字式万用表或数字显示表头，电阻若干，直流稳压电源一台，标准砝码。

设计制作与调试过程：

按照任务要求设计的简易电子秤电路如图 4-2 所示，主要由电阻式压力传感器、信号调理电路、显示模块等组成。

图 4-2　简易电子秤电路

电阻式压力传感器的核心是电阻应变片，内部利用电阻应变片组成电桥形式（如图 4-3 所示）。利用应变片将弹性元件的形变转换为阻值的变化，再通过转换电路转变成电压输出。利用电阻式压力传感器实现对一定范围重量的测量。压力传感器输出的差动信号经仪表放大器放大后，加到末级放大器进行零点调节（R_{P2}）、满度调节（R_{P1}），输出信号经过由 U7 构成的二阶有源滤波器之后，送数字显示表头显示，或是送单片机系统中处理，得到被测物体质量。

在电路板上按照图 4-2 所示电路进行元件排版、布线与焊接，电路焊接样板如图 4-4 所示，此图也是简易电子秤电路 AR 体验识别图。

检查各相关连接线路，接通电路板电源，确认无误后用数字式万用表测量压力传感器应用模块的供电电压（+5 V）是否正常。

图 4-3　电阻应变片电桥电路

用跳线将传感器输出端（VOUT）与底板显示单元的 VIN+ 端连接，VZERO 端与底板显示单元的 VIN- 端连接，在托盘未加载物品的情况下，调节调零电位器 R_{P2} 使数字显示表头显示为零，加载 100 g 的砝码，调节满度调节电位器 R_{P1} 使数字显示表头显示为 100.0 左右。

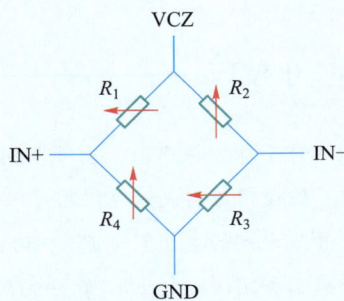

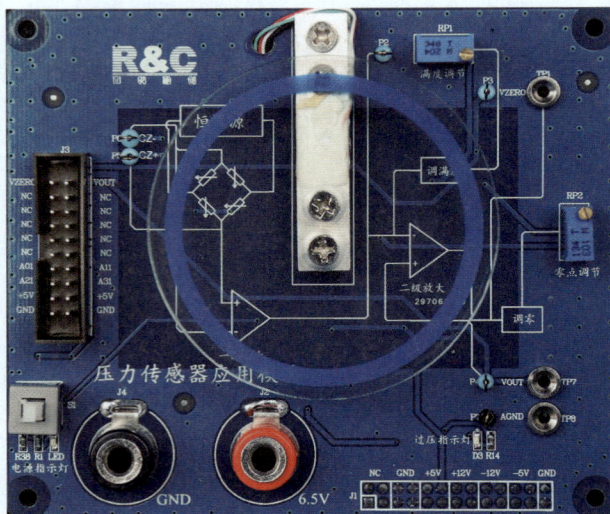

图 4-4 简易电子秤电路 AR 体验识别图

按照以下表格加载不同重量的砝码，读取数字显示表头显示的重量值，将数据记录在表 4-1 中。

也可以使用 20P 排线将压力传感器模块的 J3 接口和智能显示终端的 J2 相连，重复上述步骤，将实验结果记录在表 4-1 中。

表 4-1 压力传感器测试表

测量法码值	0 g	5 g	10 g	20 g	50 g	75 g	100 g
数字显示表头显示值							
智能终端显示值							

问题思考：

（1）如将压力传感器绿色线与白色线调换位置，数字显示表头显示的测量结果会怎样？

（2）如果改变压力传感器的供电电压，测量结果是否会有差异？

🖥 **小技巧**

称重传感器

对于称重传感器，由于不同厂家传感器引线的颜色不同，不能以具体颜色来判断引线功能，但使用万用表的电阻挡可以初步判断引线功能。对 4 线制称重传感器，其输出电阻（输出信号线之间的电阻）通常为 350 Ω、480 Ω、700 Ω、1000 Ω 等，输入电阻（电源线之间的电阻）一般都会比输出电阻高 20～50 Ω。例如，用万用表测得某两引线间电阻值为 350 Ω，另两根引线间电阻为 400 Ω，则阻值为 350 Ω 的两根引线为信号输出端子，电阻为 400 Ω 的两根引线为电源端子（实际测量中，电源 E+ 对信号端子间电阻大约为 310 Ω，电源 E- 对信号端子间电阻大约为 265 Ω）。为进一步验证判断的正确性，可在已判定为电源端子的引线端加 +5 V 直流电源，对传感器施加一定的压力，用万用表直流电压挡分别测量信号输出端子对地之间的直流电压，如果两个输出端子测得的电压一个增大，另一个减小，说明上述判断正确。

4.2 电阻应变式力敏传感器相关知识

4.2.1 电阻应变式力敏传感器的分类与结构

1. 应变效应

所谓应变效应是指金属导体的电阻值随着它受力所产生机械变形（拉伸或压缩）的大小而发生变化的现象称之为金属的应变效应。

设有一根如图 4-5 所示长度为 l、截面积为 A、电阻率为 ρ 的金属丝，在未受力时，其电阻 R 为

图 4-5 导体受拉伸后的参数变化

$$R = \rho \frac{l}{A} \tag{4-1}$$

当受外力作用时，长度将伸长，横截面积相应减小，电阻率增加，对应的电阻也将发生变化，即

$$\frac{dR}{R} = \frac{d\rho}{\rho} + \frac{dl}{l} - \frac{dA}{A} \tag{4-2}$$

2. 电阻应变式力敏传感器的分类

电阻应变式传感器是将被测量的变化转化为传感器电阻值的变化，再经测量电路转换成电信号的一种传感器。

电阻应变式传感器包括金属应变片压力传感器和压阻式压力传感器两大类。

3. 电阻应变式力敏传感器的结构

（1）金属应变片

金属应变片主要是基于金属的应变效应。

金属应变片有丝式和箔式等结构形式。金属丝应变片由敏感栅、基底、盖片、引线和黏结剂等组成，结构如图 4-6 所示。

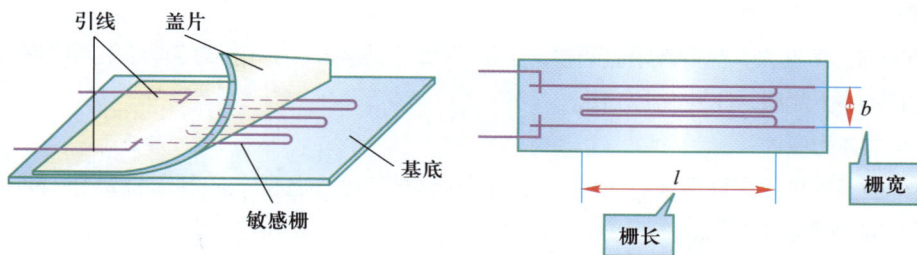

图 4-6 电阻应变片结构

敏感栅由金属细丝绕成栅形。电阻应变片的电阻值为 60 Ω、120 Ω、200 Ω、350 Ω、500 Ω、1000 Ω 等多种规格，以 350 Ω 最为常用。应变片栅长大小关系到所测应变的准确度，应变片测得的应变大小是应变片栅长和栅宽所在面积内的平均轴向应变量。

基底用于保持敏感栅、引线的几何形状和相对位置，盖片既保持敏感栅和引线的形状和相对位置，还可保护敏感栅。基底的全长称为基底长，其宽度称为基底宽。

引线是从应变片的敏感栅中引出的细金属线。对引线材料的性能要求是电阻率低、电阻温度系数小、抗氧化性能好、易于焊接。大多数敏感栅材料都可制作引线。

教学课件：
电阻应变式传感器的结构

理论微课：
电阻应变式传感器的结构

动画 4-1
应变效应

教学课件：
电阻应变式传感器的参数

理论微课：
电阻应变式传感器的参数

黏结剂用于将敏感栅固定于基底上，并将盖片与基底粘贴在一起。使用金属应变片时，也需用黏结剂将应变片基底粘贴在构件表面某个方向和位置上，以便将构件受力后的表面应变传递给应变计的基底和敏感栅。

金属丝应变片具有精度高、测量范围广、频率响应特性较好、结构简单、尺寸小、价格低廉等优点，但其具有非线性、输出信号较弱、抗干扰能力差等缺点。

金属箔式应变片的工作原理与电阻丝式应变片基本相同。不同之处在于它的电阻敏感元件不是金属丝栅，而是通过光刻、腐蚀等工序制成的薄金属箔栅，故称箔式电阻应变片，其内部结构如图 4-7 所示。金属箔的厚度一般为 0.003 ~ 0.010 mm，它的基片和盖片多为胶质膜，基片厚度一般为 0.03 ~ 0.05 mm。

教学课件：
电阻应变式传感器的原理

理论微课：
电阻应变式传感器的原理

图 4-7　箔式应变片内部结构

金属箔式应变片和丝式应变片相比较，有如下特点：

① 金属箔栅很薄，它所感受的应力状态与试件表面的应力状态更为接近。另外，当箔材和丝材具有同样的截面积时，箔材与黏接层的接触面积比丝材大，使它能更好地和试件共同工作。同时，由于箔栅的端部较宽，横向效应较小，因而提高了应变测量的精度。

② 箔材表面积大，散热条件好，故允许通过较大电流，可以输出较大信号，提高了测量灵敏度。

③ 箔栅的尺寸准确、均匀，且能制成任意形状，特别是能制成栅长很小（如 0.2 mm）或敏感栅图案特殊的应变片，扩大了应变片的使用范围。

④ 便于成批生产，生产率高。

⑤ 电阻值分散性大，需要做阻值调整；生产工序较为复杂，因引出线的焊点采用锡焊，因此不适用于高温环境下测量，此外价格较贵。

（2）半导体应变片

半导体应变片主要是利用半导体材料（如单晶硅材料等）的压阻效应制作而成的一种电阻性元件，内部结构如图 4-8 所示。

教学课件：
压阻传感器的原理与结构

理论微课：
压阻传感器的原理与结构

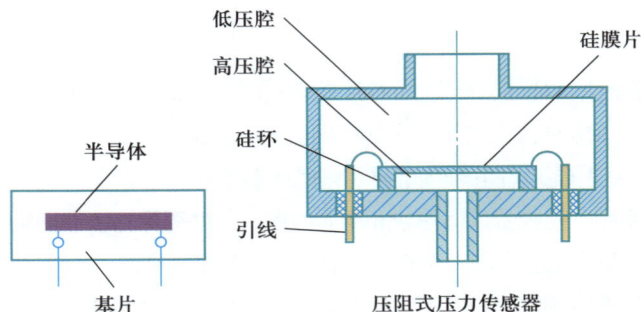

图 4-8　半导体应变片内部结构

所谓压阻效应，是指在半导体单晶硅材料的某一方向上施加一定外力后，半导体材料的电阻率将会发生剧烈变化，进而使得半导体材料的电阻发生剧烈变化的现象。

半导体应变片与金属应变片相比具有更高的灵敏度。

小常识

金属应变片与半导体应变片的异同点

金属应变片电阻变化主要由其结构尺寸变化所致，而半导体应变片是利用半导体的物理效应即压阻效应工作的。

金属应变片：

优点：结构简单，频率特性好，价格低廉，品种多样，可在高（低）温、高速、高压、强烈振动、强磁场及核辐射和化学腐蚀等恶劣条件下正常工作。

缺点：具有非线性，输出信号微弱，抗干扰能力较差，因此信号线需要采取屏蔽措施；只能测量一点或应变栅范围内的平均应变，不能显示应力场中应力梯度的变化等；不能用于过高温度场合下的测量。

半导体应变片：

优点：灵敏度高，工作频带宽，机械迟滞小，分辨力高。

缺点：温度稳定性差，灵敏度离散性大，非线性误差大。

教学课件：
压阻效应与压阻
传感器的应用

理论微课：
压阻效应与压阻
传感器的应用

4.2.2　电阻应变式力敏传感器的测量电路

1. 电桥电路

应变片将应变的变化转换成电阻相对变化 $\Delta R/R$，要把微小的电阻变化转换成电压或电流的变化提供给电测仪表进行测量，必须进行信号的转换放大。在实际工程应用中，测量应变变化的电桥有直流电桥和交流电桥两种。

常用的直流电桥电路如图 4-9（a）所示，图中 E 为直流电源，R_1、R_2、R_3、R_4 为桥臂电阻，U_O 为输出电压。当负载趋于无穷大时，输出可视为开路，电桥输出电压可表示为

$$U_O = E\left(\frac{R_1}{R_1+R_2} - \frac{R_3}{R_3+R_4}\right) = E\frac{R_1R_4 - R_2R_3}{(R_1+R_2)(R_3+R_4)} \tag{4-3}$$

当电桥平衡时，$U_O=0$。此时，$R_1 \cdot R_4 = R_2 \cdot R_3$。

当 $R_1=R_2=R_3=R_4=R$ 时，称为等臂电桥。实际应用中，若将电桥的其中一个桥臂用电阻应变片，其他三个桥臂均为固定电阻，则成为单臂电桥。当应变发生时，R_1 增大为 $R_1+\Delta R$，对于等臂电桥，此时的输出电压为

$$U_O = \frac{E}{4} \cdot \frac{\Delta R}{R} \tag{4-4}$$

由此可见，输出电压变化和输入电阻相对变化之间具有近似的线性关系。

若 R_3、R_4 采用固定电阻，R_1、R_2 采用电阻应变片，则称为双臂电桥或差分半桥，如图 4-9（b）所示。此时，当应变产生时，R_1 减小为 $R_1-\Delta R$，R_2 同时增大为 $R_2+\Delta R$，对于等臂电桥，输出电压为

$$U_O = \frac{E}{2} \cdot \frac{\Delta R}{R} \tag{4-5}$$

可见，差分电桥的电压输出与电阻相对变化之间为线性关系，灵敏度是单臂电桥的 2 倍。

若 R_1、R_2、R_3、R_4 均为电阻应变片，且电阻均为 R，则称为差分全桥，如图 4-9（c）所示。当

教学课件：
电阻应变式传感
器的测量电路

理论微课：
电阻应变式传感
器的测量电路

应变产生时，两个受拉应变，两个受压应变，则 R_1 和 R_4 减小 ΔR，R_2 和 R_3 增大 ΔR，此时的输出电压为

$$U_O = E \cdot \frac{\Delta R}{R} \tag{4-6}$$

可见，差分全桥的电压输出与电阻相对变化之间为线性关系，灵敏度是单臂电桥的 4 倍。

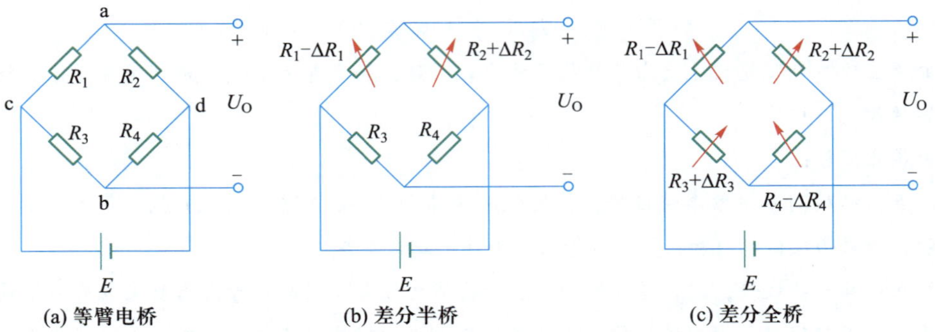

(a) 等臂电桥　　　(b) 差分半桥　　　(c) 差分全桥

图 4-9　直流电桥电路

2. 力敏传感器电桥驱动电路

力敏传感器电桥电路通常有两种驱动方式：恒压驱动与恒流驱动。

（1）恒压驱动方式

恒压驱动方式，顾名思义就是直接利用恒压源（直流稳压电源）接入力敏传感器的电源供电端子。恒压驱动方式容易受电源电压波动而影响传感器的测量精度。图 4-10 为一款压力传感器的恒压驱动电路，传感器采用的是绝对压力传感器 KP100A，因传感器内部晶体管在额定电压输入范围内起作用，所以由运放电源为晶体管提供 7.5 V 电压。如果需要温度补偿电路，可在传感器的 1 脚处加上 5 V 电压。

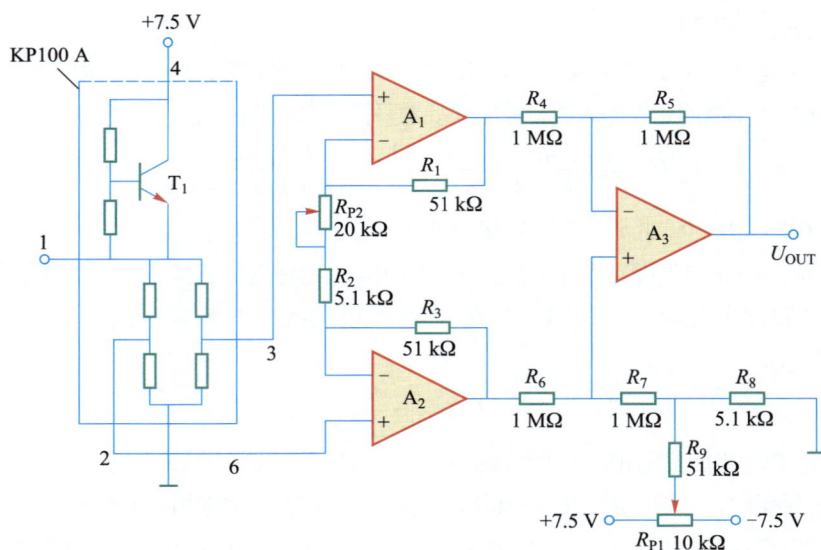

图 4-10　恒压驱动电路

（2）恒流驱动方式

恒流驱动方式可以解决因电源电压波动等影响传感器的测量精度问题。图 4-11 为力敏传感器常用的两种恒流源驱动电路。

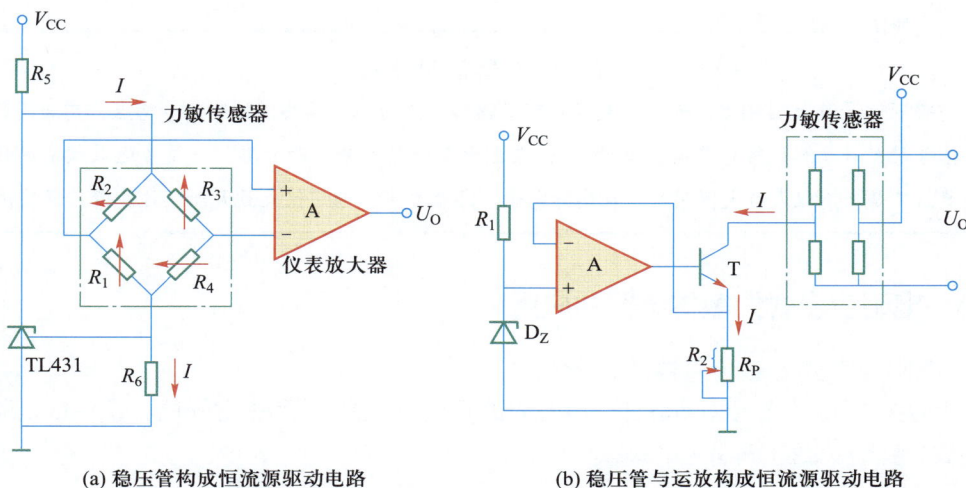

(a) 稳压管构成恒流源驱动电路　　　　　(b) 稳压管与运放构成恒流源驱动电路

图 4-11　恒流源驱动电路

在图 4-11（a）中，TL431 稳压管的输出电压为 2.5 V。因此，流过力敏传感器的恒定电流为 $2.5/R_6$。

在 4-11（b）中，假设稳压管的稳定电压为 U_Z，则由于集成运算放大器的虚短与虚断特点，电位器 R_P 两端的电压也恒定为 U_Z，这样就可以得到流经力敏传感器的恒定电流为 U_Z/R_2。

小常识

力敏传感器驱动电路

力敏传感器测量电路既可以用直流电桥（供电为直流电压），也可以用交流电桥（供电为交流电压）。

为了减少电源电压波动以及工作温度的影响，对电阻应变片，尤其是压阻器件，力敏传感器电桥驱动电路常采用恒流源驱动方式。

---

3. 信号处理电路

电阻应变式力敏传感器经电桥电路将力的变化转换为电压输出量后，通常利用仪表放大器对信号做进一步处理，并进行显示。由于仪表放大器与一般运算放大器相比具有输入阻抗高、共模抑制比高、增益调节方便等特点，在力敏传感器测量电路中获得了广泛的应用。

图 4-12 为仪表放大器的典型应用电路。

A_1、A_2 均为同相输入放大器，具有双端输入、双端输出形式。A_3 为差分组态放大器，实现减法运算。仪表放大器的输出电压为

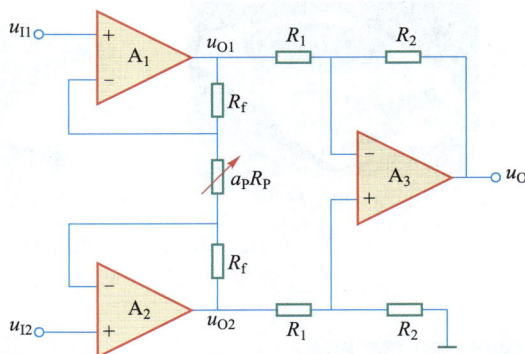

图 4-12　仪表放大器电路

电路仿真：
图 4-12　仪表放大器电路仿真

$$u_O = -\frac{R_2}{R_1}\left(1 + \frac{2R_f}{a_P R_P}\right)(u_{I1} - u_{I2}) \tag{4-7}$$

可见，仪表放大器的输出与输入之间呈线性放大关系。

调节电位器 $a_P R_P$ 即可方便地改变放大器的增益。

📇 小常识

仪表放大器使用技巧

与普通运算放大器相比，仪表放大器具有低漂移、低功耗、高共模抑制比等特点，广泛用作对微弱信号的处理（例如传感器输出信号）。仪表放大器一般可分为两大类：一是多运放构成的仪表放大器，二是专用仪表放大器芯片。在实际电子产品开发中，专用仪表放大器芯片获得广泛应用。

4.2.3　电阻应变式力敏传感器的应用

1. 电阻应变式力敏传感器的外形结构

电阻应变式力敏传感器根据其具体应用的对象不同，相应的外形结构也不同。图 4-13 是常见电阻应变式力敏传感器的几种外形结构图。

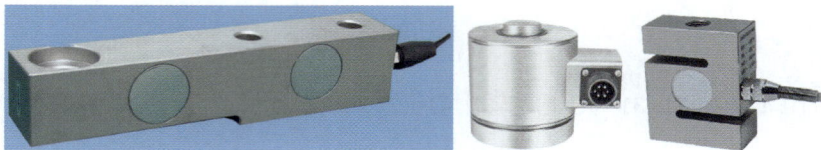

图 4-13　电阻应变式力敏传感器的外形结构图

2. 电阻应变式力敏传感器的应用

应变效应的应用十分广泛，它可以用来测量应变应力、弯矩、扭矩、加速度、位移等物理量。电阻式应变片的应用可分为两大类：

第一类是将应变片粘贴于某些弹性体上，并将其接到测量转换电路，这样就构成测量各种物理量的专用应变式传感器。在应变式传感器中，敏感元件一般为各种弹性体，传感元件就是应变片，测量转换电路一般为桥路。

第二类是将应变片贴于被测试件上，然后将其连接到应变仪上就可直接从应变仪上读取被测试件的应变量。

图 4-14 为常用应变式力敏传感器的典型应用。

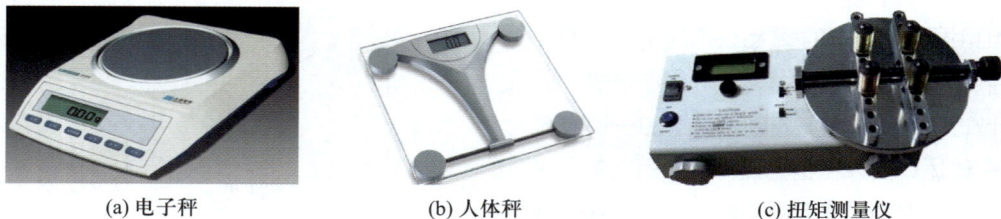

(a) 电子秤　　　　　　　(b) 人体秤　　　　　　　(c) 扭矩测量仪

图 4-14　常用应变式力敏传感器的典型应用

任 务 3　电容式传感器及其应用分析

📝 **学习目标**

（1）了解电容式传感器的结构与分类方法

（2）熟悉电容式传感器的工作原理

（3）掌握电容式传感器测量电路原理

（4）能调试电容式传感器应用电路

实训视频：
电容触摸按键
电路的调试

技能训练 17   电容触摸按键电路制作与调试

任务描述：

理解掌握电容触摸按键电路工作原理，掌握电容触摸按键电路的制作与调试方法。要求在智能显示终端上显示当前电容触摸按键的键值。

器材准备：

实训电路板，电容触摸按键，TTP229 TonTouch™ IC，数字式电压表或数字显示表头，智能显示终端，双路直流稳压电源一台。

设计制作与调试过程：

按照任务要求设计的电容式触摸按键电路如图 4-15 所示。本项目采用电容感应式触摸芯片 TTP229，该芯片为 48 脚封装，可支持 8 个触摸键或 16 个触摸键，具有两种串行输出方式，可以应用在 8 个和 16 个键模式，包括 2-线串行模式和 I^2C 通信模式，灵敏度可由外部电容（1 ~ 50 pF）调节，并具有自动校准功能。图 4-16 为 TTP229 用于 16 个触摸键模式接线图，电容 C_{J0} ~ C_{J3} 用于调节工作模式下按键的灵敏度。电容 C_{JWA} 和 C_{JWB} 用于调节睡眠模式下唤醒灵敏度。图 4-16 为 TTP229 与单片机 STC89C52 的通信接口示意图。

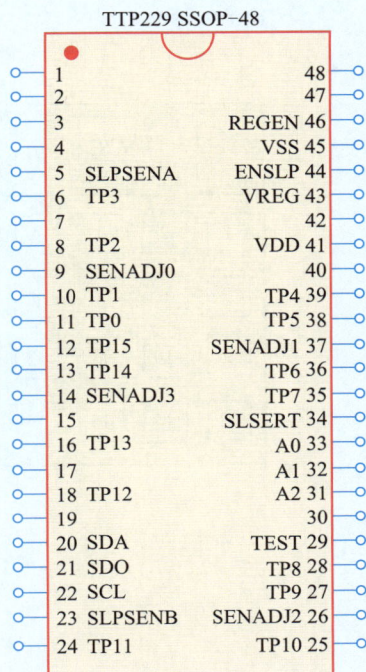

图 4-15   TTP229 芯片引脚

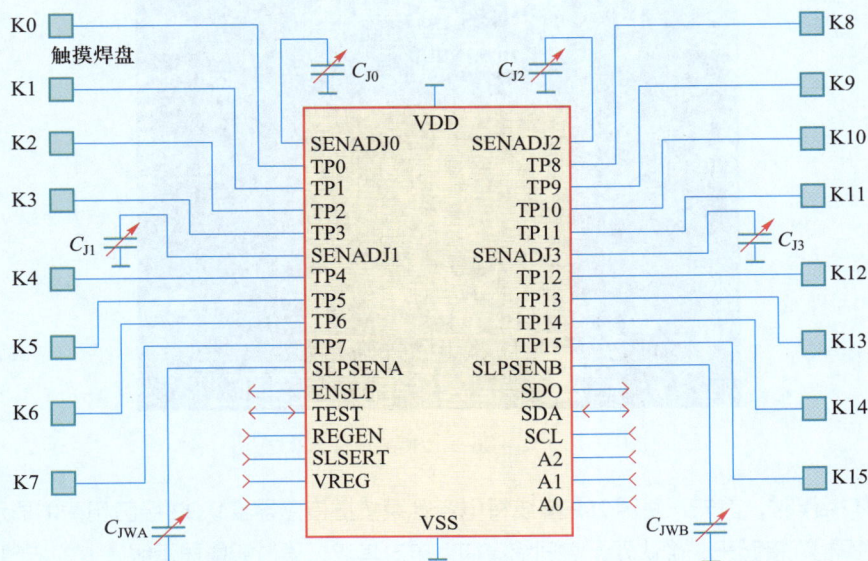

图 4-16   TTP229 与单片机 STC89C52 的通信接口示意图

工作原理：人的手指在接触到电路上的电容按键时将会引起该点的电气特性发生改变，电容会发生变化，同时这种变化会被芯片 TTP229 所感知，通过芯片内部处理，将会把被触碰的点的坐标输出，通过单片机与芯片 TTP229 通信，就可以将这个点的坐标显示在智能显示终端上。

在电路板上按照图 4-17 所示电路进行元件排版、布线与焊接，焊接装配成图 4-18 所示电路模块，此图也是电容触摸按键 AR 体验识别图。

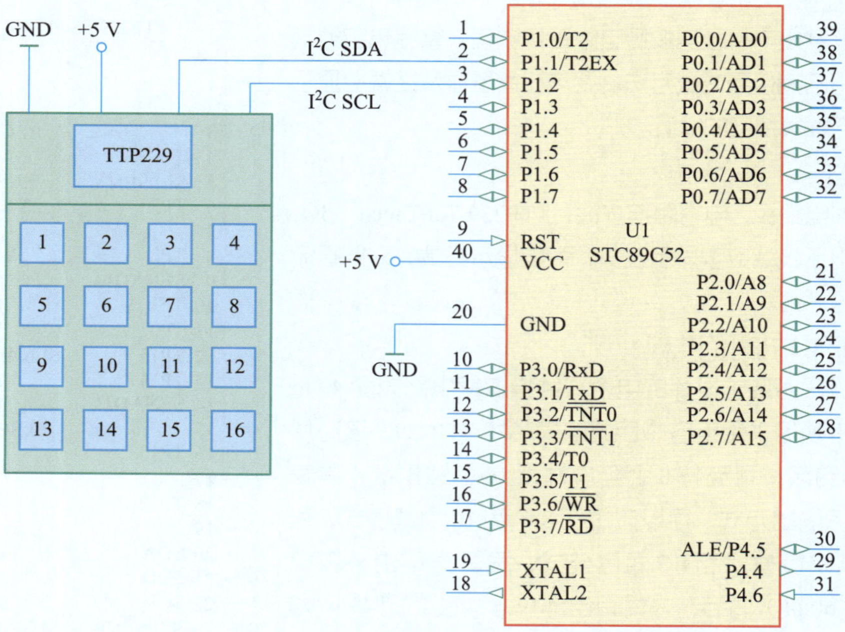

图 4-17　电容触摸按键识别图

图 4-18　电容触摸按键 AR 体验识别图

AR 体验：
扫描二维码下载驱动程序，安装成功后扫描"电容触摸按键 AR 体验识别图"进行体验

具体操作时，首先，使用 20P 排线将电容触摸按键传感器模块 J2 接口和智能显示终端的 J2 接口相连接起来，确认无误之后给模块上电。其次，通过智能显示终端上的按键 K1 或 K2 选中电容触摸按键实验项目，按下按键 K5 确定进入电容触摸按键实验界面，在手指没有

接触按键时，界面显示按键键值为"0"。

　　用手指依次触碰电容触摸按键传感器上的 16 个编号的接触点，同时查看智能显示终端上显示的按键键值。需要注意的是：模块上的 1～16 号按键有优先顺序，编号越小优先级越高，比如同时按住 1 号和 5 号，则智能显示终端上显示为"1"。

问题思考：
　　（1）在传感器 16 个按键触点上覆盖一层隔离薄金属片，是否会对实验结果造成影响？
　　（2）请列举电容触摸按键的应用场合。

4.3　电容式压力传感器相关知识

4.3.1　电容式传感器的结构与分类

1. 电容式传感器的结构

　　电容器是电子技术的三大类无源元件（电阻、电感和电容）之一。利用电容器的原理，将被测物理量的变化转换为电容量的变化，进而实现非电量到电量的转化的器件或装置，称为电容式传感器，它实质上是一个具有可变参数的电容器。

　　电容传感器的转换原理如图 4-19 所示。

　　用两块金属平板作电极可构成电容器，结构如图 4-20 所示。当忽略边缘效应时，其电容 C 为

$$C = \frac{\varepsilon A}{\delta} = \frac{\varepsilon_r \varepsilon_0 A}{\delta} \qquad (4-8)$$

式中，A——极板相对覆盖面积；

　　　δ——极板间距离；

　　　ε_r——相对介电常数；

　　　ε_0——真空介电常数，ε_0=8.85 pF/m；

　　　ε——电容极板间介质的介电常数。

图 4-19　电容传感器原理

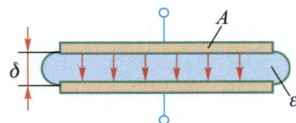

图 4-20　电容器结构

2. 电容式传感器的分类

　　由影响电容器电容量的因素可以看出，当 δ、A 和 ε_r 中的某一项或几项有变化时，就可引起电容器电容值的变化。因此，电容式传感器又可分为变极距（变间隙）（δ）型、变面积（A）型和变介电常数（ε_r）型三种类型。

　　电容式传感器具有测量范围大、灵敏度高、结构简单、适应性强、动态响应时间短、实现非接触测量等优点，被广泛用于位移、振动、角度、加速度、压力、差压、液位、料位等参数的测量系统中。

4.3.2　电容式传感器的工作原理

1. 变极距（变间隙）型电容式传感器

　　变极距型电容传感器结构如图 4-21 所示，上极板为定极板，下极板为动极板。当动极板随被测量变化而移动时，使得

图 4-21　变极距型电容传感器结构

两极距发生变化 $\Delta\delta$，从而使电容量产生变化 ΔC。设原始电容为 $C_0 = \dfrac{\varepsilon A}{\delta_0}$，则电容变化量为

$$\Delta C = C - C_0 = \frac{\varepsilon A}{\delta_0 - \Delta\delta} - \frac{\varepsilon A}{\delta_0} = C_0 \cdot \frac{\Delta\delta}{\delta_0 - \Delta\delta} \qquad (4-9)$$

2. 变面积（A）型电容式传感器

图 4-22 所示为变面积型电容式传感器结构。

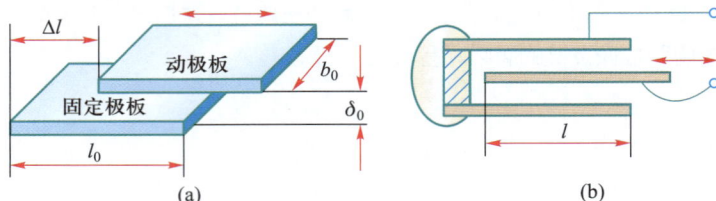

动画：
变面积型电容
式传感器工作
原理

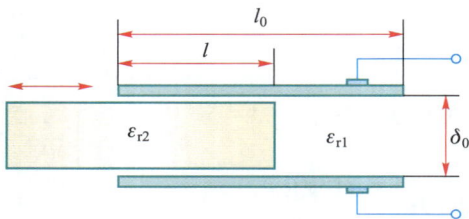

图 4-22　变面积型电容式传感器结构

设初始电容为 $C_0 = \dfrac{\varepsilon l_0 b_0}{\delta_0}$，当动极板相对定极板沿长度方向平移 Δl 时，其电容量 ΔC 减少为

$$\Delta C = C_0 - C = \frac{\varepsilon l_0 b_0}{\delta_0} - \frac{\varepsilon(l_0 - \Delta l)b_0}{\delta_0} = \frac{\varepsilon b_0 \Delta l}{\delta_0} \qquad (4-10)$$

可见，ΔC 与 Δl 呈线性关系。此类传感器主要用于位移的测量。

图 4-23　平板型线位移传感器结构

3. 变介电常数（ε_r）型电容式传感器

变介质常数型电容式传感器主要有平板型、圆板型和圆柱（筒）型几种结构，图 4-23 所示为平板型线位移传感器结构。

假设极板长度为 l_0，宽度为 b_0，间距为 δ，初始电容（当电介质为空气，$\varepsilon_{r1}=1$，即 $l=0$ 时）为 $C_0 = \dfrac{\varepsilon_0 \varepsilon_{r1} l_0 b_0}{\delta_0}$。当介质 2 进入极板 1 后，传感器电容量与位移的关系为

$$C = C_1 + C_2 = \varepsilon_0 b_0 \frac{\varepsilon_{r1}(l_0 - l) + \varepsilon_{r2} l}{\delta_0} \qquad (4-11)$$

引起电容的相对变化为

$$\frac{\Delta C}{C} = \frac{C - C_0}{C} = \frac{\left(\dfrac{\varepsilon_{r2}}{\varepsilon_{r1}} - 1\right) l}{l_0} \qquad (4-12)$$

可见，电容变化量与介质移动量 l 之间呈线性关系。

变介电常数型电容传感器适合测量电介质的厚度、液位、湿度等参数。

4.3.3　电容式压力传感器

教学课件：
电容式压力传感
器结构与原理

理论微课：
电容式压力传感
器结构与原理

电容式压力传感器，是一种可以利用电容敏感的元件把被测量的压力转换成为与它有一定关系的电信号输出的精密测量仪器。它通常是使用镀金属薄膜或者是圆形金属薄膜来做电容器的其中一个电极。在薄膜受到压力时，会发生变形，此时薄膜与固定的电极间所产生的电容量就会发生改变。测量电路就可以输出与电压形成一定关系的电信号。

电容式压力传感器是极距变化型的电容式传感器，具有单电容式和差动电容式两种类型。

1. 单电容式压力传感器的工作原理

单电容式压力传感器由固定的电极和圆形的薄膜组成，结构如图 4-24 所示。当受到压力作用的

时候，薄膜就会发生变形，这样就会改变电容器的容量。它的灵敏度大概是与薄膜与固定电极之间的距离和薄膜的张力成反比关系，而与压力和薄膜的面积成正比关系。

2. 差动电容式压力传感器

对差动电容式压力传感器，频率通常在 100 kHz 左右，采用双电容平板的结构，其受压膜片电极是处于两个固定的电极之间的，可以形成两个电容器，结构如图 4-25 所示。当受到压力作用的时候，其中一个电容器的容量就会变大，而另一个电容器的容量就会相应地变小，其测量结果是由差动式的电路输出，相对于其他压力传感器其灵敏度明显提高。

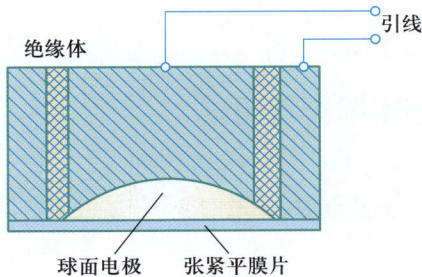

图 4-24 单电容式压力传感器结构

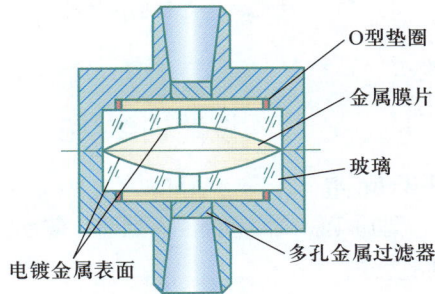

图 4-25 差动电容式压力传感器结构

动画：压力式电容传感器原理

4.3.4 电容式传感器的测量电路

在使用电容式传感器对压力、流量、液位等参量进行测量时，由于感应被测量变化后传感器的电容变化量很微弱，更不能直接用于仪表的显示和记录，必须首先将电容的微弱变化转换成电压、电流、频率等信号，再经过放大处理后才能进行信号的传输与仪表显示。

电容式传感器常用的测量电路有电桥电路、双 T 电桥电路、差动脉冲调宽电路、运算放大器式电路等。这里主要介绍电桥电路。

动画：电容式传感器液位测量原理

1. 电桥电路的结构

电容式传感器的电容通常采用交流电桥进行测量，将电容式传感器接入交流电桥的一个或两个桥臂，其余桥臂可以是电阻、电容或电感元件，也可以是变压器的两个二次绕组，其结构如图 4-26 所示。

在单臂电桥电路中，C_1、C_2、R_3、R_4 为电桥的四个桥臂，C_1 为电容传感器。而在双臂电桥电路中，C_1、C_2 为差动传感器的两个电容。

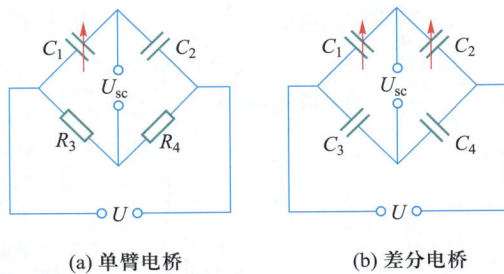

(a) 单臂电桥   (b) 差分电桥

图 4-26 电桥电路

2. 电桥电路的工作原理

对单臂电桥电路，在初始状态下，电桥平衡，输出电压为 0；当可动极板偏离时，C_1 发生变化，电桥失去平衡，有不平衡电压输出，该不平衡电压的大小与极性即反映电容量变化的大小与方向。

对差分电桥电路，当可动极板处于中间位置时，$C_1=C_2=C_0$，电桥处于平衡状态，输出电压为 0；当极板偏离中间位置时，电桥失去平衡，有不平衡电压输出，该不平衡电压的大小与极性即反映电容量变化的大小与方向。

任 务 4　电感式传感器及其应用分析

学习目标

（1）了解电感式传感器的结构与分类方法

（2）熟悉电感式传感器的工作原理

（3）能调试电感式传感器应用电路

实训视频：
金属探测电路
的调试

技能训练 18　金属探测电路制作与调试

任务描述：

理解电感式传感器工作原理，掌握利用电感接近开关实现对金属物体探测电路的制作与调试方法。

器材准备：

实训电路板，金属探测传感器，固定阻值电阻，继电器，运算放大器，MOS 管、发光二极管，数字式电压表，蜂鸣器，双路直流稳压电源等。

设计制作与调试过程：

金属探测传感器是利用电涡流效应制造的传感器。电涡流效应是指当金属物体处于一个交变的磁场中，在金属内部会产生交变的电涡流。该涡流又会反作用于产生它的磁场这样一种物理效应。如果这个交变的磁场是由一个电感线圈产生的，则这个电感线圈中的电流就会发生变化，用于平衡涡流产生的磁场。

利用这一原理，以高频振荡器（LC 振荡器）中的电感线圈作为检测元件。当被测金属物体接近电感线圈时产生了涡流效应，引起振荡器振幅和频率的变化，由传感器的信号调理电路（包括检波、放大、整形、输出等电路）将该变化转换成开关量输出，从而达到检测目的。

金属探测传感器的测量原理如图 4-27 所示。

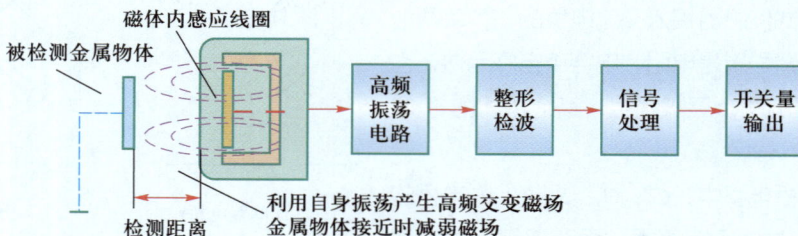

图 4-27　金属探测传感器的测量原理

按照任务要求与传感器原理设计的金属探测电路原理图如图 4-28 所示，该电路的核心是电感式接近开关。

在图 4-28 中，金属检测开关选用的是电感式 NPN 动合型金属探测传感器。在没有金属物体接近时，传感器输出为高，T_5 导通，T_4 截止，继电器不通，T_3 截止，D_2 不亮，蜂鸣器不响；同理，当有金属物体靠近传感器并达到感应距离之后，触发传感器输出低电平，则 T_5 截止，T_4 导通，继电器吸和，T_3 导通，D_2 点亮，蜂鸣器响起。

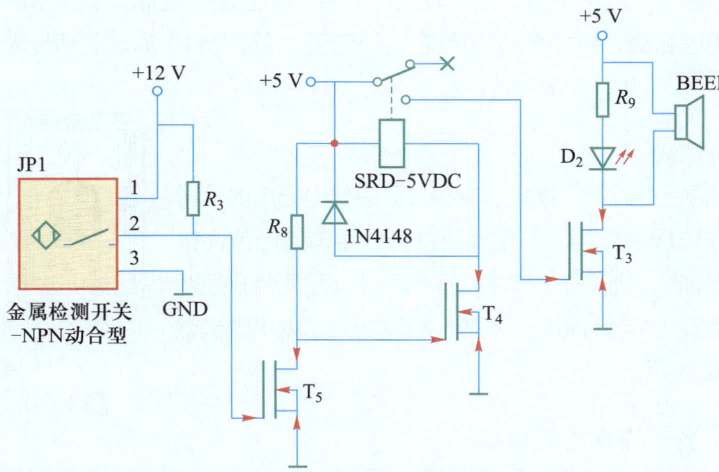

图 4-28　金属探测电路原理图

在电路板上按照图 4-28 所示电路进行元件排版、布线与焊接，电路焊接样板如图 4-29 所示。

图 4-29　金属探测电路 AR 体验识别图

AR 体验：
扫描二维码下载驱动程序，安装成功后扫描"金属探测电路 AR 体验识别图"进行体验

使用 +5 V 电源接入金属探测传感器模块的 J4 接口，确认无误之后，给模块上电。

将金属铁片靠近传感器一定距离后，可以观测到 LED 灯 D_2 亮起，蜂鸣器响起，当金属远离时可以看到 LED 灯 D_2 熄灭，蜂鸣器不响。

问题思考：

（1）在金属表面覆盖上塑料或是其他隔离材料，按上述实验步骤操作，所得结果如何？

（2）如果将传感器更换成 NPN 动断型，要想得到上述实验效果，该如何修改电路？

教学课件：
电感式压力传感器结构与原理

理论微课：
电感式压力传感器结构与原理

4.4　电感式压力传感器

4.4.1　电感式传感器的作用与分类

电感式传感器是利用线圈自感或互感的改变来实现测量的一种装置，通常由振荡器、开关电路及放大输出电路三大部分组成。由于其结构简单，无活动电触点，工作寿命长，而且灵敏度和分辨力高，输出信号强，线性度和重复性都比较好，能实现信息的远距离传输、记录、显示和控制。

1. 电磁感应原理

变化的磁场在周围空间产生电场，当导体处在此电场中时，导体中的自由电子在电场力作用下作定向移动而产生电流即感应电流；如果不是闭合回路，则导体中自由电子的定向移动使断开处两端积累正、负电荷而产生电动势差——感应电动势。这就是电磁感应原理，如图 4-30 所示。

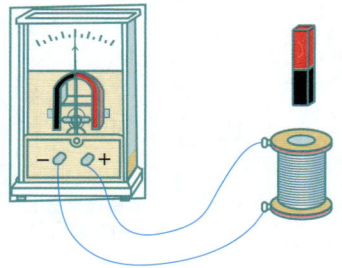

图 4-30 电磁感应原理

2. 电感式传感器的作用与分类

电感式传感器利用电磁感应原理将被测非电量如位移、压力、流量、振动等转换成线圈自感量 L 或互感量 M 的变化，再由测量电路转换为电压或电流的变化量输出。电感式传感器可以测量位移、振动、压力、流量、比重等参数。

当电感式传感器用于感受压力变化进行测量或与力相关参数测量时，就称为电感式压力传感器。

电感式传感器通常可分为自感式电感传感器、互感式电感传感器（差动变压器式）和电涡流式传感器三大类。

4.4.2 电感式传感器的工作原理

1. 自感式电感传感器

自感式电感传感器是利用线圈自感量的变化来实现测量的，原理如图 4-31 所示。当被测量发生变化时，衔铁发生位移，引起磁路中磁阻变化，从而导致电感线圈的电感量变化，就能确定衔铁位移量的大小和方向，这种传感器又称为变磁阻式传感器。

由自感式电感传感器构成的变隙电感式压力传感器如图 4-32 所示。

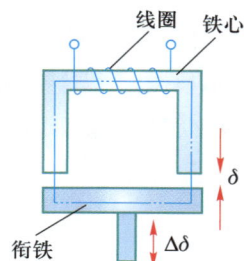

图 4-31 自感式电感传感器

图 4-32 变隙电感式压力传感器

工作原理：当压力进入膜盒时，膜盒的顶端在压力 P 的作用下产生与压力 P 大小成正比的位移，于是衔铁也发生移动，从而使气隙发生变化，流过线圈的电流也发生相应的变化，电流表 A 的指示值就反映了被测压力的大小。

2. 互感式电感传感器

把被测的非电量变化转换为线圈互感量变化的传感器称为互感式传感器,原理如图 4-33 所示。这种传感器是根据变压器的基本原理制成的,并且二次绕组都用差动形式连接,故称差动变压器式传感器。

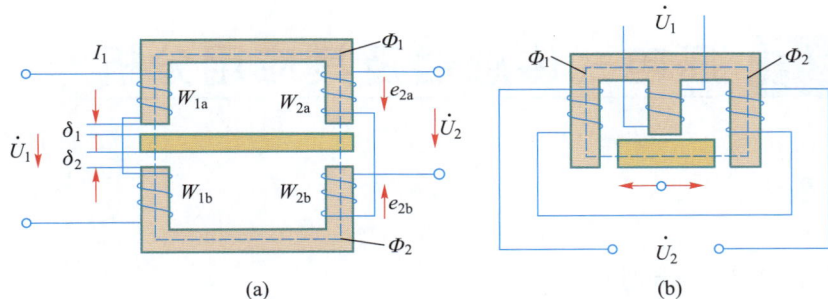

图 4-33　互感式传感器

由互感式传感器构成的变隙式差动电感压力传感器如图 4-34 所示。

工作原理:当被测压力进入 C 形弹簧管时,C 形弹簧管产生变形,其自由端发生位移,带动与自由端连接成一体的衔铁运动,使线圈 1 和线圈 2 中的电感发生大小相等、符号相反的变化。即一个电感量增大,另一个电感量减小。电感的这种变化,通过电桥电路转换成电压输出。

3. 电涡流式传感器

根据法拉第电磁感应原理,块状金属导体置于变化的磁场中或在磁场中作切割磁力线运动时(与金属是否块状无关,且切割不变化的磁场时无涡流),导体内将产生呈涡旋状的感应电流,此电流称为电涡流,以上现象称为电涡流效应。根据电涡流效应制成的传感器称为电涡流式传感器。

电涡流式传感器的检测原理如图 4-35 所示。

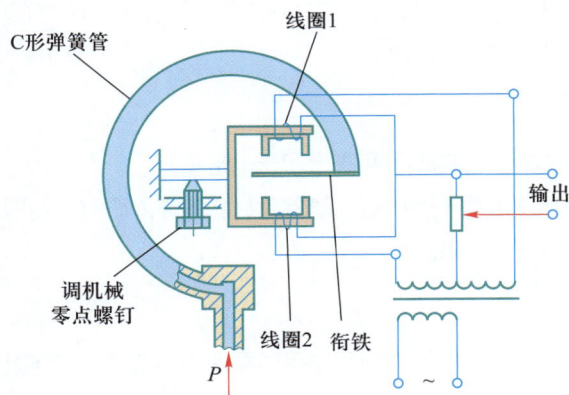

图 4-34　变隙式差动电感压力传感器

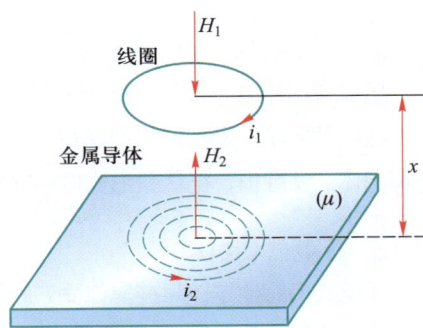

图 4-35　电涡流式传感器的检测原理

动画:
电涡流式传感器原理

根据法拉第电磁感应定律,当传感器探头线圈通以正弦交变电流 i_1 时,线圈周围空间必将产生正弦交变磁场 H_1,使得置于此磁场中的金属导体表面产生感应电流,即电涡流。与此同时,电涡流 i_2 又将产生交变磁场 H_2。H_2 与 H_1 方向相反,并力图削弱 H_1,从而导致探测线圈的等效电阻发生相应的变化。其变化程度取决于被测金属导体的电导率、磁导率、几何形状、线圈几何参数、激励电流频率以及线圈到金属导体的距离等参数。如果只改变上述参数中的某一个参数,而其余参数保持不变,则阻抗 Z 就称为这个变化参数的单值函数,从而可以确定该参数的大小。

如果将线圈阻抗 Z 的变化，即探测线圈与金属导体的距离的变化转换成电压或电流的变化，则输出信号的大小将随探头到被测体表面之间的间距变化而变化，电涡流式传感器就是根据这一原理实现对金属物体的位移、振动等参数的测量。

任务 5   压电式传感器及其应用分析

学习目标

（1）了解压电效应与压电材料
（2）熟悉压电式传感器的结构
（3）掌握电压式压力传感器测量电路原理

4.5   压电式压力传感器

4.5.1   压电效应与压电材料

动画：
压电效应

1. 压电效应

某些电介质物质，在沿一定方向上受到外力的作用而变形时，内部会产生极化现象，同时在其表面上产生电荷；当外力去掉后，又重新回到不带电的状态，这种将机械能转换为电能的现象，称为"正压电效应"。

反之，在电介质的极化方向上施加电场，它会产生机械变形，当去掉外加电场时，电介质的变形随之消失。这种将电能转换为机械能的现象，称为"逆压电效应"。

2. 压电材料

压电材料可以分为三大类：压电晶体（石英晶体）、压电陶瓷和高分子压电材料。

在自然界中大多数晶体都具有压电效应，但压电效应十分微弱。随着对材料的深入研究，发现石英晶体、钛酸钡、锆钛酸铅等材料是性能优良的压电材料。

3. 压电式传感器

压电式传感器是以某些晶体受力后在其表面产生电荷的压电效应为转换原理的传感器。它可以测量最终能变换为力的各种物理量，例如力、压力、加速度等。

小常识

压电式传感器特性

由于外力作用而在压电材料上产生的电荷只有在无泄漏的情况下才能保存，即需要测量回路具有无限大的输入阻抗，这实际上是不可能的，因此压电式传感器不能用于静态测量。压电材料在交变力的作用下，电荷可以不断补充，以供给测量回路一定的电流，故适用于动态测量。

压电式传感器具有体积小、质量小、频带宽、灵敏度高等优点。近年来压电测试技术发展迅速，特别是电子技术的迅速发展，使压电式传感器被广泛应用于压力、称重、加速度等参数的测量系统中。

4.5.2　压电式压力传感器

1. 压电式压力传感器的结构与工作原理

图 4-36 为压电式压力传感器的结构示意图。

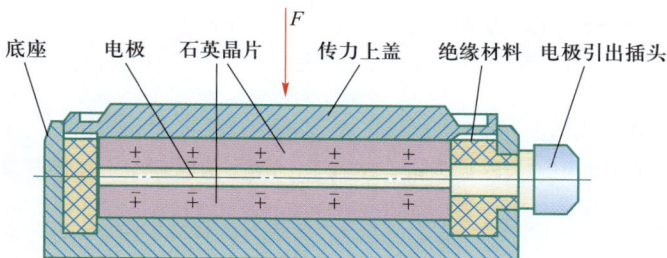

图 4-36　压电式压力传感器的结构示意图

传感器上盖为传力元件，当外力作用时它将产生弹性变形，将力传递到石英晶片上。

压电元件受力作用时产生电荷，因此它可以等效为一个电容器，有 $C_a = \dfrac{\varepsilon_r \varepsilon_0 S}{\delta}$，所以压电元件受外力作用时，两表面产生等量的正负电荷 Q，压电元件的开路电压 U 为 $U = Q/C_a$，等效电路如图 4-37 所示。

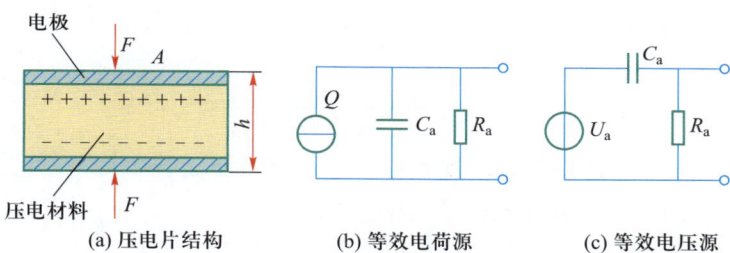

(a) 压电片结构　　　(b) 等效电荷源　　　(c) 等效电压源

图 4-37　压电元件的等效电路

2. 压电式传感器的测量电路

压电式传感器产生的电荷很少，信号微弱，而自身又要有极高的绝缘电阻，因此需经测量电路进行阻抗变换和信号放大，且要求测量电路输入端必须有足够高的阻抗和较小的分布电容，以防止电荷迅速泄漏而引起测量误差。图 4-38 为常见压电式传感器的测量电路框图。

前置放大器的作用有两个：一是放大压电元件输出的微弱信号；二是将传感器的高阻抗输出变换为低阻抗输出。在前置放大器电路设计中，通常有两种形式：一种是电压放大器，也称为阻抗变换器；另一种为电荷放大器。

（1）电压放大器

图 4-39 为常用压电式传感器连接电压放大器的等效电路与简化电路图。

在图 4-39（a）所示的等效电路中，R_a 为压电元件的绝缘电阻，C_c 为连接导线的等效电容，R_i 为前置放大器的输入电阻，C_i 为输入电容。在图 4-39（b）简化电路中的 R 为 R_a 与 R_i 的并联电阻，C 为 C_c 与 C_i 的并联电容。

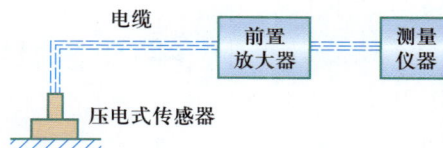

图 4-38　压电式传感器测量电路

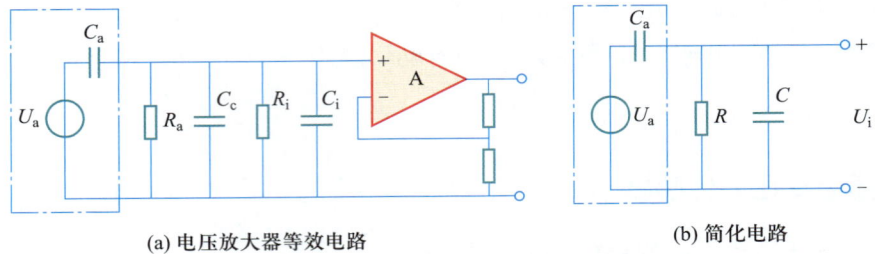

(a) 电压放大器等效电路　　　　　(b) 简化电路

图 4-39　压电式传感器用电压放大器等效电路

经理论分析可知，传感器灵敏度 k_u 为

$$k_u = \frac{D}{C_a + C_c + C_i} \tag{4-13}$$

式中，D 为传感器的压电系数。

上式表明由于电缆电容和放大器输入电容的存在，使灵敏度减小。如果更换电缆，则必须重新校正灵敏度，以保证测量精度。

（2）电荷放大器

压电式传感器配用电压放大器时，其电压灵敏度随电缆的分布电容变化而变化，因而更换不同长度的电缆时要对灵敏度重新进行校正。而采用电荷放大器可以免此麻烦。电荷放大器实际上是一种具有深度负反馈的高增益运算放大器。

电荷放大器由一个反馈电容与高增益运算放大器组成，其结构如图 4-40 所示。电荷放大器的输出电压可表示为

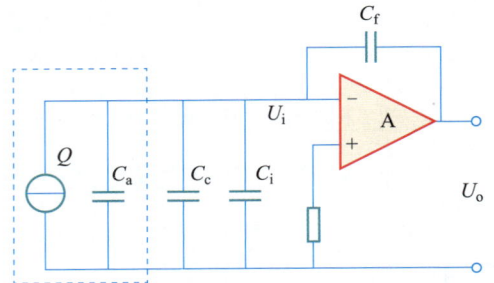

图 4-40　电荷放大器

$$U_o = \frac{-AQ}{C_i + C_c + C_a + (1+A)C_f} \tag{4-14}$$

由于放大器的输入阻抗很高，在放大器的输入端几乎没有分流，因此，当 $A \gg 1$，而 $(1+A)C_f \gg C_i + C_c + C_a$ 时，放大器输出电压可以表示为

$$U_o = -\frac{Q}{C_f} \tag{4-15}$$

可见，由于引入了电容负反馈，电荷放大器的输出电压仅与传感器产生的电荷量及放大器的反馈电容有关，电缆电容等其他因素对灵敏度的影响可以忽略不计。

🖳 小贴士

电荷放大器作用

电荷放大器能将压电传感器输出的电荷转换为电压（Q/U 转换器），但并无放大电荷的作用，只是一种习惯叫法。

📚 思考与练习题

一、填空题

1. 电阻应变式力敏传感器主要有＿＿＿＿应变片与＿＿＿＿应变片两大类。

2. 力敏传感器的电桥驱动电路通常有＿＿＿＿与＿＿＿＿两种驱动方式。

3. 电容式传感器按照其工作原理的不同一般可分为＿＿＿、＿＿＿与＿＿＿三种类型。

4. 电感式传感器是基于＿＿＿＿原理工作的一类传感器，通常可分为＿＿＿、＿＿＿与＿＿＿三种类型。

5. 力敏传感器电桥的供电可以为＿＿＿，也可以为＿＿＿。

二、判断题

1. 电阻应变片的作用是将被测压力的变化直接转换成对应电压的变化。（　　）

2. 对力敏传感器的电桥电路，采样恒压驱动比恒流驱动效果更好。（　　）

3. 力敏传感器的输出采用高放大倍数通用运算放大器即可获得较好的测量精度。（　　）

4. 金属应变片是利用金属材料的压阻效应制作而成的一种电阻性元件。（　　）

5. 半导体应变片是利用半导体材料的压阻效应制作而成的一种电阻性元件。（　　）

6. 对电阻型传感器一般采样恒流源或电桥电路获取与被测参数变化而变化的电压信号。（　　）

7. 力敏传感器的接口电路一般采用专用仪表放大器进行传感器信号的处理。（　　）

8. 利用电容式传感器可以构成电子产品的触摸屏按键。（　　）

9. 利用电容式传感器可以测量容器内液位的高度。（　　）

10. 利用电感式传感器可以实现金属探测。（　　）

三、分析与计算题

图 4-41 所示为力敏传感器及其放大电路。

（1）计算力敏传感器的驱动电流 I。

（2）假定输入信号电压 $U_{in1}=2.25\,V$，$U_{in2}=2.35\,V$，要求输出电压 $U_o=1.1\,V$，试计算 R_g 的电阻值。

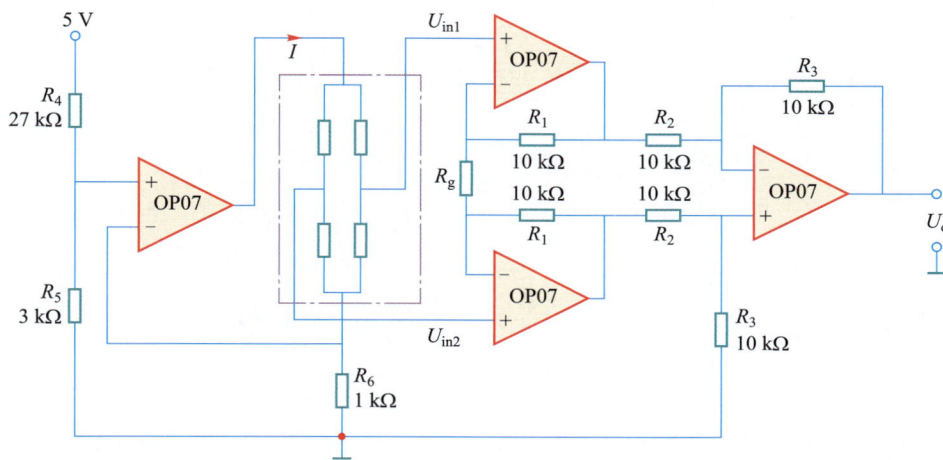

图 4-41　力敏传感器及其放大电路

项目5 超声波传感器应用电路设计与调试

项目调研

超声波是指频率高于 20 kHz 的机械波。在工业生产中，超声波被广泛用来进行探伤、清洗、焊接以及对各种高温、有毒和强腐蚀性液体液位进行测量。在日常生活中，超声波被广泛用于汽车倒车雷达、自动清扫机器人、超声波口罩机等。通过网络资源或实地考察不同场景下超声波传感器的使用环境、测量范围，了解不同超声波传感器的特点。

实施方案

实施本项目的意义在于如何根据被测对象、测量环境的不同来选取相应的超声波产生与接收电路的方法，设计出相应的超声波传感器接口电路，将超声波传感器接收的信息转换成为标准的电压值输出，从而得到被测量的具体参数。

知识目标

（1）超声波基础知识
（2）超声波传感器结构与特性
（3）超声波发射电路结构与原理
（4）超声波接收电路结构与原理
（5）超声波传感器综合应用案例

技能目标

（1）能用万用表初步判断常用超声波传感器质量
（2）能设计、制作与调试超声波发射电路
（3）能设计、制作与调试超声波接收电路
（4）能设计、制作与调试倒车雷达电路
（5）能设计、制作与调试超声波液位测量电路

素质目标

（1）培养学生爱党、爱国、爱社会主义的情怀

（2）培养学生的职业素养与工匠精神

（3）培养学生的质量意识与成本意识

（4）培养学生的沟通与表达能力

（5）培养学生严谨、细致、规范的职业素质

任务 1 认知超声波传感器

学习目标

（1）了解超声波的概念与特性

（2）熟悉超声波传感器的定义与分类方法

（3）能识别常见的超声波传感器

教学课件：
超声波的基本
概念

理论微课：
超声波的基本
概念

思政聚焦：
中国超声之父
——王新房教
授英雄事迹

教学课件：
超声波的基本
特性

理论微课：
超声波的基本
特性

5.1 超声波传感器基础知识

5.1.1 超声波的特性

1. 声波

声波是声音的传播形式，是一种机械波，由物体振动产生。当声源在介质中施力方向与波在介质中传播方向不同时，声波的波形也不同。

声波按照频率范围的不同可分为次声波、声波和超声波等。其中，频率在 20 Hz ~ 20 kHz 机械波是能够被人耳所听闻，称为可闻声波，简称声波；频率低于 20 Hz 的机械波称为次声波；频率高于 20 kHz 的机械波称为超声波。次声波与超声波都是人耳无法听到的声波。各类声波的频率范围如图 5-1 所示。

声波的频率越高，与光波的某些特性就越相似。声波的波长 λ、频率 f 与传播速度 c 之间的关系为

$$\lambda = \frac{c}{f} \qquad (5-1)$$

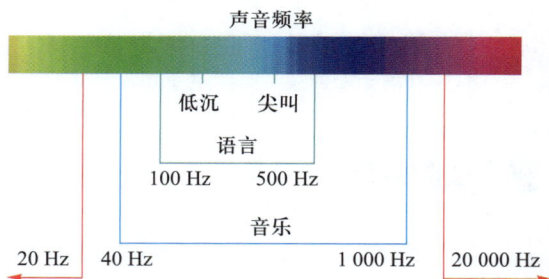

图 5-1 声波的频率范围

2. 超声波的物理性质

（1）超声波的波形

由于声源在介质中施力方向与波在介质中传播方向的不同，声波的波形也有所不同。声波的波形通常有：

纵波：指质点振动方向与波的传播方向一致的波，它能在液体和气体介质中传播。

横波：指质点振动方向垂直于传播方向的波，它只能在固体介质中传播。

表面波：指质点的振动介于横波与纵波之间，沿着介质表面传播，其振幅随深度增加而迅速衰减的波，表面波只在固体的表面传播。

（2）超声波的特性

超声波为直线传播方式，频率越高，就越接近光学的反射、折射等特性。因此可利用上述性质制成超声波传感器。

此外，超声波在传播过程中有一定的衰减现象，而且在空气中衰减较快，尤其在高频时衰减更快。因此，超声波在空气中传播的使用场合易采用频率较低的超声波，一般为几十千赫（典型值为 40 kHz）；而在固体及液体中衰减较小，传播较远，可采用频率较高的超声波。

（3）超声波的传播速度

超声波在不同介质中的传播速度是不同的，而且超声波在通过两种不同的介质时也会产生折射和反射现象。

超声波的传播速度与介质密度和弹性特性有关。由于超声波在空气中传播速度较慢，仅为 340 m/s，因此超声波传感器的使用变得非常简单。

3. 超声波的典型应用

超声波清洗：原理是通过换能器，将功率超声频源的声能转换成机械振动，通过清洗槽壁将超声波辐射到槽子中的清洗液。由于受到超声波的辐射，使槽内液体中的微气泡能够在声波的作用下保持振动，破坏污物与清洗件表面的吸附，引起污物层的疲劳破坏而被剥离，利用气体型气泡的振动对固体表面进行擦洗。其主要应用包含纺织印染、医药、机械、光学、表面喷涂处理、钟表首饰等行业。

超声波探伤：超声波在介质中传播时，在不同质界面上具有反射的特性，如遇到缺陷，缺陷的尺寸等于或大于超声波波长时，则超声波在缺陷上反射回来，探伤仪可将反射波显示出来。其主要应用于管道焊缝、裂痕、内部缺陷以及城轨、高铁等轨道无损、完整性评估等方面。

超声波测距：超声波发射器向某一方向发射超声波，在发射时刻的同时开始计时，超声波在空气中传播，途中碰到障碍物就立即返回来，超声波接收器接收到反射波就立即停止计时。根据超声波从发射到接收之间的时间差，再利用超声波在不同介质中的传播速度参数即可计算得到被测距离。其主要应用于扫地机器人、服务机器人、倒车雷达等。

超声波液位测量：与超声波测距原理相似，超声波由发射探头发出，遇被测物体（水面）表面被反射，折回的反射回波被超声波接收探头接收，转换成电信号。脉冲发射和接收之间的时间（声波的运动时间）与超声波探头到物体表面的距离成正比。由装载液体的容器高度减去超声波探头到液面的高度即为被测液位高度。其主要应用于各种密闭油罐、常压储罐、小型容器、废水储槽等。

超声波焊接：通过超声波发射器产生 20 kHz 的高压和高频信号。信号通过能量转换系统转换为高频机械振动，并添加到塑料工件中。工件表面与分子之间的摩擦会增加传递到界面的温度。当温度达到工件本身的熔点时，工件界面迅速熔化，然后填充界面之间的间隙。当振动停止时，工件冷却并同时在一定压力下凝固，完成焊接工程。超声波口罩焊接机主要用于对口罩封边、耳带、呼吸阀、鼻梁条等焊接工作。超声软管封尾机适用于牙膏、化妆品、保健品、食品、润滑油、鞋油、洗面奶、胶水等软管封尾。

5.1.2　超声波传感器

1. 超声波传感器的定义与分类

利用超声波在超声场中的物理特性和各种效应研制而成的器件或装置称为超声波传感器，也称为超声波探测器、换能器、探头。超声波传感器在工业、国防、生物医学和现实生活中获得广泛的应用。

超声波传感器按原理不同可分为压电式、磁致伸缩式、电磁式等多种类型，其中最常用的是压电式超声波传感器。

2. 超声波传感器的工作原理

（1）压电式超声波传感器

压电式超声波传感器是利用压电材料的压电效应原理工作的。压电材料通常可分为无机压电材料和有机压电材料两大类。无机压电材料分为压电晶体和压电陶瓷；有机压电材料又称压电聚合物，如聚偏氟乙烯（PVDF）（薄膜）及其为代表的其他有机压电（薄膜）材料。

压电式超声波探头常用的材料是压电晶体和压电陶瓷，这种传感器统称为压电式超声波探头。压电效应有正向压电效应和逆向压电效应。

正向压电效应是指某些电介质在沿一定方向上受到外力作用时，其内部会产生极化现象，同时在它的两个相对表面上出现正负相反的电荷。当外力去掉后，它又恢复到不带电的状态。当作用力的方向改变时，电荷的极性也随之改变。

逆向压电效应是指当电介质的极化方向上施加电场，这些电介质也会发生变形，电场去掉后，电介质的变形随之消失。

超声波发射器是利用逆向压电效应制成的，即在压电元件上施加电压，元件变形（也称应变）引起空气振动产生超声波，超声波以疏密波形式传播，传送给超声波接收器。而超声波接收器是利用正向压电效应制成的，即接收到的超声波促使接收器的振子随着相应频率进行振动，由于存在正向压电效应，就产生与超声波频率相同的高频电压。当然这种电压非常小，必须采用放大器进行放大。

（2）磁致伸缩式超声波传感器

对铁磁材料，在交变磁场中沿着磁场方向产生伸缩的现象，称为磁致伸缩效应。磁致伸缩效应的强弱即材料伸长缩短的程度，因铁磁材料的不同而不同。用作磁致伸缩传感器的材料主要有铝铁合金、铁钴合金、镍钴合金以及铁氧体等。

磁致伸缩式超声波发射器是把铁磁材料放置于交变磁场中，使它产生机械尺寸的交替变化及机械振动，从而产生出超声波。

磁致伸缩式超声波接收器则是当超声波作用在磁致伸缩材料上时，引起材料伸缩，从而导致它的内部磁场发生改变。根据电磁感应，磁致伸缩材料上所绕的线圈里便获得电动势，将该电动势送入测量电路便可用于记录或显示。

磁致伸缩式超声波传感器在功率超声和水声领域应用较多，但由于它们的机电转换效率低，激励电路复杂，近年来在一些领域已被压电式超声波传感器所代替。

图5-2（a）为常用超声波探头的外形结构图，图5-2（b）是常用压电式超声波探头的外形结构图。

超声波探头一般有专用型与兼用型两种。专用型超声波发射与接收探头分别是独立结构，在探头背面有R（代表是接收探头）与T（代表是发射探头）字母标记。兼用型是指两个探头装在同一个壳体内且被隔声层分开，一个用于发射超声波，另一个用于接收超声波。

(a) 常用超声波探头   (b) 压电式超声波探头

图5-2　常用超声波探头的外形结构图

任务 2　超声波发射电路设计

学习目标

（1）了解超声波发射电路结构
（2）熟悉常用超声波发射电路工作原理
（3）能调试超声波发射电路

技能训练 19　超声波发射电路制作与调试

任务描述：

　　利用超声波传感器制作一款超声波发射电路。通过本训练，了解超声波发射电路的组成与工作原理，熟悉 NE555 和 CD4069 芯片的使用方法，掌握超声传感器发射电路的焊接、测试与调整方法。

　　要求对训练用电子元器件和集成电路进行正确识别与质量检测，并在万能板上焊接一个超声波发射电路，使用万用表和示波器对电路关键点电压或波形进行测试，并对测量结果进行分析。

器材准备：

　　超声波发射电路配套元件，超声波发射头，超声波接收头，直流稳压电源，示波器，直尺等。

设计制作与调试过程：

　　按照任务要求设计的超声波发射电路主要由振荡电路、控制电路、驱动电路和超声波发射头等组成，具体参考电路如图 5-3 所示。

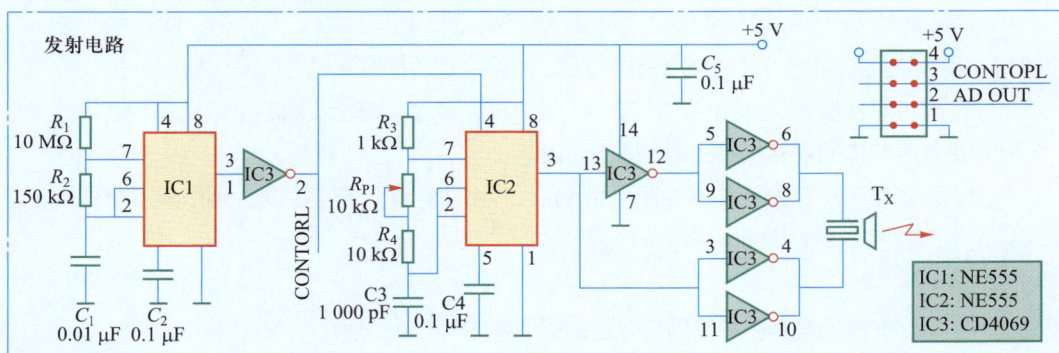

图 5-3　超声波发射单元

电路仿真：
图 5-2　超声波发射单元电路仿真

1. 设计过程

（1）40 kHz 超声波信号产生电路

　　40 kHz 的超声波信号可以由多种形式的电路来实现，其中：包括 RC 振荡器、LC 振荡器、555 振荡器或单片机系统等。本项目采用 NE555 模拟数字混合器件产生 40 kHz、占空比可调的矩形波信号。

　　电路中的振荡电路采用 NE555，并使其工作于无稳态工作模式。电容 C_3 不断地进行充、放电过程，导致 NE555 时基电路处于置位与复位反复交替的状态，即输出端 3 脚交替输出高电平与低电平，输出波形为近似矩形波，此电路也称为自激多谐振荡器。

（2）控制电路

为便于测量，超声波发射器并不需要连续向外发射超声波信号，而是在一定时间间隔内发送一串脉冲。这一功能可以通过 NE555 的强制复位端 4 脚送入控制信号获得（若使用单片机系统产生超声波信号，则可以通过软件编程控制超声波的发射状态）。本电路就是由另一个 NE555 低频振荡器输出一个低频的脉冲信号并取反后获得的。

（3）驱动电路设计

本系统电路采用 CMOS 六反相器 CD4069 构成驱动电路。为了增大驱动电流，可以采用两个甚至三个反相器 CD4069 并联的方式实现。

2. 电路焊接与调试

（1）按照图 5-3 给定电路参数及设计选择电阻、电容参数，在万能板上排版、焊接电路，并按照图 5-4 做好连线。检查无误后接通电路电源。

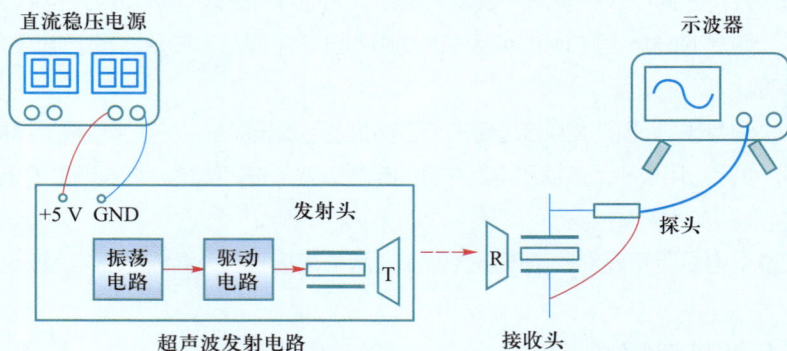

图 5-4　超声波发射电路测试连接图

（2）接通 +5 V 直流电源，用示波器测试 NE555 的 3 脚电压输出信号波形，正常情况下应该得到一个峰 – 峰值约为 +5 V 的矩形波信号；调节电位器 R_{P1} 的大小，使频率在 30 ~ 49 kHz 范围内连续可调，并利用示波器检测输出超声波矩形脉冲信号的变化情况。

（3）将传感器接收头焊接到超声波接收电路板光板上，将示波器的接地端子和信号端子分别连接超声波传感器接收头的两个输出引脚。

（4）固定发射头与接收头的间距为 10 cm，并将发射头对准接收头，用示波器测试接收头接收超声波后产生的同频信号电压。

问题思考：

（1）为什么采用反相器并联后可以提高驱动能力？

（2）如果 NE555 和 CD4069 工作均正常，但在接收头上测量不到任何信号，是何原因？

5.2　超声波发射电路相关知识

5.2.1　超声波传感器的结构与性能指标

1. 超声波传感器的结构

图 5-5 为压电式超声波传感器的内部结构示意图。

压电式超声波传感器探头主要由压电晶片、吸收块（阻尼块）、保护膜、引线等组成。

压电晶片多为圆板形，厚度为 δ。超声波频率 f 与其厚度 δ 成反比。压电晶片的两面镀有银层，作导电的极板。

阻尼块的作用是降低晶片的机械品质，吸收声能量。如果没有阻尼块，当激励的电脉冲信号停止时，晶片将会继续振荡，加长超声波的脉冲宽度，使分辨率变差。

图 5-6 为双压电陶瓷晶片的内部结构示意图。将双压电陶瓷晶片固定安装在基座上，为了增强其效果，在压电晶片上面加装了锥形振子，最后将其装在金属壳体中并引出两根引线。

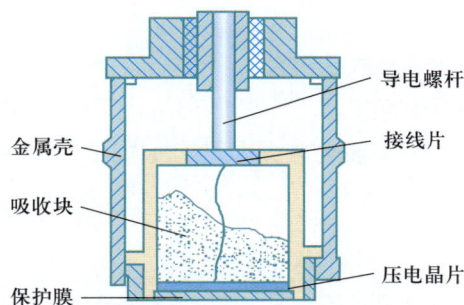

图 5-5　压电式超声波传感器的内部结构示意图　　　图 5-6　双压电陶瓷晶片的内部结构示意图

动画：
空气传导型超声波发射、接收器结构

在发射超声波时，圆锥形振子有较强的方向性，因而能高效率地发射超声波；接收超声波时，超声波的振动集中于振子的中心，所以能产生高效率的高频电压。

超声波探头既可用于超声波的发射，也可用于超声波的接收。在其实际应用中，超声波探头有时仅作超声波发射用，有时仅作超声波接收用，有时两者兼得，既用作发射也用作接收。

2. 超声波传感器的性能指标

超声波传感器的主要性能指标有工作频率、工作温度和灵敏度等。

（1）工作频率

工作频率就是压电晶片的共振频率。当加到它两端的交流电压的频率和晶片的共振频率相等时，输出的能量最大，灵敏度也最高。

（2）工作温度

由于压电材料的居里点一般比较高，特别是诊断用超声波探头使用功率较小，所以工作温度比较低，可以长时间地工作而不失效。医疗用超声探头的温度比较高，需要单独的制冷设备。

（3）灵敏度

反映了换能器在谐振频率下接收或检测微弱回波信号的能力，它主要取决于制造晶片本身。机电耦合系数大，灵敏度高；反之，灵敏度低。

小常识

超声波探头类型

一般市售的超声波传感器有专用型和兼用型两种：专用型就是发送器用作发送超声波，接收器用作接收超声波；兼用型就是发送器和接收器为一体的传感器，即可发送超声波，又可接收超声波。

5.2.2　超声波发射电路的组成与工作原理

1. 超声波发射电路的组成

超声波发射电路主要有振荡电路、驱动电路与超声波发射探头等组成，其结构框图如图 5-7 所示。

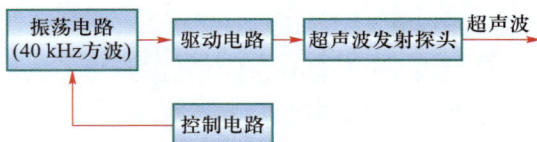

图 5-7　超声波发射电路的结构框图

各部分的作用如下：

振荡电路：一般是 RC 振荡器，产生 40 kHz 方波或矩形波，也可由单片机根据设定的工作方式，产生 40 kHz 方波。

驱动电路：用于增大驱动电流，有效驱动超声波振子发射超声波。

超声波发射头：利用压电晶体的逆向压电效应来发射超声波，当高频电压作用于晶片上时，压电晶体受激励以相同的频率在相邻介质中传播超声波，完成电能到机械振动的转换。

2. 超声波发射电路的工作原理

（1）超声波产生电路（超声波振荡电路）

超声波产生电路主要作用是产生频率为 40 kHz 左右的超声波信号。超声波振荡器可以由门电路与石英晶体组成的石英晶体振荡器产生，也可以由 RC、LC 振荡器产生，还可以由单片机系统分频得到。图 5-8 为利用 NE555 产生 40 kHz 超声波矩形脉冲波的电路及 3 脚输出端输出脉冲信号的波形。

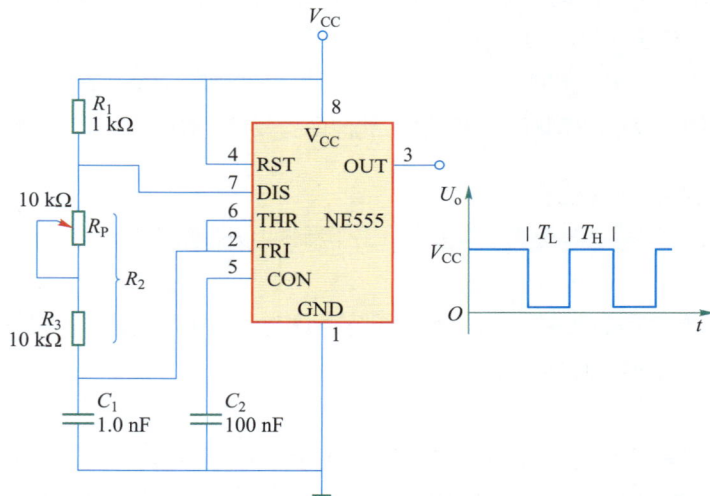

图 5-8　超声波发射电路

在图 5-8 中，NE555 多谐振荡电路的脉冲宽度 T_L 由电容 C_1 的放电时间来决定

$$T_L \approx 0.7R_2C_1 \qquad (5-2)$$

T_H 由电容 C_1 的充电时间来决定

$$T_H \approx 0.7(R_1+R_2)C_1 \qquad (5-3)$$

输出振荡信号的周期为

$$T=T_L+T_H \qquad (5-4)$$

NE555 输出端 3 脚输出脉冲信号的频率为

$$f=1/T \approx 1.443/(R_1+2R_2)C_1 \qquad (5-5)$$

按照图 5-8 中参数计算，可得到该电路输出的脉冲信号频率范围为 30～59 kHz。

输出脉冲占空比为

$$D = (R_1 + R_2) / (R_1 + 2R_2) \qquad (5-6)$$

（2）超声波发射控制电路

超声波发射控制电路的作用是控制超声波产生电路在一定的时间间隔内向外发送一串超声波脉冲信号。对于由 NE555 构成的超声波振荡电路，需要在 NE555 的强制复位端 4 脚送一个控制信号，该信号既可由单片机某一端口输出电平信号提供，也可由另一个 NE555 低频振荡器的输出取反后得到。

利用 NE555 构成的超声波发射控制信号电路如图 5-9 所示。

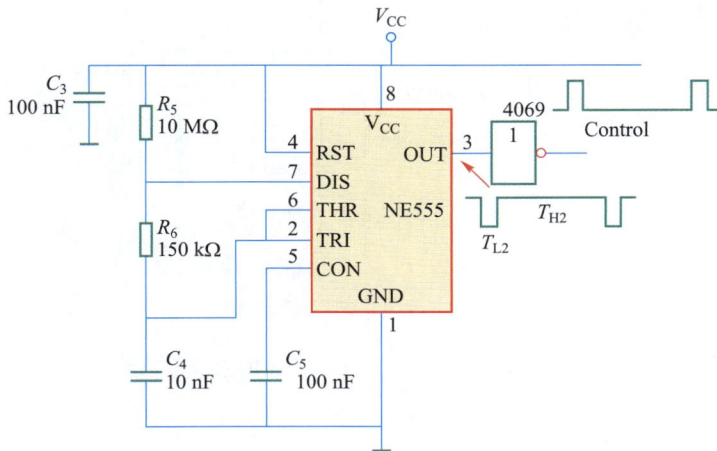

图 5-9　超声波控制电路

该电路的正脉冲宽度为

$$T_{H2} \approx 0.7 (R_5 + R_6) C_4 = 70 \text{ ms}$$

电路的负脉冲宽度为

$$T_{L2} \approx 0.7 R_6 C_4 = 1 \text{ ms}$$

这就意味着超声波发射器每 1 ms 向外发射 40 kHz 的脉冲串（40 个脉冲信号），间隔为 70 ms。通过低频振荡器输出控制后 NE555 超声波振荡器输出波形如图 5-10 所示。

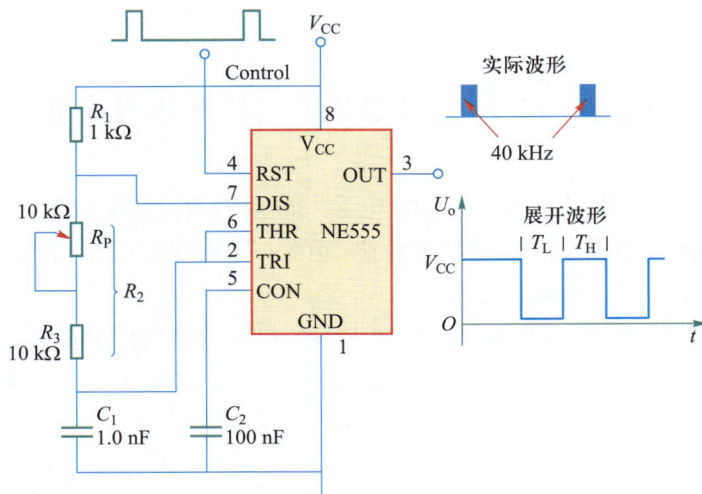

图 5-10　超声波控制脉冲波形

（3）超声波发射驱动电路

为增大超声波发射探头的驱动电流，通常采用反相器构成驱动电路。图 5-11 为采用 CD4069 六反相器构成的超声波发射驱动电路。采用两个或多个反相器并联结构是为了进一步增大电路的驱动电流。

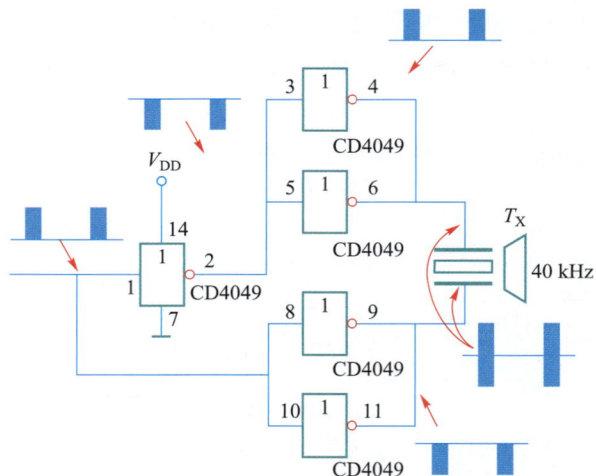

图 5-11   反相器电流驱动电路

超声波发射探头既可以用 TTL 电平驱动，也可以用 CMOS 电平驱动。

任务 3   超声波接收电路设计

学习目标

（1）了解超声波接收电路结构
（2）熟悉常用超声波接收电路工作原理
（3）能调试超声波接收电路

技能训练 20   超声波接收电路制作与调试

任务描述：

　　利用超声波传感器制作一款超声波接收电路，通过对超声波接收电路的设计、制作与调试，了解超声波接收电路的组成，熟悉信号放大和波形变换电路的工作原理，掌握超声波传感器接收电路的焊接、测试与调整方法。

　　要求对训练用电子元器件和集成电路进行正确识别与质量检测，并在万能板上焊接一个超声波接收电路，使用万用表和示波器对电路关键点电压或波形进行测试，并对测量结果进行分析。

器材准备：

　　超声波接收电路配套元件、超声波发射探头、接收探头，直流稳压电源，信号发生器，示波器，直尺等。

设计制作与调试过程：

按照任务要求设计的超声波接收单元主要由超声波接收探头、信号选频放大电路、波形变换电路组成，具体参考电路如图 5-12 所示。

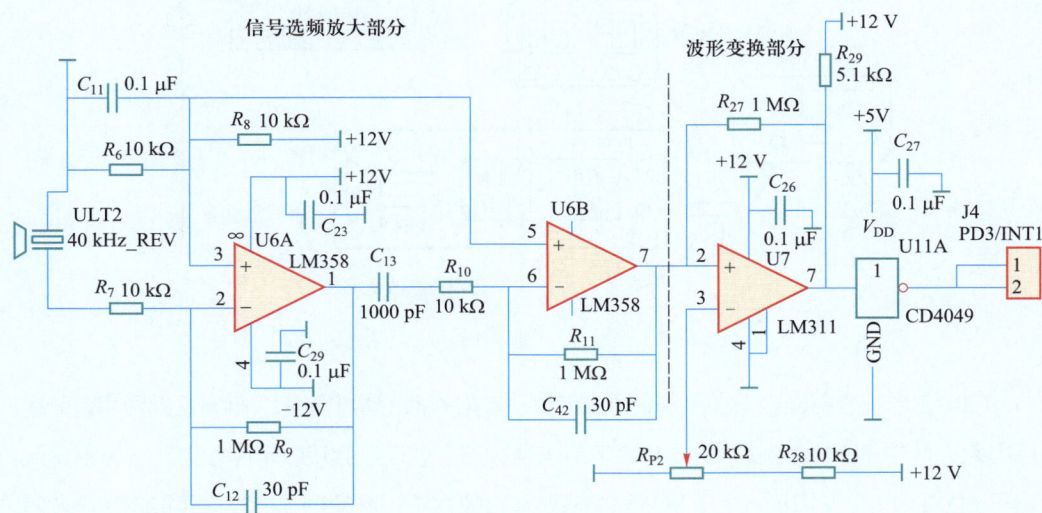

图 5-12　超声波接收单元

1. 设计过程

（1）信号选频放大电路设计

由于经超声波接收头变换后的正弦波电信号非常弱，因此必须经信号选频放大电路放大。本系统采用两级反相比例放大器，两级放大器增益均为 40 dB，与超声波接收头一起构成超声信号检测与放大电路，如图 5-12 中标注部分所示。

（2）波形变换电路

波形变换电路设计如图 5-12 中标注部分所示。本系统选用 LM311 构成了具有滞回特性的比较器，对经选频放大后的正弦波信号进行波形变换，输出矩形波脉冲，以满足输入单片机处理的要求。本电路在波形变换过程中有较强的抗干扰能力，可以有效地防止输入信号有噪声侵入。

通过合理调节电位器 R_{P2}，选择比较基准电压，可使测量更加准确和稳定。

电路中的 CD4049 反相器主要起缓冲、隔离的作用，减小 LM311 输出端上拉电阻对后续电路的影响，以便后续信号处理时可靠地触发单片机中断。

2. 电路焊接与调试

（1）按照图 5-12 给定电路参数及设计选择电阻参数在万能板上排版并焊接电路，并按照图 5-13 连线。检查无误后接通电路电源。

（2）使用直流稳压电源，产生 +12 V、-12 V 电源信号，连接到选频放大电路板上。示波器探头置于电路输出端。

（3）将信号发生器的输出端子接到选频放大电路的输入端。调节信号发生器输出峰-峰值为 +5 V、频率在 30～50 kHz 范围变化的正弦波信号，用示波器观察输出信号波形，记下测量值。

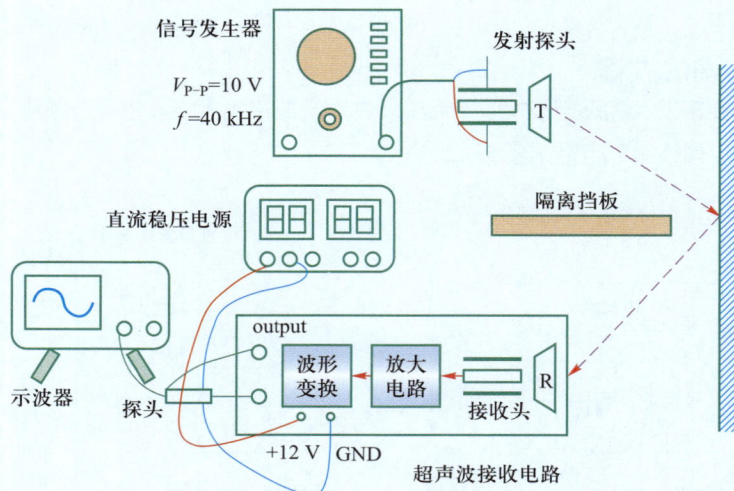

图5-13　超声波接收电路测试连接图

（4）信号发生器输出端子接到超声波传感器发射探头的两个输入引脚，正确使用直流稳压电源，产生 +12 V、−12 V、+5 V 等电源信号，并正确连接到接收电路板上；示波器探头置于 PD3/INT1 测试点插针上。将发射探头对准接收探头，准备测试接收探头接收超声波后产生的同频信号电压。

（5）调节信号发生器能正确输出峰－峰值为 2 V、频率为 40 kHz 的方波信号；调试电路板，使选频放大单元和波形变换单元工作正常。配合示波器测试调节 R_{P2} 使输出合适的回波脉冲信号，以可靠触发单片机中断系统。

（6）增大超声波发射探头与接收探头间的测试距离，观察输出的回波信号，直到接收不到回波信号为止。用直尺测定发射探头与接收探头之间的距离，即为在输入信号峰－峰值为 2 V 的情况下，超声波传感器可测试的最大探测距离。

问题思考：

（1）放大器输出电压高低与被测距离是怎样的关系？

（2）为什么通过改变信号发生器输出方波的峰值可以测量传感器的最大探测范围？

5.3　超声波接收电路相关知识

5.3.1　超声波接收电路的组成

超声波接收电路包括超声波接收探头、选频放大电路及波形变换电路三部分，其电路结构如图5-14所示。

图5-14　超声波接收电路结构

教学课件：
超声波接收电路结构与原理

理论微课：
超声波接收电路结构与原理

各部分的作用如下：

（1）超声波接收探头

利用压电晶体的压电效应来接收超声波。当超声波在不同介质中传播时，在介质的交界面处发生反射，反射后的超声波作用于压电晶体上，便产生与机械振动频率相同的电能，完成机械振动到电能的转换。

（2）选频放大电路

由于经接收头变换后的正弦波电信号非常弱，因此必须经选频放大电路放大。另外，正弦波信号不能直接被单片机接收，也必须进行波形变换。

（3）波形变换电路

作用是对经选频放大后的正弦波信号进行波形变换，输出矩形波脉冲，实现 A/D 转换。

5.3.2　超声波接收电路的工作原理

1. 超声波选频放大电路

在信号检测处理过程中，超声波探头接收的信号非常微弱，只有毫伏级，其不可避免地要受到各种干扰的影响，给信号处理带来困难。为了确保检测信号的准确性，超声波接收电路的设计时必须要考虑以下几个方面的问题。

（1）接收电路必须是低噪声的放大器，因其本身就是一个噪声源，而前端输出的信号很小，可能淹没在放大器的噪声中。

（2）连接接收电路与超声波接收探头时应注意阻抗匹配。

（3）接收电路应具有足够的带宽和增益。

在超声波接收信号中，往往会掺杂一些干扰信号。因此，在电路设计中，对信号放大的同时还要进行滤波处理把干扰信号滤除掉，一般通过有源带通滤波器来实现。

2. 波形变换电路

波形变换电路通常由比较器完成。利用比较器电路可以将正弦波变换为方波。

5.3.3　超声波接收电路的应用分析

1. 分立元件超声波接收电路

图 5-15 为由分立元件构成的超声波接收与信号处理电路。

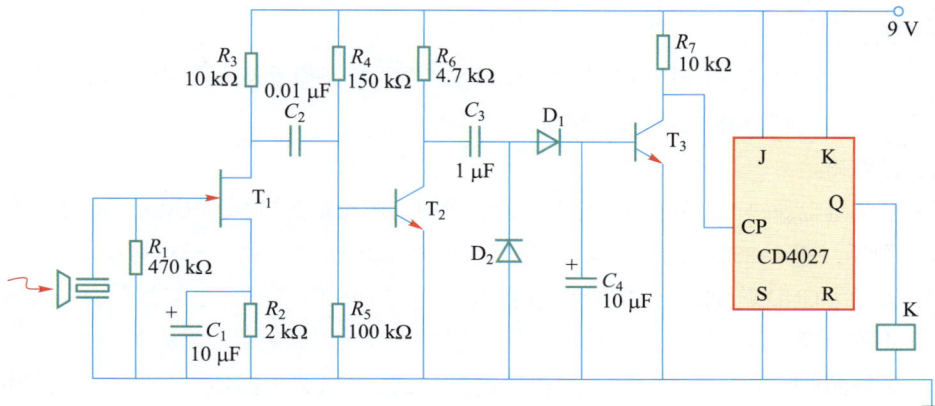

图 5-15　分立元件构成的超声波接收与信号处理电路

电路工作原理：结型场效应管 T_1 构成高输入阻抗放大器，能够很好地与超声接收器件相匹配，并可以获得较高的接收灵敏度及选频特性。T_1 采用自偏压方式，改变 R_3 即可改变 T_1 的静态工作点，超声波接收器件将接收到的超声波转换成相应的电信号，经 T_1、T_2 两级放大后，再经 D_1、D_2 进行半波整流变为直流信号，由 C_3 积分后作用于 T_3 的基极，使 T_3 由截止变为导通，其集电极输出负脉冲，触发双 JK 触发器 CD4027 触发并使其翻转。JK 触发器 Q 端的电平直接驱动继电器 K，使 K 吸合或释放，由继电器 K 的触点控制其他电路的开关。

2. 集成电路超声波接收电路

CX20106A 是一款红外线检波接收的专用芯片，内部包含有放大、限幅、带通滤波、峰值检波和波形整形等电路，常用于电视机红外遥控器。因红外遥控常用的载波频率 38 kHz 与测距的超声波频率 40 kHz 较为接近，可以利用它制作超声波检测接收电路。

使用 CX20106A 集成电路对接收探头收到的信号进行放大、滤波，其总放大增益为 80 dB，CX20106A 构成的超声波接收电路如图 5-16 所示，该电路主要由集成电路 CX20106A 和超声波探头构成。

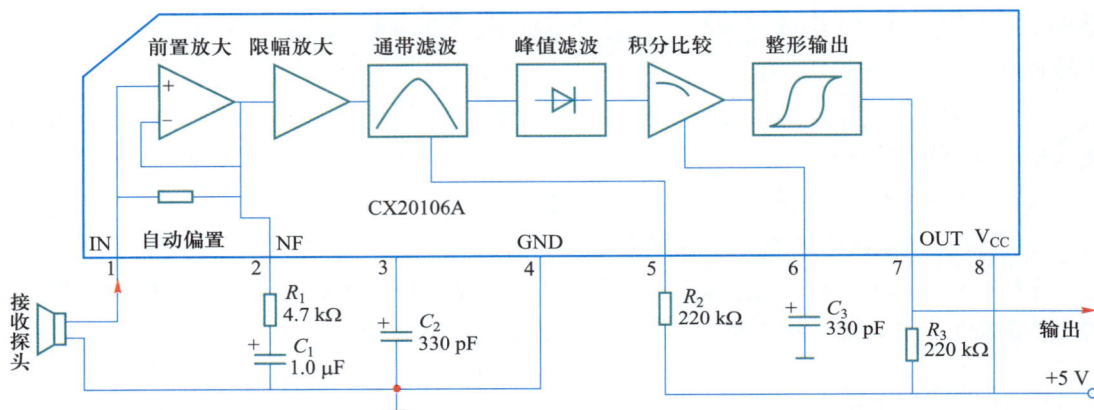

图 5-16　CX20106A 构成的超声波接收电路

CX20106A 集成芯片共 8 个引脚，各引脚功能如下：

1 脚：超声波信号输入端。

2 脚：与 GND 之间连接 RC 串联网络，它们是负反馈串联网络的一个组成部分，取值不同能改变前置放大器的增益和频率特性。增大电阻 R 或减小 C，将使负反馈量增大，放大倍数下降，反之则放大倍数增大。

3 脚：该脚与 GND 之间连接检波电容，电容量大时为平均值检波，瞬间相应灵敏度低；若电容量小，则为峰值检波，瞬间响应灵敏度高。

4 脚：接地端。

5 脚：该脚与电源端 V_{CC} 接入一个电阻，用以设置带通滤波器的中心频率 f_0，阻值越大，中心频率越低。例如，取 $R=200$ kΩ 时，$f_0 \approx 42$ kHz；若取 $R=220$ kΩ 时，则 $f_0 \approx 38$ kHz。

6 脚：该脚与 GND 之间接入一个积分电容，标准值为 330 pF，通过适当的改变 C_3 的大小，可以改变接收电路的灵敏度和抗干扰能力。如果该电容取得太大，会使探测距离变短。

7 脚：遥控命令输出端，它是集电极开路的输出方式，因此该引脚必须接上一个上拉电阻到电源端。

8 脚：芯片供电端，通常为 4.5 ~ 5 V。

工作原理：当超声波接收探头接收到超声波信号时，促使压电晶体产生振动，将机械能转化成电信号，由红外线检波接收集成芯片 CX20106A 接收到电信号后，对所接收信号进行识别，若频率在 38 ~ 40 kHz 左右，则会在第 7 脚产生一个低电平下降脉冲，这个信号可以接到单片机的外部中断引脚作为中断信号输入。否则输出为高电平。

任务 4　超声波传感器综合测量系统设计

学习目标

（1）了解超声波传感器检测原理
（2）熟悉超声波传感器测量系统结构
（3）能调试超声波测距电路
（4）能调试超声波液位测量系统

技能训练 21　超声波测距电路制作与调试

任务描述：

利用超声波传感器制作一种汽车用超声波测距系统。通过对超声波测距电路的设计、制作与调试，了解超声波测距电路的组成与工作原理，熟悉超声波发射电路与接收电路系统联调技巧，掌握电子产品的设计方法。

要求对训练用电子元器件和集成电路进行正确识别与质量检测，并在万能板上焊接一个超声波测距电路，使用万用表和示波器对电路关键点电压或波形进行测试，并对测量结果进行分析。

器材准备：

超声波传感器探头，运算放大器 LMV358，锁相环集成电路 CD4046，集成稳压块 TL431，与非门 74HC00，电阻、电容、电位器若干，倒车雷达系统传感器板，万用表、示波器、双路直流稳压电源，直尺一把。

设计制作与调试过程：

1. 设计过程

超声波测距系统除包含超声波产生与发射电路、超声波接收与信号处理电路、单片机系统等测量与控制电路外，还包括带有尺寸刻度的倒车雷达系统传感器板。系统电路结构如图 5-17 所示。

由锁相环器件 CD4046 的压控振荡器产生 40 kHz 的方波，通过单片机系统控制其通过超声波发射探头对外发射超声波。当发射出去的超声波遇到障碍物时被反射回来，反射信号被超声波接收探头捕捉后，被送入由一个 LMV358 构成的带通滤波器后送入鉴相电路中，最后输出一个低电平触发单片机中断，单片机系统处理后得到所测距离。

实训视频：
倒车雷达电路
的调试

动画：
倒车雷达原理

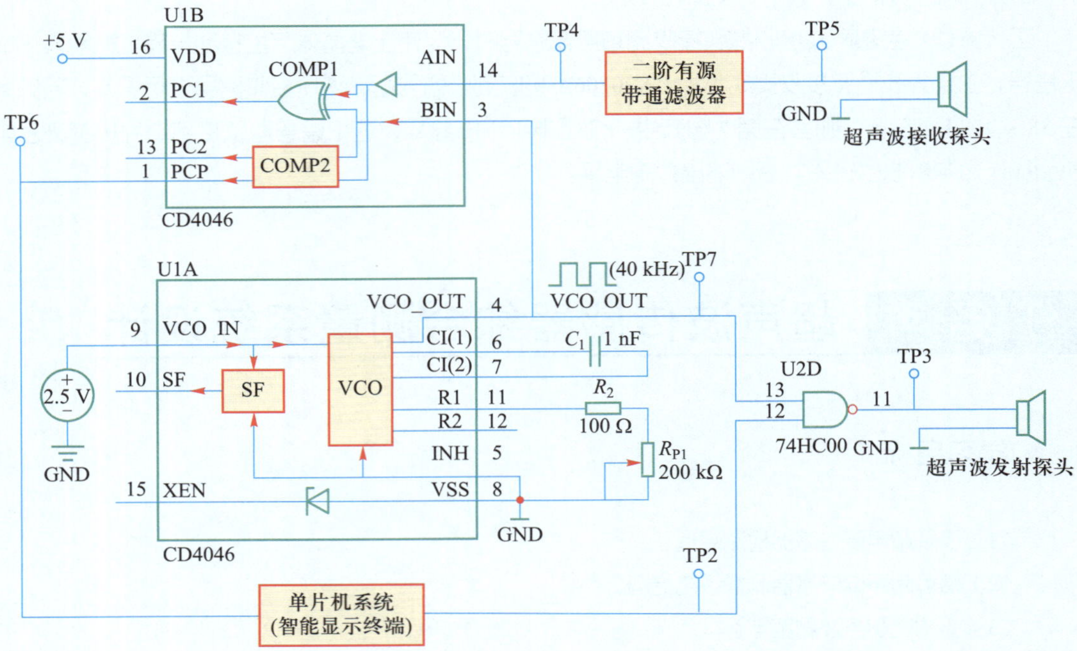

图 5-17   超声波测距电路

2. 调试过程

在电路板上按照图 5-18 所示电路进行元件排版、布线与焊接，电路焊接样板如图 5-18 所示。

图 5-18   超声波测距电路样板

分别将超声波传感器应用模块与智能显示终端、超声波测距系统传感器样板（如图 5-19 所示）相连。

开启超声波传感器模块电源，通过智能显示终端上的按键 K1 与 K5 进入倒车雷达系统显示界面，移动装置上的传感器板，用示波器观察载波 TP7、发送调制波形 TP3、接收原始波形 TP5、带通放大后的波形 TP4 以及鉴相输出波形 TP6，并查看智能显示终端测量距离值；改变传感器板的位置，记录智能显示终端上的测量距离值和刻度尺上的读数。

如需进行超声波测距系统的 AR 体验，可扫描右侧二维码下载驱动程序，安装成功后再扫描图 5-20 所示的超声波测距电路 AR 体验识别图即可。

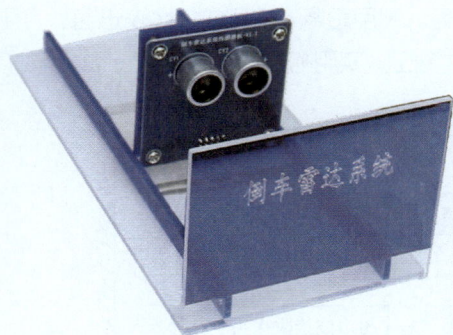

图 5-19　超声波测距系统传感器样板

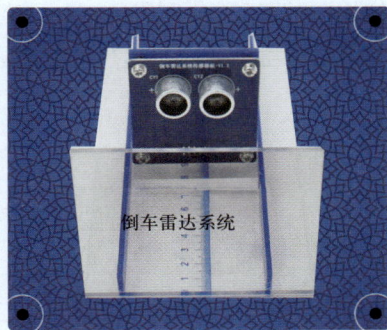

图 5-20　超声波测距电路 AR 体验识别图

AR 体验：
扫描二维码下载驱动程序，安装成功后扫描"超声波测距电路 AR 体验识别图"进行体验

问题思考：

（1）如增加超声波接收探头和发射探头之间的距离是否会对测量结果造成影响？

（2）不同的环境温度是否会对测量结果造成影响？

5.4　超声波测量系统相关知识

5.4.1　超声波传感器检测原理

超声波传感器在工业生产及人们生活中有着较为广泛的应用。按照超声波传感器的应用方式不同可分为透射型与反射型两大类型，如图 5-21 所示。

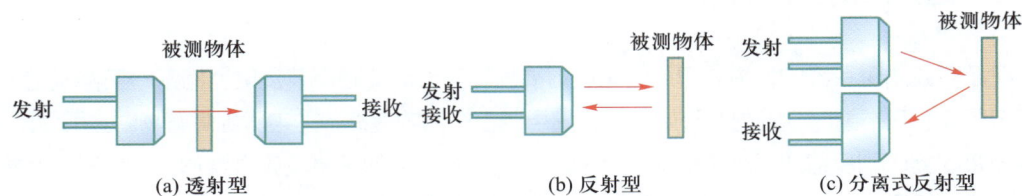

图 5-21　超声波传感器检测原理

教学课件：超声波传感器的应用分析

理论微课：超声波传感器的应用分析

透射型主要用于物位测量、防盗报警器、自动门、接近开关等；反射型又可分为分离式反射型与一体化反射型，主要用于距离、液位、料位、探伤、测厚等。

💻 **小贴士**

超声波传感器的谐振频率（即压电元件的中心频率）为 23 kHz、40 kHz、75 kHz、200 kHz、400 kHz 等。因为超声波在空气中传播时衰减很大，衰减的程度与频率成正比，但是谐振频率越高则分辨率也会越高，则检测距离变短，所以短距离测量时一般选频率高的传感器（100 kHz 以上），长距离测距只能选频率低的传感器。

5.4.2 超声波测量系统结构

超声波测量系统一般包括超声波发射电路、超声波接收电路、控制电路、电源电路、显示电路等，其结构如图 5-22 所示。由于超声波指向性强，能量消耗缓慢，在介质中传播的距离较远，因而超声波经常用于距离的测量，如测距仪、物位测量仪等。利用超声波检测往往比较迅速、方便、计算简单、易于做到实时控制，并且在测量精度方面能达到工业实用的要求，因此得到了广泛的应用。

动画：
超声波纵波探伤
原理

新技术：
超声波轨道探
伤新技术

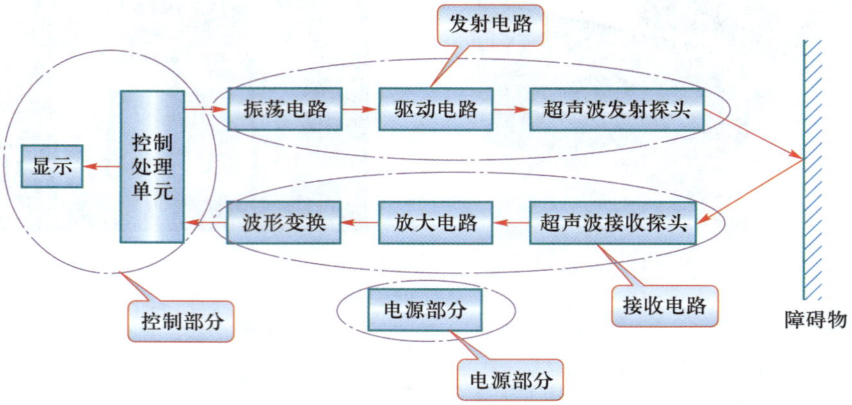

图 5-22 超声波测量系统框图

发射电路主要功能是产生 38 ～ 40 kHz 方波，经驱动电路进行功率放大后加到超声波探头两端，经超声波发射探头转换成机械波向外发送。

接收电路主要功能是接收到障碍物反射回的超声波信号后，进行选频放大与波形变换送信号处理电路处理后进行显示与控制。

控制部分通常是以单片机为核心的中央处理单元，除输入 / 输出模块外，还设置了显示、报警控制和执行单元。

5.4.3 超声波测量系统原理

在超声波测距系统中，主要应用的是反射式检测方式。即超声波发射器向某一方向发射一串超声波脉冲，在发射时刻的同时开始计时，超声波在空气中传播，途中碰到障碍物就立即返回来，超声波接收器收到反射波后就立即停止计时。通过对接收到的超声波放大整形，判断发射与接收的时间差。如果是发射连续脉冲，则无法检测这个时间差，故一般只发射 4 ～ 8 个完整的波束，如图 5-23 所示。

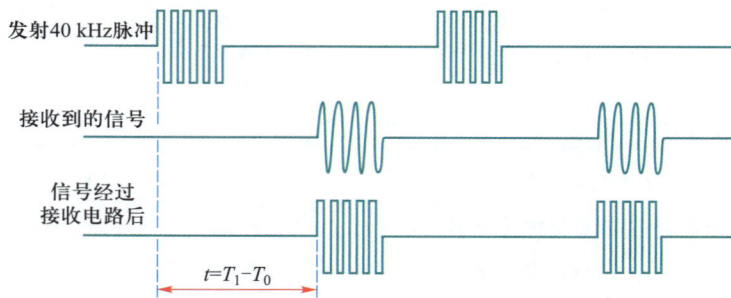

图 5-23 超声波发射与接收示意图

超声波在空气中传播速度为 340 m/s，根据计时器记录的时间 t，就可以计算出发射点距障碍物的距离 s，即

$$s=340 \cdot t/2 \qquad\qquad (5-7)$$

技能训练 22 超声波液位测量系统制作与调试

任务描述：

利用超声波传感器作为液位测量传感器，设计制作一种液位测量系统。测量范围为 5 ~ 20 cm，测量精度为 ±1 cm。

通过对超声波液位测量系统电路的设计、制作与调试，了解超声波液位测量电路的组成与工作原理，熟悉超声波发射电路与接收电路系统联调技巧，掌握超声波测量系统联调方法和技巧以及掌握电子产品的设计方法。

要求对训练用电子元器件和集成电路进行正确识别与质量检测，并在万能板上焊接一个超声波液位测量电路，使用万用表和示波器对电路关键点电压或波形进行测试，并对测量结果进行分析。

器材准备：

超声波传感器探头，液位测量水槽（含电机与控制电路），运算放大器 LMV358，锁相环集成电路 CD4046，集成稳压块 TL431，与非门 74HC00，电阻、电容、电位器若干，万用表、示波器、双路直流稳压电源，直尺一把。

设计制作与调试过程：

1. 设计过程

超声波液位检测系统除包含测量与控制电路外，还包括两个水槽、水泵等。测量与控制电路包括超声波产生与发射电路、超声波接收与信号处理电路、单片机系统等。电路结构可参考图 5-17。

由锁相环器件 CD4046 的压控振荡器部分产生 40 kHz 的方波，通过单片机系统控制其通过超声波发射探头对外发射超声波。

当发射出去的超声波遇到液位表面时被反射回来，反射信号被超声波接收探头捕捉后，被送入由一个 LMV358 构成的带通滤波器后送入鉴相电路中，最后输出一个低电平触发单片机中断，单片机系统处理后得到所测液位高度。

超声波探头水平安装，发射头发射 40 kHz 信号遇到水面时，信号被反射回来，接收探头接收到信号后送智能显示终端，由于容器高度已知，利用容器的高度减去超声波测量的高度可得到水位高度，经处理并显示测量结果。

通过手动控制水泵启动，可改变液位高度。

2. 调试过程

在电路板上按照图示电路进行元件排版、布线与焊接，焊接的电路样板与图 5-18 所示超声波测距电路同样的超声波发射与接收电路。

分别将超声波传感器应用模块与智能显示终端、液位测量系统传感器板（如图 5-24 所示）相连接。

往液位检测系统容器两侧内各注入 8 cm 左右清水。将智能显示终端模块上电，系统初

实训视频：
超声波液位测量系统的调试

动画：
超声波液位计原理

始化界面，选择超声波液位检测系统项目，按下智能显示终端模块上的 K1 按键，检测容器端进水，进水量为步进值，大约每次 1 cm，此时观察屏上测量的距离，记录并与容器上刻度对比。

如需进行超声波液位测量系统的 AR 体验，可扫描右侧二维码下载驱动程序，安装成功后再扫描图 5-25 所示的超声波液位测量系统 AR 体验识别图即可。

AR 体验：
扫描二维码下载驱动程序，安装成功后扫描"超声波液位测量系统 AR 体验识别图"进行体验

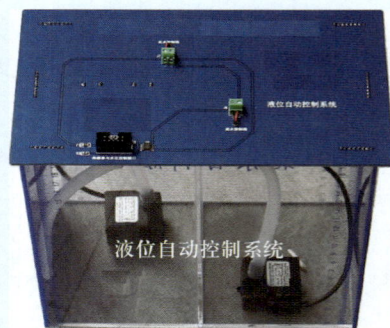

图 5-24　超声波液位测量电路样板

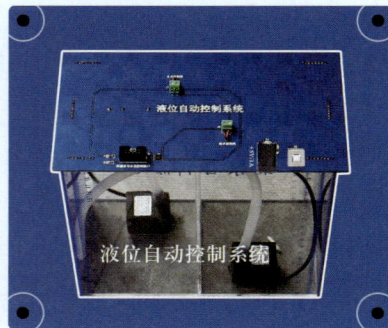

图 5-25　超声波液位测量系统 AR 体验识别图

问题思考：
（1）在测量过程中，水位的波动是否对测量结果造成影响？
（2）超声波液位测量与超声波测距的原理是否完全相同？

🖥 **小常识**

激光雷达与无人驾驶技术

激光雷达是一种采用非接触激光测距技术的扫描式传感器，其工作原理与一般的雷达系统类似，通过发射激光光束来探测目标，并通过搜集反射回来的光束来形成点云和获取数据，这些数据经光电处理后可生成为精确的三维立体图像。采用这项技术，可以准确地获取高精度的物理空间环境信息，测距精度可达厘米级。因此，该项技术成为汽车自动驾驶、无人驾驶、定位导航、空间测绘、安保安防等领域最为核心的传感器设备。

激光雷达按照功能可分为激光测距雷达、激光测速雷达、激光成像雷达、激光跟踪雷达等；按照工作介质可分为固体激光雷达、气体激光雷达、半导体激光雷达等；按照线数可分为单线激光雷达、多线激光雷达（目前是以较多的有 4 线、8 线、16 线、32 线、64 线等）。

从技术原理来看，激光雷达的类型主要有旋转式激光雷达与固态激光雷达两种。旋转式激光雷达是通过多束激光竖列而排，绕轴进行 360° 旋转，每一束激光扫描一个平面，纵向叠加后呈现出三维立体图形。多线束激光雷达可分为 16 线、32 线、64 线，线束越高，可扫描的平面越多，获取目标的信息也就越详细；固态激光雷达则采用相控阵原理，有许多个固定的细小光束组层，通过每个阵元点产生光束的相位与幅度，以此强化光束在指定方向上的强度，并压抑其他方向的强度，从而实现让光束的方向发生改变。

激光雷达常见的波长有 635/650 nm、850 nm、905 nm 和 1 550 nm。其中 635/650 nm 滤光片用于普通测距，850 nm 的激光雷达一般用于近距。雷达测距用于 905/1 064/1 550 nm，其中 905 nm 最为常用，核心就是 905 nm，特别是用于无人驾驶、机器人、扫地机等领域。

思考与练习题

一、填空题

1. 通常将频率高于_____的声波称为超声波，将频率低于_____的声波称为次声波。

2. 超声波在空气中的传播速度大约为_____。在利用脉冲回波法测厚时，若已知超声波在工件中的声速 1 000 m/s，测得时间间隔为 10 μs，则工件厚度为_____。

3. 超声波发射探头是基于_____效应工作的，而接收探头则是基于_____效应工作的。

4. 超声波发射电路一般由_____、_____与_____等组成。

5. 超声波在介质中传播时，随着传播距离的增加，超声波的能量逐渐减弱的现象称为超声波的_____；声源在一秒钟内振动的次数称作_____。

二、判断题

1. 超声波衰减的主要原因有扩散、吸收、散射等。　　　　　　　　　　　（　　）

2. 超声波传感器在中心频率处灵敏度最高，输出信号幅度最大。　　　　（　　）

3. 超声波接收头接收超声波是利用超声波的逆向压电效应。　　　　　　（　　）

4. 超声波发射头发射超声波是利用超声波的正向压电效应。　　　　　　（　　）

5. 超声波传感器的灵敏度主要取决于制造晶片本身。机电耦合系数大，灵敏度高；反之，灵敏度低。　　　　　　　　　　　　　　　　　　　　　　　　　　　　　（　　）

三、分析与计算题

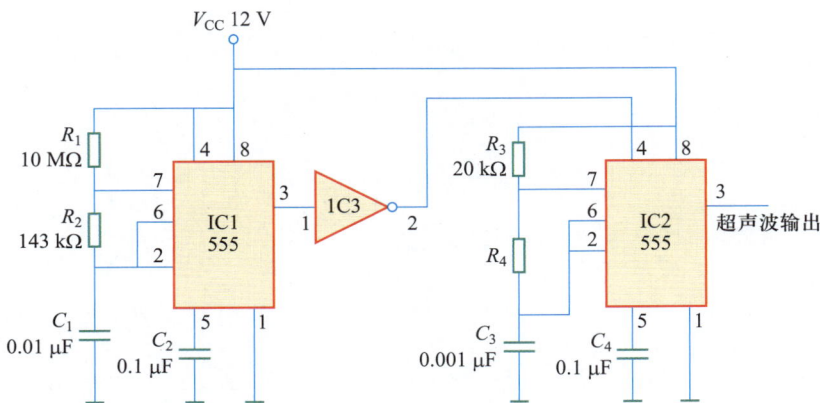

如图 5-26 所示为某个超声波测距仪的脉冲信号发射与控制电路，该电路由两块 555 集成电路组成，其中 IC1 构成的脉冲信号发生器用以控制 IC2 向外发射脉冲的时间，IC2 构成超声波载波信号发生器。已知参数见图 5-26 中所示，请计算：

（1）IC1 输出脉冲信号的正脉冲宽度 T_H、负脉冲宽度 T_L 以及信号的频率，画出 IC1 的第 3 脚输出波形。

（2）若需 IC2 输出频率为 40 kHz 的载波信号，R_4 应该取何值？

（3）图 5-26 所示电路的超声波每周期内向外发射时间为多少？每毫秒内发射大约多少个超声波脉冲信号？

图 5-26　超声波测距仪的脉冲信号发射与控制电路

项目6 磁敏传感器应用电路设计与调试

项目调研

    磁敏传感器是以磁场作为媒介进行相关参数检测的一类传感器，在工业生产与现实生活中，磁敏传感器被广泛用来对压力、液位、电磁、振动、转速、加速度等进行测量。在日常生活中，磁敏传感器被广泛用于磁头、电子罗盘、接近开关等系统中。通过网络资源或实地考察不同场景下光敏传感器的使用环境、测量范围，了解不同磁敏传感器的特点。

实施方案

    实施本项目的意义在于如何根据被测磁场强度的不同或借助磁场作为媒介进行相关参量的测量来选取合适的磁敏传感器。在确定使用的传感器后再根据传感器输出信号的类型（电压信号、电流信号或电阻信号等）设计出相应的传感器接口电路，将传感器测量得到的与磁场强度对应的不同种类的信号转换为标准的电压值输出。

知识目标

（1）磁敏传感器基础
（2）磁敏电阻的结构与工作原理
（3）磁敏晶体管的结构与工作原理
（4）干簧管的结构与工作原理
（5）霍尔传感器的结构与工作原理

技能目标

（1）能用万用表初步判断常用磁敏传感器质量
（2）能设计、制作与调试磁敏电阻应用电路
（3）能设计、制作与调试磁敏晶体管应用电路
（4）能设计、制作与调试霍尔传感器应用电路

素质目标

（1）培养学生的家国情怀与责任担当

（2）培养学生爱岗敬业、爱护公物的责任心

（3）培养学生的标准意识、规范意识、安全意识、服务质量意识

（4）培养学生精益求精的工匠精神

任 务 1　认知磁敏传感器

学习目标

（1）了解磁敏传感器的定义与作用

（2）熟悉磁敏传感器的分类方法

（3）能识别常见的磁敏传感器

6.1　磁敏传感器基础知识

6.1.1　磁场与电磁感应定律

1. 磁场参量

磁感应强度：描述磁场强弱和方向的物理量，是一个矢量，用 B 表示，国际通用单位为特斯拉（符号为 T）。

磁通（量）：通过某一截面积的磁力线总数，用 Φ 表示，单位是韦伯 Wb。

2. 电磁感应定律

当导体在稳定均匀的磁场中，沿垂直于磁场方向作切割磁力线运动时，导体内将产生感应电动势。这就是电磁感应定律。

对于一个 N 匝的线圈，设穿过线圈的磁通为 Φ，则线圈内的感应电动势将与 Φ 的变化速率成正比，即

$$E = -N\frac{\mathrm{d}\Phi}{\mathrm{d}t} \tag{6-1}$$

如果线圈相对于磁场的运动速度为 v 或角速度 ω 时，则式（6-1）可改写为

$$E = -NBLv\sin\theta \tag{6-2}$$

或

$$E = -NBA\omega\sin\theta \tag{6-3}$$

式中，　B——线圈所在磁场的磁感应强度；

　　　　L——每匝线圈的平均长度；

　　　　A——每匝线圈的平均截面积。

由于速度 v 和位移 x、时间 t 的关系是积分关系（$\mathrm{d}x=v\mathrm{d}t$），速度 v 与加速度 a、时间 t 之间是微分关系（$a=\mathrm{d}v/\mathrm{d}t$），因此只要适当加入积分、微分电路，便能通过测量感应电动势得到位移和加速度。

思政聚焦：
从指南针的发明，感受古人创新的智慧

6.1.2　磁敏传感器的定义与分类

1. 磁敏传感器的定义

磁敏传感器又称为磁电传感器，是一种利用电磁感应原理将被测量（如振动、位移、转速等）转换成电信号的器件或装置。

磁敏传感器不需要辅助电源就能把被测对象的机械量转换成易于测量的电信号，属于有源传感器。由于磁敏传感器的输出功率较大且性能稳定，并具有一定的工作带宽（10 ~ 1 000 Hz），因此更适用于转速、振动、位移及扭矩等测量。

2. 磁敏传感器的分类

磁敏传感器通常可分为磁电感应式传感器和磁电效应传感器两大类。

磁电感应式传感器主要是基于电磁感应定律，利用导体和磁场发生相对运动在导体两端产生感应电动势；而磁电效应则是指材料在外磁场的作用下产生诱导磁化的现象，磁电效应传感器主要包括磁敏电阻、磁敏二极管、磁敏三极管和霍尔元件等。

磁敏传感器具有结构简单、响应速度快、高可靠性，可实现非接触测量等一系列优点，可广泛用于直接对压力、液位、振动、速度、位置检测等的测量系统中。

常见磁敏传感器的外形结构如图 6-1 所示。

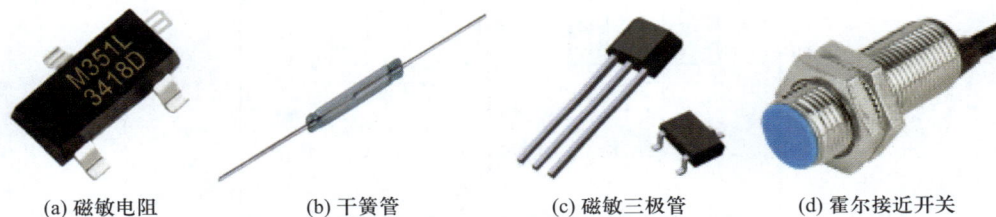

(a) 磁敏电阻　　　　(b) 干簧管　　　　(c) 磁敏三极管　　　　(d) 霍尔接近开关

图 6-1　常见磁敏传感器的外形结构

任务 2　磁敏电阻及其应用分析

学习目标

（1）了解磁阻效应与巨磁阻效应的概念

（2）熟悉磁敏电阻的分类、特性与主要参数

（3）掌握磁敏电阻的工作原理

（4）能调试磁敏电阻角度测量电路

实训视频：
磁敏传感器角度测量电路调试

技能训练 23　磁敏传感器角度测量电路制作与调试

任务描述：

利用巨磁电阻制作一种角度测量系统，通过本训练项目，加深对磁敏传感器特性的理解，熟悉磁敏传感器控制电路的组成、工作原理，掌握磁敏传感器控制电路的焊接、测试与

调整方法。

　　要求对训练用电子元器件和集成电路进行正确识别与质量检测，并在万能板上焊接一个磁敏传感器测量电路，要求角度测量精度为 ±1°。

器材准备：

　　GMR 角度传感器、永久磁铁、磁角度测量实物模型、数字式万用表等。

设计制作与调试过程：

　　巨磁效应是指磁性材料的电阻率在有外磁场作用时较之无外磁场作用时存在巨大变化的现象。TLE5011 是一个单片集成了巨磁阻并通过测量角度的正弦和余弦值来检测 360° 磁场方向的角度传感器。其内部结构图如图 6-2 所示。

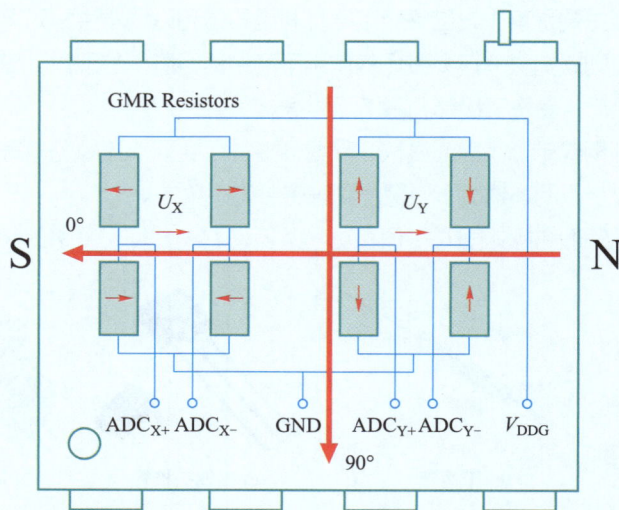

图 6-2　TLE5011 内部结构图

　　图 6-3 为磁角度模型，图 6-4 为按照任务要求设计的使用 TLE5011 磁敏电阻传感器与单片机 STC89C52 构成的磁敏传感器角度测量电路原理图，由于其使用 SPI 接口，故而可直接接入单片机系统之中，当芯片表面有磁场扰动时，即可观测到磁偏角。

图 6-3　磁角度模型

　　在电路板上按照图 6-4 所示电路进行元件排版、布线与焊接，电路焊接样板如图 6-5 所示。将巨磁角度实物模型加载在磁角度测量电路识别图上的红色区域位置，完成后的磁敏角度测量电路模型效果示意图如图 6-6 所示。注意 0 刻度线与磁敏传感器模块上 0 刻度线对齐。

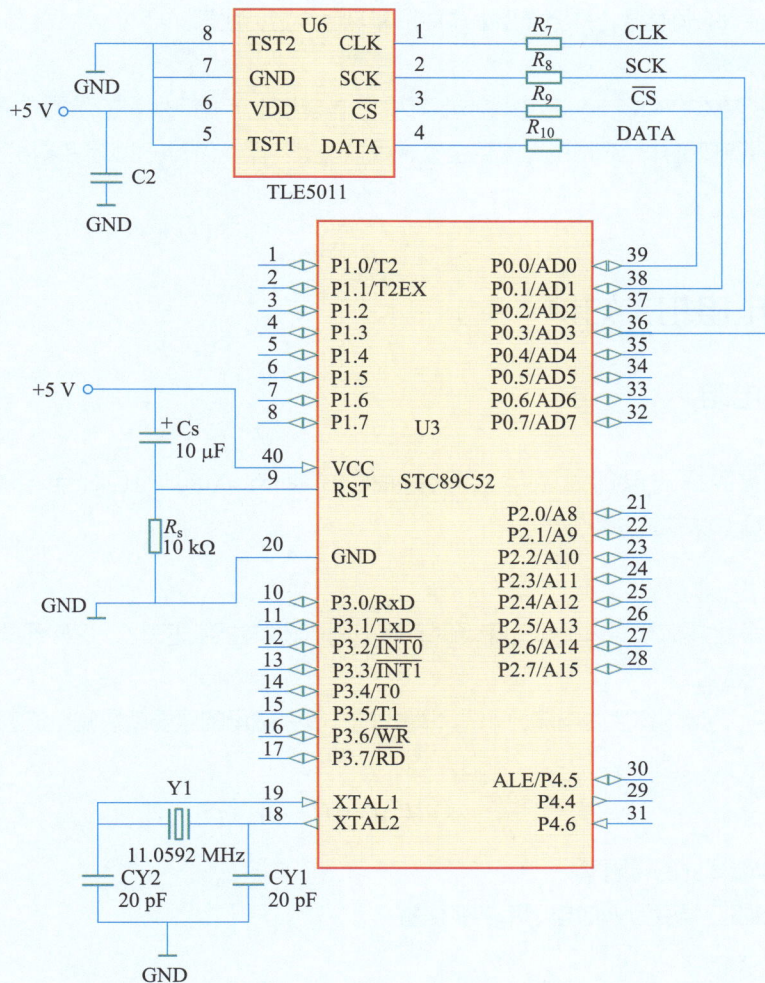

图 6-4 磁传感器角度测量电路

图 6-5 磁敏角度测量电路 AR 体验识别图

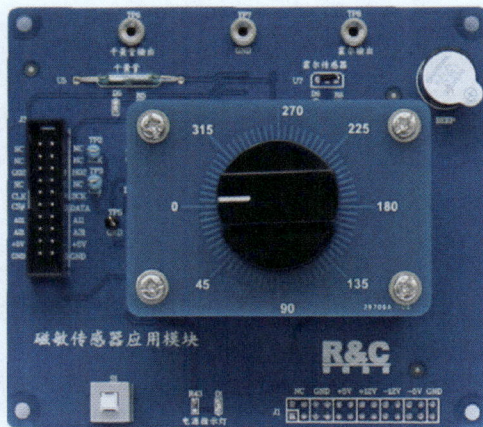

图 6-6 磁敏角度测量电路模型

教学课件：磁敏角度测量的应用分析

理论微课：磁敏角度测量的应用分析

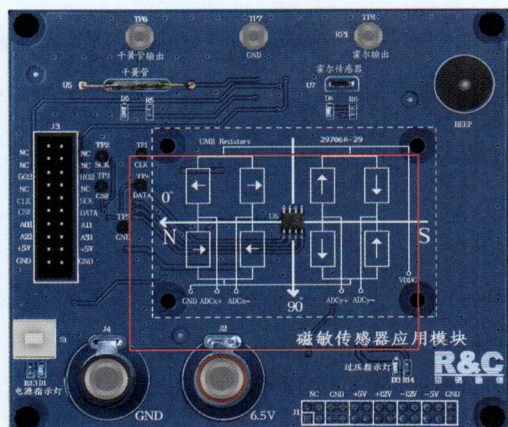

AR 体验：
扫描二维码下载驱动程序，安装成功后扫描"磁敏角度测量电路 AR 体验识别图"进行体验

　　检查无误后接通电源。首先使用 20P 排线将磁敏传感器模块的 J3 接口与智能显示终端的 J2 接口相连接。

　　通过智能显示终端上的按键，进入巨磁角度测量界面，旋动角度模型的旋钮，观察智能显示终端上显示的角度值，并与模型上角度测量刻度线进行比较。

问题思考：

（1）改变磁体的 NS 方向接入实验电路板中，重复以上步骤，所得的测量结果会如何？

（2）如果改变磁体与芯片的距离或位置，重复以上步骤，所得的测量结果将会如何？

6.2 磁敏电阻相关知识

6.2.1 磁敏电阻

教学课件：
磁敏电阻及应用

理论微课：
磁敏电阻及应用

磁阻传感器包括一般的磁敏电阻（magneto resistance，MR）和巨磁电阻（giant magneto resistance，GMR）两大类。

1. 磁阻效应

在通有电流的金属或半导体上施加磁场时，其电阻值将发生明显变化，这种现象称为磁致电阻效应，也称磁阻效应。

在磁场作用下，半导体片内电流分布是不均匀的，改变磁场的强弱就影响电流密度的分布，故表现为

$$\frac{\Delta \rho}{\rho_0} = K \mu^2 B^2 [1 - f(L/b)] \tag{6-4}$$

式中：ρ_0——零磁场时的电阻率；

$\Delta \rho$——磁感应强度为 B 时电阻率的变化量；

K——比例因子；

μ——电子迁移率；

B——磁感应强度；

$f(L/b)$——形状效应系数；

L，b——分别为磁敏电阻的长（沿电流方向）和宽。

磁阻效应与材料性质及几何形状有关，一般迁移率大的材料，磁阻效应愈显著；元件的长、宽比越小，磁阻效应越大。

目前，已被研究的磁性材料的磁阻效应可以大致分为：常磁阻效应（ordinary magneto resistance，OMR）、各向异性磁阻效应（anisotropic magneto resistance，AMR）、巨磁阻效应（giant magneto resistance，GMR）、超巨磁阻效应（colossal magneto resistance，CMR）、穿遂磁阻效应（tunnel magneto resistance，TMR）、巨磁阻抗效应（giant magneto impedance，GMI）以及特异磁阻效应（extraordinary magneto resistance，EMR）等。

相比而言，半导体的磁阻效应更加明显，因此，目前市场的磁阻传感器都采用半导体材料。

2. 磁敏电阻

磁敏电阻常选用锑化铟（InSb）、砷化铟（InAs）和锑化镍（NiSb）等半导体材料，在绝缘基片上蒸镀薄的半导体材料，也可在半导体薄片上光刻或腐蚀成型（栅状结构）。半导体材料的磁阻效

应包括物理磁阻效应和几何磁阻效应，其中物理磁阻效应又称为磁电阻率效应。

磁敏电阻主要用于测定磁场强度、频率和功率等的测量、运算、控制以及信息处理等，并可用于制作无触点开关等。

（1）磁敏电阻的结构与电路符号

磁敏电阻元件多采用片形膜式封装结构，有两端、三端（内部有两只串联的磁敏电阻）之分。在磁通密度改变时，它的阻值会随之产生变化，图 6-7 为磁敏电阻的结构与等效电路。磁敏电阻器的文字符号用"MR"或"R"表示。

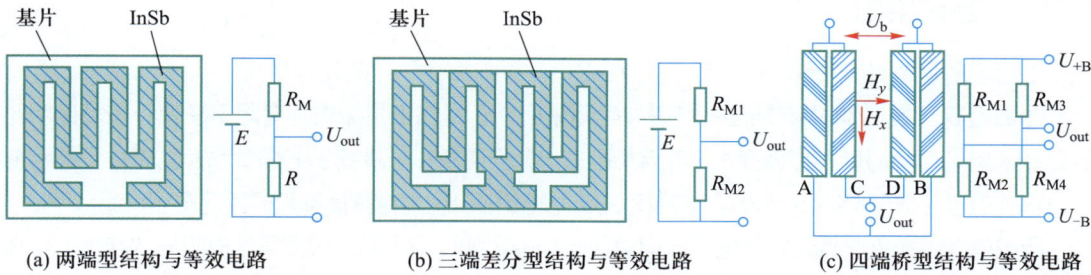

(a) 两端型结构与等效电路　　(b) 三端差分型结构与等效电路　　(c) 四端桥型结构与等效电路

图 6-7　磁敏电阻的结构与等效电路

（2）磁敏电阻的特性与主要参数

作为磁场参数检测元件，磁敏电阻只能检测磁力的大小，而不能判断磁场的极性，只有配合辅助材料（磁钢）才能具备识别磁极的能力。

磁敏电阻在无偏置磁场时的输出特性曲线如图 6-8 所示。磁敏电阻在无偏置磁场情况下检测磁场时与磁场极性无关，此时的磁敏电阻只有大小的变化，不能判断磁极性。

磁敏电阻在外加偏置磁场时，相当于在检测磁场中外加了偏置磁场，其输出特性如图 6-9 所示。在偏置磁场的作用下，工作点移到线性区，此时的磁场灵敏度得到提高，磁场极性也作为电阻值的变化表现出来。通过图 6-9 可以看出，磁敏电阻在弱磁场时，磁阻比与磁感应强度的平方成正比；在强磁场时，磁阻比与磁感应强度成正比。

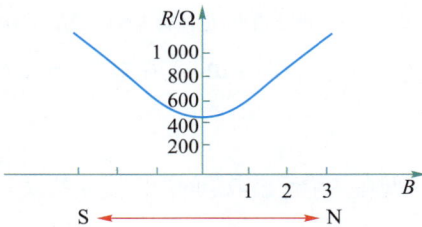

图 6-8　无偏置磁场时的输出特性　　图 6-9　加偏置磁场的输出特性

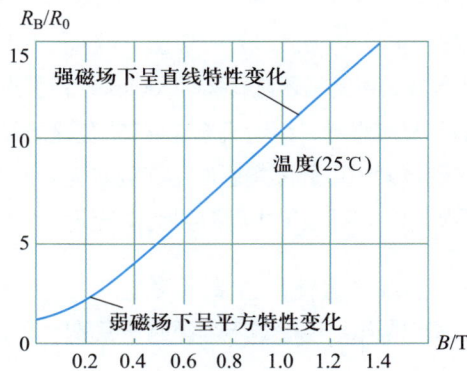

磁敏电阻的主要参数包括磁阻比、磁阻系数与磁阻灵敏度等。

磁阻比：指在某一规定的磁感应强度下，磁敏电阻的电阻值与零磁感应强度下的电阻值之比。

磁阻系数：指在某一规定的磁感应强度下，磁敏电阻的电阻值与其标称电阻值之比。

磁阻灵敏度：指在某一规定的磁感应强度下，磁敏电阻的电阻值随磁感应强度的相对变化率。

（3）磁敏电阻的典型应用

磁敏电阻器一般用于磁场强度、漏磁的检测，或在交流变换器、频率变换器、功率电压变换器、位移电压变换器等电路中作控制元件；还可用于接近开关、磁卡文字识别、磁电编码器、电动机测速、阀门位置控制等方面。

在实际应用中，通常在衬底上做两个相互串联的磁敏电阻，或四个磁敏电阻接成电桥的形式，以用于不同的场合。

6.2.2 巨磁电阻

动画：
巨磁阻效应

1. 巨磁阻效应

巨磁阻效应是 1988 年发现的一种磁致电阻效应，它是指磁性材料的电阻率在有外磁场作用时较之无外磁场作用时存在显著变化（电阻急剧减小）的现象，一般减小的幅度比通常磁性金属与合金材料的磁电阻数值约高 10 多倍。根据这一效应开发的小型大容量计算机硬盘已得到广泛应用。

巨磁电阻效应来自载流电子的不同自旋状态与磁场的作用不同，因而导致电阻值的变化。这种效应只有在纳米尺度的薄膜结构中才能观测出来。如果再赋以特殊的结构设计这种效应还可以调整以适应各种不同的性能需要。

动画：
巨磁阻传感器
的结构原理

2. 巨磁电阻传感器的工作原理

巨磁电阻（GMR）传感器在具体应用时通常采用电桥结构，即将四个巨磁电阻（GMR）构成惠斯通电桥，电路结构如图 6-10 所示。该结构可以减少外界环境对传感器输出稳定性的影响，增加传感器灵敏度。在电路工作时，"电流输入端"接 5～20 V 的稳压电压，"输出端"在外磁场作用下即为传感器的输出电压信号。

在图 6-10 中，R_1 和 R_2 为巨磁电阻，它们对外界通过的同一磁场有相反方向的阻值变化。在没有磁场影响时，$R_1=R_2$，电桥输出为 0。

在实际应用中，一般将巨磁电阻传感器封装成插件或贴片形式的芯片，再加上运放、电阻、电容等少量外围电路和一个用于聚集磁场的磁环材料就可以构成一个巨磁电阻电流传感器。对此类传感器，当电流流过导体时会在导体周围产生磁场，该磁场通过磁环聚集后作用在巨磁电阻传感器芯片上产生电压输出，经运放放大后得到反映电流变化的电压输出。

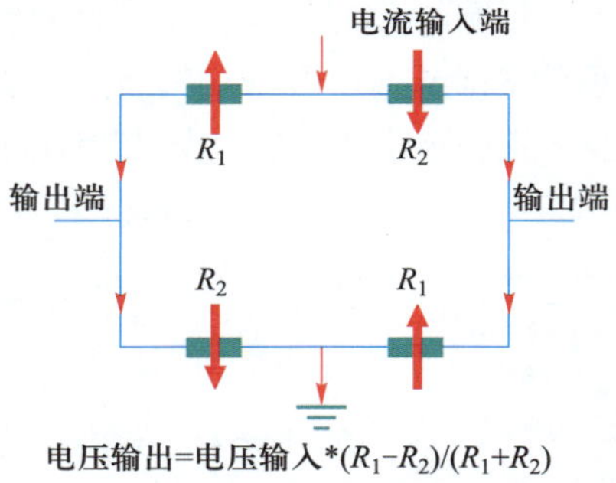

电压输出=电压输入*$(R_1-R_2)/(R_1+R_2)$

图 6-10 巨磁电阻应用电路

3. 巨磁电阻使用注意事项

巨磁电阻虽然与磁敏电阻都属于磁敏电阻型传感器，但在使用巨磁电阻时还需要注意以下几个方面的问题。

（1）巨磁电阻传感器作为一种有源器件，其工作时必须给其提供 5～20 V 的直流电源，而且该电源的稳定性直接影响传感器的测试精度，因此要求用稳压电源提供。

（2）巨磁电阻传感器作为一种高精度的磁敏传感器，对使用磁场环境也有一定的要求，其型号选用应根据使用环境的磁场大小来决定。

（3）巨磁电阻传感器对磁场的灵敏度与方向有关，其外形结构上标注的敏感轴为传感器对磁场最为灵敏的方向。

4. 巨磁电阻的典型应用

巨磁电阻不仅在读出磁头方面获得广泛地应用，它同样可应用于测量位移、角度等传感器中，可广泛地应用于数控机床、汽车导航、非接触开关和旋转编码器中。巨磁电阻与光电等传感器相比，具有功耗小、可靠性高、体积小、能工作于恶劣的工作条件等优点。

巨磁电阻的典型应用可概括为以下几个方面。

（1）电子罗盘或电子指南针：主要应用在航海，航空导航等领域。

（2）地磁场检测，高精度磁补偿电流检测。

（3）交通控制系统交通工具检测：主要用于车辆分类，是否有车辆存在或通过的运动方向的检测；停车场车辆存在与否检测。

（4）旋转磁轮和运动磁条的转速或速度检测。

（5）高速接近传感器，远距离（大于 200 mm）检测。

巨磁电阻效应在高技术领域应用的另一个重要方面是微弱磁场探测器。随着纳米电子学的飞速发展，电子元件的微型化和高度集成化要求测量系统也要微型化。在 21 世纪，超导量子相干器件、超微霍尔探测器和超微磁场探测器将成为纳米电子学中的主要角色，其中以巨磁电阻效应为基础设计的超微磁场传感器，要求能探测 $10^{-2} \sim 10^{-6}$ T 的磁通密度。

6.2.3　磁敏电阻综合应用

近年来，巨磁电阻传感器在道路车辆参数检测系统中获得广泛的应用。众所周知，地球磁场的强度大约在 0.5 ~ 0.6 高斯，而且地球磁场在很广阔的区域内（大约几公里）其强度是一定的。当一个铁磁性物体（如汽车）置身于磁场中，它将会使磁场产生扰动，原理如图 6-11 所示。此时，如果将巨磁电阻传感器放置于被测行进的汽车附近，则当汽车在道路上正常行驶时，便可以利用巨磁电阻传感器测量出地磁场强度的变化，从而对车辆的相关运行参数进行测量与判断。

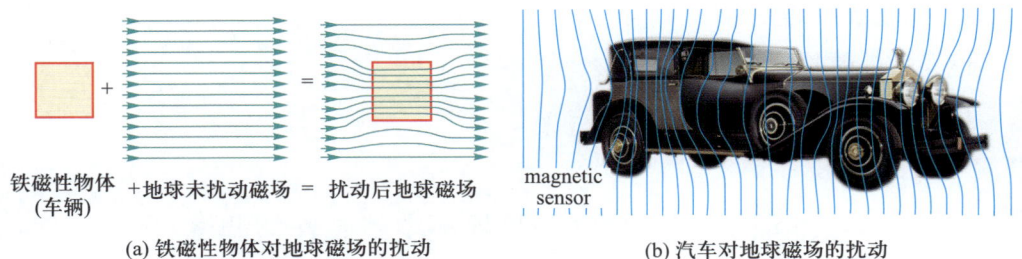

(a) 铁磁性物体对地球磁场的扰动	(b) 汽车对地球磁场的扰动

图 6-11　铁磁物体对地磁的扰动示意图

按照上述原理，如果仅用于检测车辆的存在和方向，可将巨磁电阻传感器放置在路边，并沿着被检测的车道放置。若对三轴磁传感器，X、Y、Z 轴方向定义如图 6-12（a）所示，图 6-12（b）则可以用于实现对车辆运行参数（例如超速、流量、闯红灯等）进行监测。

（1）车辆流量检测

通过在一定时间间隔内对在巨磁电阻传感器上得到的脉冲计数，便可得到道路上车辆的流量参数。

（2）超速检测

在道路上相隔一定距离放置两个巨磁电阻传感器，车辆经过时两个传感器将会先后输出感知信号，经过控制器采集、处理后即可得到车辆运行的速度，以此来判断车辆是否超速。

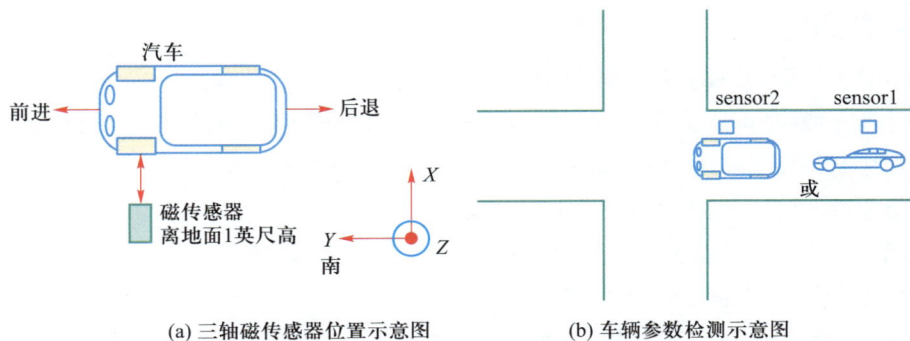

(a) 三轴磁传感器位置示意图   (b) 车辆参数检测示意图

图 6-12   车辆与巨磁电阻传感器位置示意图

（3）闯红灯检测

在红灯信号期间，如果有车辆经过第一个传感器，路口工业控制计算机就开始控制数码相机进行初始化设置，此时进行测光并锁定曝光方式、聚焦、白平衡等参数，当检测到车辆越过第二个传感器时，则立即控制数码相机拍摄照片。一组违章照片就被拍了下来，并且暂存在数码相机中，在绿灯信号期间，通过 USB 接口传输到路口工控机，当控制中心发出传输信号时，上传照片。

任务 3   干簧管与磁敏晶体管及其应用分析

学习目标

（1）了解干簧管的作用与结构
（2）熟悉干簧管的工作原理
（3）了解磁敏晶体管的结构与特性
（4）掌握磁敏晶体管的工作原理
（5）能调试磁敏信号检测电路

实训视频：
磁敏信号检测
电路的调试

技能训练 24   磁敏信号检测电路制作与调试

任务描述：

利用干簧管、霍尔元件制作一种磁信号检测电路，通过本训练项目，加深对磁敏传感器特性的理解，熟悉磁敏传感器控制电路的组成、工作原理，掌握磁敏传感器控制电路的焊接、测试与调整方法。

要求当有铁磁性物体靠近干簧管或霍尔元件时，电路发出声光报警。

器材准备：

干簧管、霍尔元件、测试用磁钢、数字式万用表等。

设计制作与调试过程：

磁敏传感器是感知磁性物体的存在或者磁性强度（在有效范围内）的检测元器件，常用的磁敏传感器有干簧管、霍尔元件、磁敏二极管、磁敏电阻器等。

1. 设计过程

按照任务要求设计的磁敏器件应用电路如图 6-13 所示。在图中，U5 为干簧管（动合型），当有磁性物体靠近时，干簧管吸合，A1 处变为低电平，通过反相器后 A2、A3 处变为高电平，所以 LED 灯 D_5 被点亮。U4 为二输入**或**门，当 A2 为高电平时，U4 输出为高电平，场效应管 T_3 导通，蜂鸣器报警。U7 为霍尔传感器，其工作原理与干簧管类似。

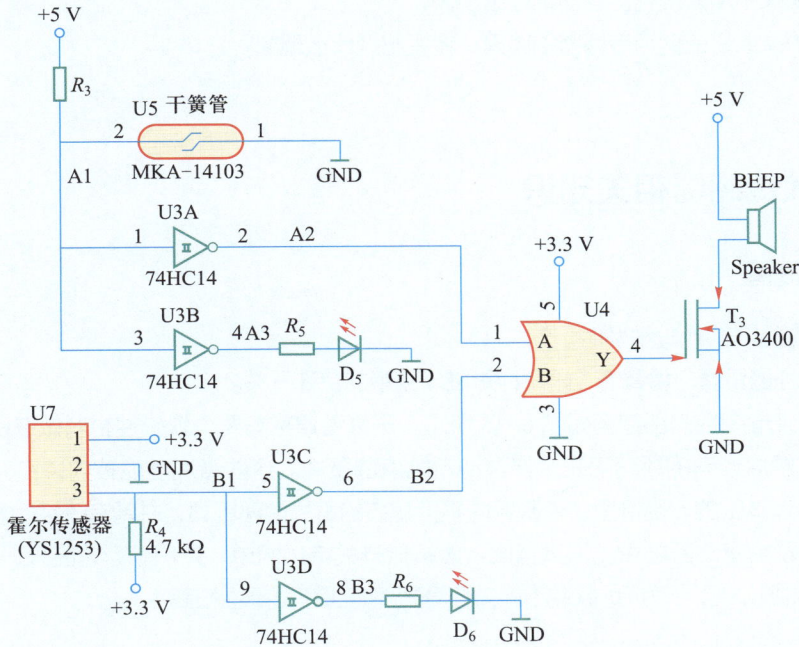

图 6-13　磁敏器件电路应用原理图

2. 调试过程

在电路板上按照图 6-13 所示电路进行元件排版、布线与焊接，电路焊接样板如图 6-14 所示，此图也是磁敏信号检测电路的 AR 体验识别图。

检查无误后接通电路板的电源。

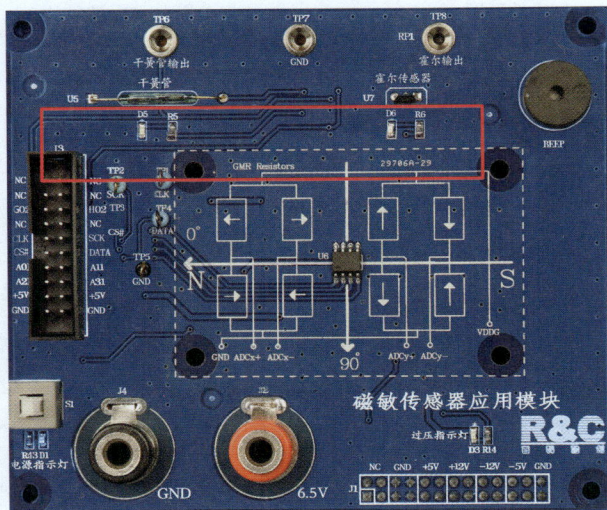

图 6-14　磁敏信号检测电路 AR 体验识别图

当用磁钢靠近干簧管时，观察此时发光二极管 D_5 和蜂鸣器的变化，并用数字式万用表监测电路板干簧管输出端的直流电压变化情况。

同样步骤，当用磁钢靠近霍尔传感器时，观察此时发光二极管 D_5 和蜂鸣器的变化，同时用数字式万用表监测电路板霍尔输出端的直流电压变化情况。

问题思考：

（1）如果不加入反相器会出现什么现象？

（2）如果改变磁钢与传感器的距离，将会出现什么现象？

6.3 磁敏传感器相关知识

6.3.1 干簧管

1. 干簧管的作用与结构

干簧管又称磁簧管、舌簧管，是一种对磁场敏感的特殊开关。

干簧管的外形图与内部结构如图 6-15 所示。干簧管通常有两个软磁性材料做成的、无磁时断开的金属簧片触点，有的还有第三个作为动断触点的簧片。这些簧片触点被封装在充有惰性气体（如氮、氦等）或真空的玻璃管里，玻璃管内平行封装的簧片端部重叠，并留有一定间隙或相互接触以构成开关的动合或动断触点。干簧管比一般机械开关结构简单、体积小、速度高、工作寿命长；而与电子开关相比，它又有抗负载冲击能力强等特点，工作可靠性很高。

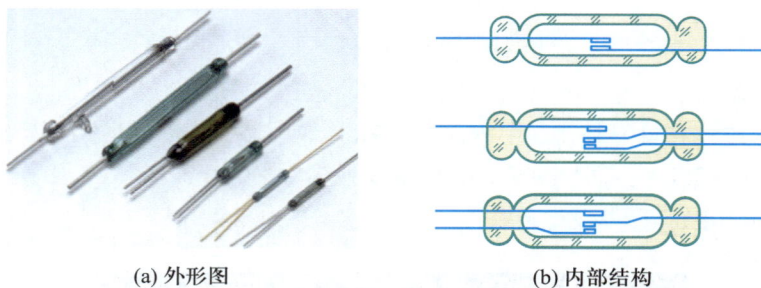

(a) 外形图　　　　　　(b) 内部结构

图 6-15　干簧管的外形图与内部结构

2. 干簧管的工作原理

干簧管在使用过程中可应用于动合模式、动断模式或保持模式。

在动合模式下，两片簧片并未接触，当有磁铁靠近干簧开关时，外加的磁场使两片簧片端点位置附近产生不同的极性，结果两片不同极性的簧片将互相吸引并闭合，将磁铁移开后干簧片就会重新打开。在动断模式下，当有磁铁靠近磁簧开关时干簧片就会打开，将磁铁移开后干簧片就会重新关闭。在保持模式下，干簧片可能是在动合或动断其中一种状态，当有磁铁靠近干簧管时干簧片就会改变它们的形态，如果起初的形态是打开，现在就会关闭，当磁铁移开后干簧片仍会保持关闭，这时将改变了磁极性的磁铁再靠近时干簧片才会打开，将磁铁移走后干簧片仍会保持打开。此时再将磁铁的磁极反转并靠近干簧管时开关会再次关闭，而磁铁移开后仍保持关闭。

干簧管可以作为传感器用作计数、接近开关限位、液位计、门磁、干簧继电器等，在家电、汽车、通信、工业、医疗、安防等领域得到了广泛的应用。

6.3.2　磁敏晶体管

磁敏晶体管是霍尔元件和磁阻元件之后发展起来的新型半导体磁敏元件，主要包括磁敏二极管和磁敏三极管两种。

磁敏二极管和磁敏三极管是一种 PN 结型的新型磁电转换器件，具有输出信号大、灵敏度高（约为霍尔元件的数百至数千倍）、工作电流小，体积小等特点，在磁场、转速、探伤等检测与控制中得到广泛应用。

1. 磁敏二极管的结构与特性

磁敏二极管是一种 PIN 型磁敏元件，由硅或锗材料制成。磁敏二极管的结构与电路符号如图 6-16 所示。

P 型和 N 型电极由高阻材料制成，I 为本征区。I 区的 r 面粗糙，设置成高复合区（r 区），目的是使电子 – 空穴对易于在粗糙表面复合而消失；另一面比较光滑。

磁敏二极管的主要特性包括伏安特性、磁电特性、温度特性等。

（1）伏安特性

在给定的磁场下，磁敏二极管正向偏压与偏流的关系称为磁敏二极管的伏安特性，如图 6-17 所示。

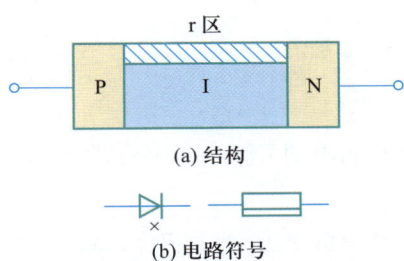

图 6-16　磁敏二极管的结构与电路符号

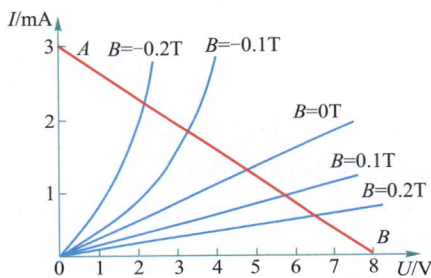

图 6-17　磁敏二极管的伏安特性

（2）磁电特性

磁敏二极管的磁电特性是指磁敏二极管输出电压变化量与外加磁场的关系，如图 6-18 所示。

（3）温度特性及补偿

磁敏二极管的温度特性是指在标准测试条件下，输出电压变化量与温度变化的关系曲线，如图 6-19 所示。由于磁敏二极管是由锗和硅材料制成，因而受温度的影响较大，在使用磁敏二极管时，必须进行温度补偿。对磁敏二极管的温度补偿既可以采用热敏电阻进行补偿，也可以采用差分连接，把两个温度系数相同的元件按照磁极相反的方向串联起来进行补偿，常用的温度补偿电路如图 6-20 所示。

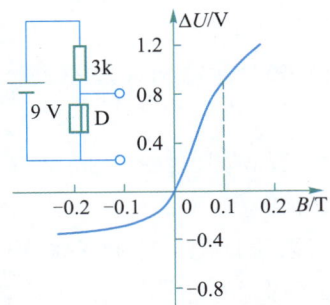

图 6-18　磁敏二极管的磁电特性

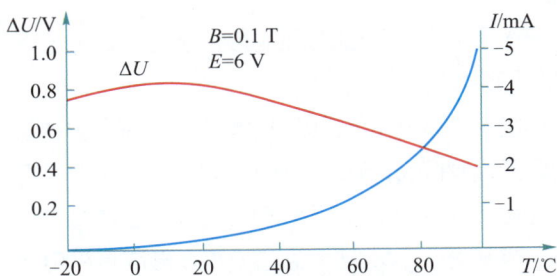

图 6-19　磁敏二极管的温度特性

教学课件：
磁敏晶体管结构与原理

理论微课：
磁敏晶体管结构与原理

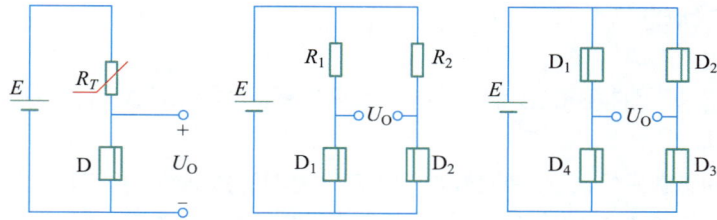

图 6-20　磁敏二极管的温度补偿电路

2. 磁敏二极管的工作原理

磁敏二极管的工作原理示意图如图 6-21 所示。当磁敏二极管受到外界磁场 H^+ 作用时，电子和空穴受到洛仑兹力的作用向 r 区偏转，电子和空穴复合速度加快，所形成的电流减小；当磁敏二极管受到外界磁场 H^- 作用时，电子和空穴受到洛仑兹力的作用向 I 区偏转，电子和空穴复合速度减慢，所形成的电流增大。

图 6-21　磁敏二极管的工作原理示意图

3. 磁敏三极管的结构与特性

磁敏三极管是基于磁敏二极管的工艺技术，有 NPN 型和 PNP 型两种，使用材料也分为硅和锗两种。NPN 型磁敏三极管的结构与电路符号如图 6-22 所示。

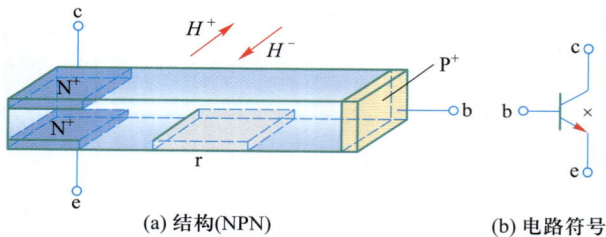

(a) 结构(NPN)　　　(b) 电路符号

图 6-22　磁敏三极管结构与电路符号

如果外加正向偏压，即 P 区接正、N 区接负，那么将会有大量空穴从 P 区注入 I 区，同时也有大量电子从 N 区注入 I 区，如将这样的磁敏三极管置于磁场中，则注入的电子和空穴都要受到洛仑兹力的作用而向一个方向偏转，当磁场方向使电子和空穴向 r 面偏转时，它们将因复合而消失，因而电流很小；当磁场方向使电子和空穴向光滑面偏转时它们的复合率变小，电流就大。

4. 磁敏三极管的工作原理

磁敏三极管是在磁敏二极管的基础上设计的一种磁电转换器件。磁敏三极管又称磁敏晶体管或磁三极管，是 20 世纪 70 年代发展起来的新型半导体磁电转换器件，主要用于磁检测、无触点开关和近接开关等。

磁敏三极管是在磁敏二极管的基础上设计的长基区三极管，图 6-23 所示为 NPN 型锗磁敏三极管的结构原理图。

由图 6-23 可见，磁敏三极管是以长基区为特征，有两个 PN 结，发射极与基极之间的 PN 结由长基区二极管构成，有一个高复合基区，集电极电流大小与磁场有关。

无磁场作用时，由于磁敏三极管基区宽度大于载流子扩散长度，因此注入载流子除少部分输入到集电极外，大部分通过 e-I-b 形成基极电流。显然，磁敏三极管的基极电流大于集电极电流。

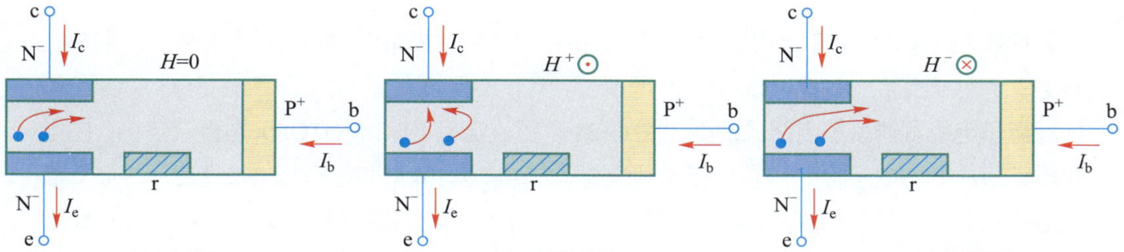

图 6-23　NPN 型锗磁敏三极管的结构原理图

(a) 无磁场　　　(b) 正向磁场　　　(c) 反向磁场

当受到正向磁场 H^+ 作用时，由于洛仑兹力作用，载流子向发射结一侧偏转，从而使集电极电流明显下降。

当受到负向磁场 H^- 作用时，载流子在洛仑兹力作用下向集电结一侧偏转，使集电极电流增大。

由此可见，当基极电流恒定，靠外加磁场同样可以改变集电结电流，这也是与普通三极管不同的地方。

任 务 4　霍尔传感器及其应用分析

学习目标

（1）了解霍尔效应的概念
（2）熟悉霍尔元件的结构与材料
（3）掌握霍尔传感器的结构、分类与工作原理
（4）能调试霍尔电机测速系统

技能训练 25　霍尔电机测速电路制作与调试

任务描述：

利用霍尔传感器设计制作一种直流电机测速系统。通过本训练项目，加深对霍尔传感器特性的理解，熟悉霍尔电机测速系统的组成、工作原理，掌握霍尔电机测速系统电路的焊接、测试与调整方法。

要求对训练用电子元器件和集成电路进行正确识别与质量检测，并在万能板上焊接一个霍尔电机测速电路，电机速度既可通过数字转速表显示，也可通过单片机智能显示终端显示，并能够进行速度调节。使用万用表对电路关键点电压进行测试，并对测量结果进行分析。

器材准备：

霍尔传感器，电机驱动芯片，电阻、电容、电位器若干，直流电机，码盘，磁钢，数字万用表等。

设计制作与调试过程：

按照项目要求，选用霍尔传感器作为电机测速传感器。设计时，可在电机主轴上相连的码盘上安装一个磁钢，当电机旋转时，磁钢经过霍尔传感器，可以直接输出脉冲信号，送数

实训视频：霍尔电机测速电路的调试

字转速表 / 频率计单元中进行显示，也可送单片机系统计算单位时间内的脉冲数，再换算出转速。

霍尔电机测速系统电路原理图如图 6-24 所示。电机（DC MOTOR）为直流电机，由电机驱动芯片 L298N 驱动；电机速度控制可选择为单片机 PWM 控制或模拟调速旋钮控制；最终信号可以送入转速表或智能显示终端上显示。电机驱动方案以及电机驱动芯片 L298N 引脚图请参考本书中图 3-24。

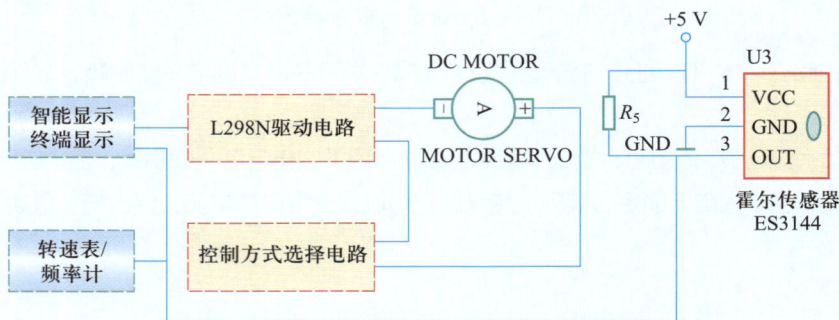

图 6-24   霍尔电机测速系统电路原理图

按图 6-24 所示电路进行元器件的排版、布线与焊接，制作成如图 6-25 所示的电路板模型。检查各相关链接线路，接通工作电源，并用数字式万用表测量其供电电压（+5 V）是否正常。

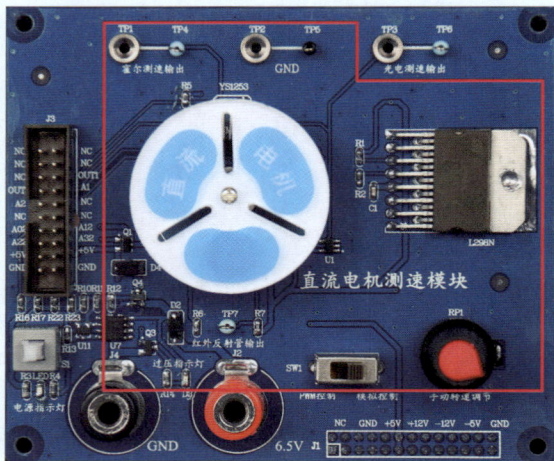

图 6-25   霍尔电机测速电路 AR 体验识别图

具体测试时，通过拨挡开关进行切换电机控制方式，首先，拨到模拟控制一端，接通电源，通过旋动电位器到某一位置调整电机转速，记录转速表上显示的电机转速数值大小。其次，将切换开关拨到 PWM 控制一端，使用 L298N 来驱动直流电机，通过单片机智能终端配置的按键增加 / 减小功能控制电机的转速，观察并记录屏幕上显示的电机转速，并与转速表上显示的电机转速进行对比，分析两者之间转速显示出现误差的原因。

问题思考：

（1）如果在电机转盘上放置两处磁钢，按以上步骤会得到什么结果？

（2）改变霍尔传感器与电机转盘之间的距离，所得结果是否一致？

6.4　霍尔传感器相关知识

6.4.1　霍尔效应

霍尔传感器是基于霍尔效应制作而成的一类磁性传感器。所谓霍尔效应，是指当载流导体或半导体处于与电流相垂直的磁场中时，在其两端将产生电位差的现象。霍尔效应产生的电动势称为霍尔电动势。

霍尔效应的原理如图 6-26 所示。若在一块长为 l、宽度为 b、厚度为 d 的长方形导电板上，两对垂直侧面装上电极。若在长度方向上通入控制电流 I，在厚度方向上施加磁感应强度为 B 的磁场，那么导电板中的自由电子在电场作用下定向运动，此时每个电子受到洛伦兹力 f_L 的作用，其大小为

图 6-26　霍尔效应的原理

$$f_L = evB \tag{6-5}$$

式中，e——电子电荷；

$\quad\quad v$——电子平均运动速度；

$\quad\quad B$——磁感应强度。

同时，每个电子所受的电场力为

$$f_E = eE_H = eU_H/b \tag{6-6}$$

式中，E_H 为霍尔电场强度；U_H 为霍尔电动势。

当洛伦兹力与电场力相等时达到动态平衡，于是有

$$U_H = Bvb \tag{6-7}$$

对于 N 型半导体，通入霍尔元件的电流可表示为

$$I = jbd = nevbd \tag{6-8}$$

其中，j 为电流密度 nev；n 为 N 型半导体的电子浓度。

由此可得

$$v = I/(nebd) \tag{6-9}$$

代入式（6-7），可得

$$U_H = \frac{IB}{ned} = K_H IB \tag{6-10}$$

式中，$K_H = 1/(ned)$ 为霍尔传感器的乘积灵敏度。

由此可见，当 I、B 一定时，K_H 越大，霍尔元件输出的电动势就越大。

动画：
霍尔效应

6.4.2　霍尔元件

1. 霍尔元件的结构与材料

霍尔元件为三端或四端器件，由霍尔片、引线和壳体组成，其结构如图 6-27 所示。

霍尔片是一块矩形半导体单晶薄片，尺寸一般为 4 mm×2 mm×0.1 mm，在长度方向上焊接有两根控制电流端引线（ab），它们在薄片上的焊点称为激励电极；在薄片另两侧端面的中央以点的形式对称焊有两根输出引线（cd），相应在薄片上的焊点称为霍尔电极。霍尔元件壳体是用非导磁

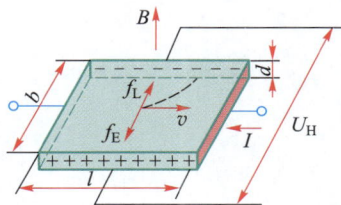

(a) 内部结构　　(b) 外形结构

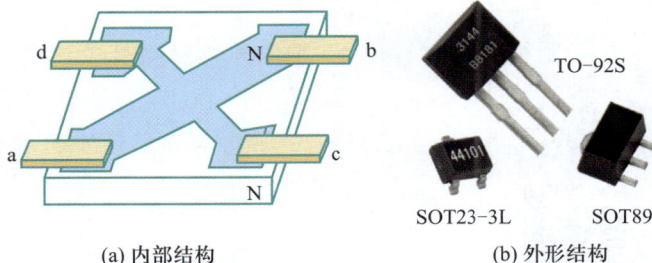

图 6-27　霍尔元件结构示意图

金属、陶瓷或环氧树脂封装而成。

霍尔元件的材料主要有锗、硅、锑化铟、砷化铟和砷化镓等。

霍尔元件的电路符号如图 6-28 所示。

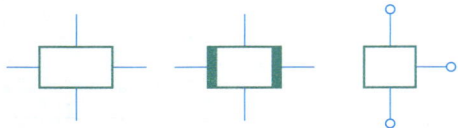

图 6-28　霍尔元件电路符号

2. 霍尔元件的主要特性与基本参数

霍尔元件的基本特性包括线性特性与开关特性、负载特性、温度特性等，基本参数包括输入阻抗、输出阻抗、控制电流、不等位电动势、灵敏度、霍尔电压等。

（1）线性特性与开关特性

线性特性是指霍尔元件的输出电动势分别与基本参数 I、B 呈线性关系，利用这一特性可以制作磁通计等；开关特性是指霍尔元件的输出电动势在一定区域随着 B 的增加迅速增加的特性，利用这一特性可以制作直流无刷电机控制用的开关式霍尔传感器等。

（2）负载特性

负载特性是指霍尔元件电极间接有负载时，由于霍尔电流会在负载上产生一定的压降，造成实际霍尔电动势小于开路状态或测量仪表内阻无穷大时测量得到的霍尔电动势。

（3）温度特性

主要是指温度变化与霍尔电压变化的关系。当温度升高时，霍尔电压减少，呈现负温度特性。

（4）输入阻抗

在规定条件下，霍尔元件控制电流端子之间的阻抗。

（5）输出阻抗

在规定条件下，霍尔电压传输端子之间的阻抗。

（6）控制电流

流过霍尔元件控制电流端的电流。

（7）不等位电动势

在额定控制电流作用下，若不给霍尔元件加外磁场，霍尔元件输出的霍尔电压理想值应为零，但由于存在着电极的不对称以及材料电阻率不均衡等因素，霍尔元件总会有电压输出。该电压称为不等位电动势。

（8）灵敏度

在某一规定控制电流下，霍尔电压与磁感应强度的比值。

（9）霍尔电压

由霍尔效应引起霍尔元件产生的电压。

6.4.3　霍尔传感器

1. 霍尔传感器的组成

霍尔元件输出的电动势一般都很小，并且容易受温度变化的影响。随着半导体工艺的不断发展，现已经将霍尔元件、放大器、温度补偿电路及稳压电源等制作在一个芯片上，制成霍尔集成传感器，简称霍尔传感器。

2. 霍尔传感器的分类

根据霍尔传感器的输出特性，霍尔传感器可分为线性型霍尔传感器、开关型霍尔传感器和锁键

动画：
霍尔开关原理

教学课件：
霍尔传感器结构与原理

理论微课：
霍尔传感器结构与原理

型霍尔传感器三种大类。

（1）线性型霍尔传感器

线性型霍尔传感器的输出电动势与外加磁场强度在一定范围内呈近似的线性关系，如图 6-29 所示。当外加磁场时，霍尔元件产生与磁场强度成正比变化的霍尔电压，该电压经放大器放大后输出。线性型霍尔传感器广泛用于位置、厚度、速度、磁场和电流等参量的测量与控制系统中。

线性型霍尔集成传感器电路输出为模拟量，有单端输出和双端输出两种形式，其内部一般由稳压电路、霍尔元件、放大器、电压跟随器等组成，其内部结构分别如图 6-30 所示。

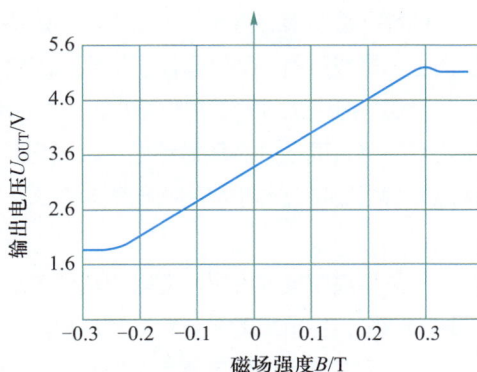

图 6-29　线性型霍尔传感器特性

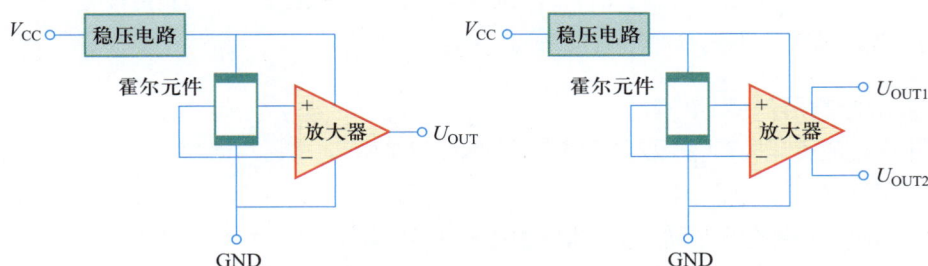

(a) 单端输出线性型霍尔集成电路内部结构　　(b) 双端输出线性型霍尔集成电路内部结构

图 6-30　线性型霍尔传感器的内部结构

（2）开关型霍尔传感器

开关型霍尔传感器的内部结构如图 6-31（a）所示，主要由稳压电路、霍尔元件、放大器、整形电路（施密特触发器）和开关输出电路等组成，其输出为数字量。单极性开关的输出特性如图 6-31（b）所示。

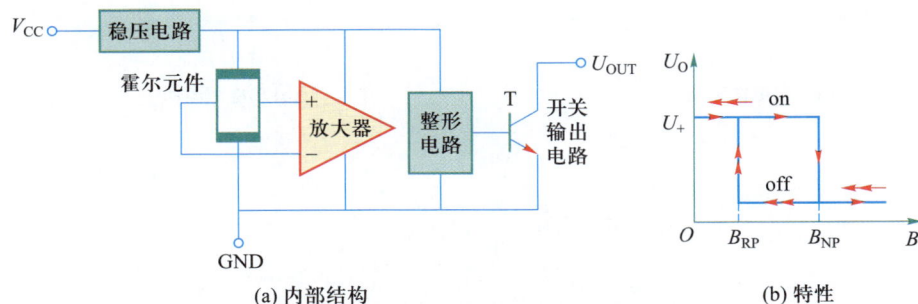

(a) 内部结构　　(b) 特性

图 6-31　开关型霍尔传感器的内部结构与特性

当有磁场作用到霍尔传感器上时，霍尔元件输出霍尔电压，该电压经放大后送施密特整形电路。B_{NP} 为工作点"开"的磁感应强度，B_{RP} 为释放点"关"的磁感应强度。当外加的磁感应强度超过动作点 B_{NP} 时，传感器输出低电平，当磁感应强度降到动作点 B_{NP} 以下时，传感器输出电平不变，一直要降到释放点 B_{RP} 时，传感器才由低电平跃变为高电平。B_{NP} 与 B_{RP} 之间的滞后使开关动作更为可靠。

（3）锁键型霍尔传感器

锁键型霍尔传感器是开关型霍尔传感器的一种特殊形式，它的输出也是数字量。锁键型霍尔传感器的特性如图 6-32 所示。

当磁感应强度超过动作点 B_{NP} 时，传感器输出由高电平跃变为低电平，而在外磁场撤销后，其输出状态保持不变（即锁存状态），必须施加反向磁感应强度达到 B_{RP} 时，才能使电平产生变化。

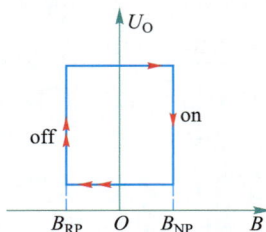

图 6-32　锁键型霍尔传感器特性

开关型霍尔集成传感器的输出驱动电路通常设计成集电极开路输出结构，带负载能力强，接口方便。

开关型霍尔集成传感器有单稳态输出和双稳态输出两种形式，也有单端输出和双端输出两种形式。开关型霍尔传感器输出有高、低两种状态，高低电平转变所对应的磁感应强度 B 值不同，并在二者之间形成回差，这种切换回差特征可以防止干扰引起的误动作。

开关型霍尔传感器可作为无触点开关，利用磁场进行开关工作，例如测量转速、制作接近开关、限位开关、报警装置等。

3. 霍尔传感器的驱动电路

霍尔传感器在使用时有恒压驱动与恒流驱动两种方式。

（1）霍尔传感器恒压驱动电路

常用的霍尔传感器恒压驱动及应用电路如图 6-33 所示。

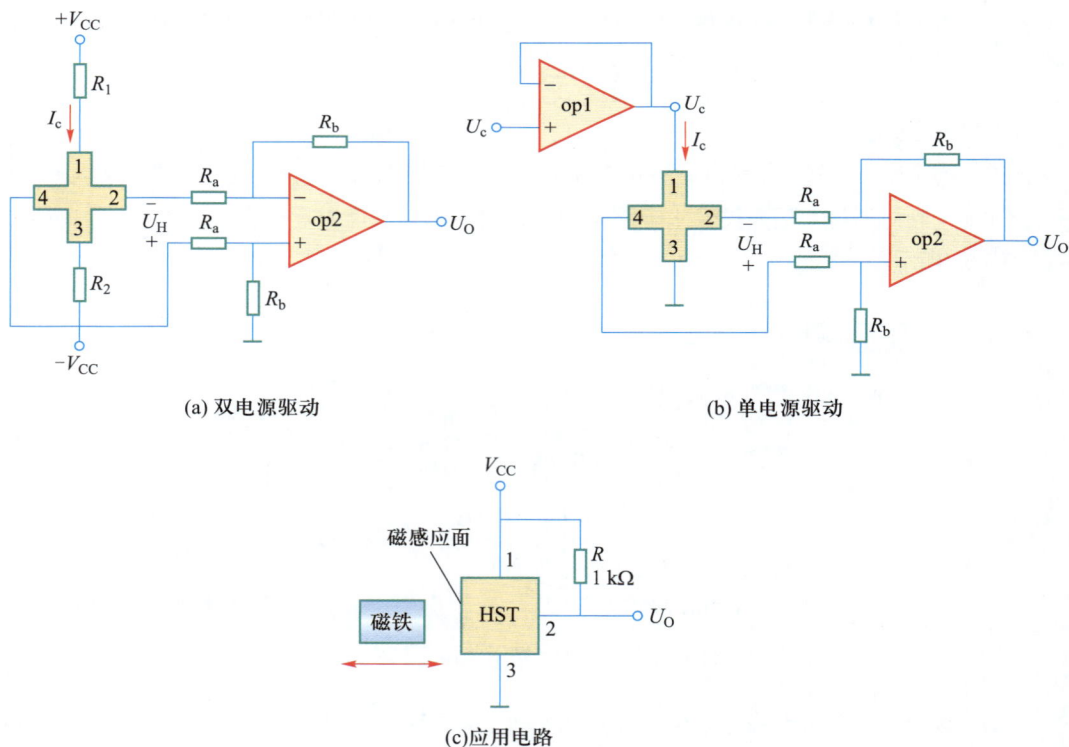

(a) 双电源驱动　　　　　　　　　　(b) 单电源驱动

(c) 应用电路

图 6-33　霍尔传感器恒压驱动及应用电路

（2）霍尔传感器恒流驱动电路

霍尔传感器恒流驱动及应用电路如图 6-34 所示。

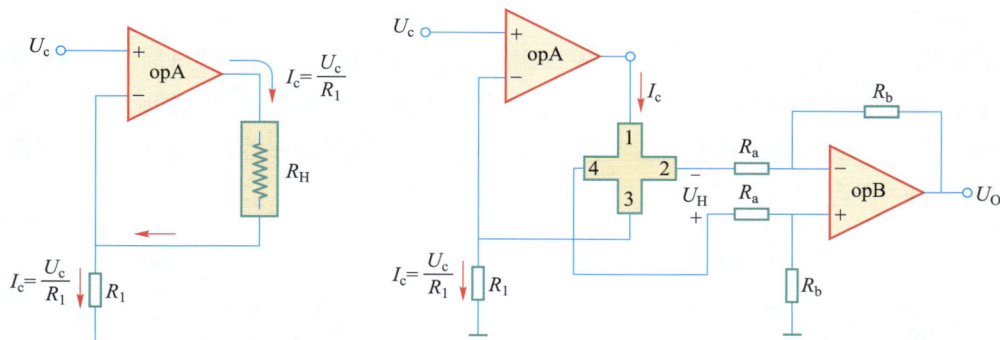

图 6-34　霍尔传感器恒流驱动电路

6.4.4　霍尔传感器应用电路

霍尔传感器的基本测量电路如图 6-35 所示。

在图 6-35 中，电源 E 提供激励电流，可变电阻用于调节激励电流的大小，R_L 为输出霍尔电动势的负载电阻，一般用于表征显示仪表、记录装置或放大器的输入阻抗。

按被检测对象的性质可将霍尔传感器的应用分为直接应用和间接应用。直接应用是直接检测受检对象本身的磁场或磁特性，间接应用是检测受检对象上人为设置的磁场，这个磁场是被检测的信息的载体，通过它，将许多非电、非磁的物理量，例如速度、加速度、角度、角速度、转数、转速以及工作状态发生变化的时间等，转变成电学量来进行检测和控制。

1. 线性型霍尔传感器应用

线性型霍尔传感器主要用于一些物理量的测量。

（1）电流传感器

由于通电螺线管内部存在磁场，其大小与导线中的电流成正比，故可以利用霍尔传感器测量出磁场，从而确定导线中电流的大小。利用这一原理可以设计制成霍尔电流传感器。其优点是不与被测电路发生电接触，不影响被测电路，不消耗被测电源的功率，特别适合于大电流传感器。

霍尔电流传感器工作原理如图 6-36 所示，标准圆环铁心有一个缺口，将霍尔传感器插入缺口中，圆环上绕有线圈，当电流通过线圈时产生磁场，则霍尔传感器有信号输出。

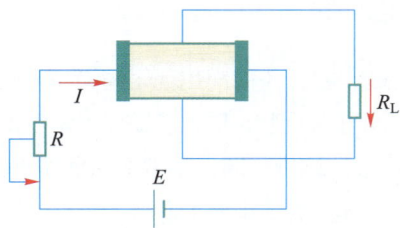

图 6-35　霍尔传感器的测量电路

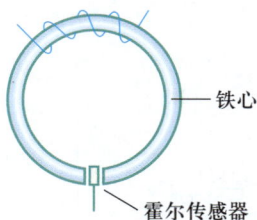

图 6-36　霍尔电流传感器的工作原理

（2）位移测量

利用霍尔传感器测量位移的工作原理如图 6-37 所示。将两块永久磁铁同极性相对放置，将线性型霍尔传感器置于中间，其磁感应强度为零，这个点可作为位移的零点，当霍尔传感器在 Z 轴上做 ΔZ 位移时，传感器有一个电压输出，电压大小与位移大小成正比。

（3）压力测量

如果把拉力、压力等参数变成位移，便可测出拉力及压力的大小，图 6-38 所示是利用霍尔传感器作为压力测量的原理示意图。刚力 F 作用在悬臂梁上时，梁将发生变形，霍尔元件将有与力成正比的电压输出，通过测试电压即可测出力的大小。力与电压输出有一些非线性时，可采用电路或单片机软件来补偿。

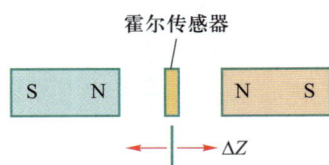

图 6-37　霍尔传感器位移测量

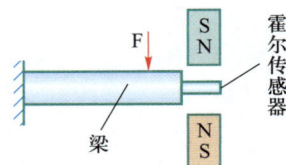

图 6-38　霍尔传感器压力测量

2. 开关型霍尔传感器应用

开关型霍尔传感器主要用于测转数、转速、风速、流速、接近开关、关门告知器、报警器、自动控制电路等。

（1）测转速或转数

霍尔传感器用于测量转速转数的工作原理如图 6-39 所示。在非磁性材料的圆盘边上粘一块磁钢，霍尔传感器放在靠近圆盘边缘处，圆盘旋转一周，霍尔传感器就输出一个脉冲，从而可测出转数（计数器），若接入频率计，便可测出转速。

如果把开关型霍尔传感器按预定位置有规律地布置在轨道上，当装在运动车辆上的永磁体经过它时，可以从测量电路上测得脉冲信号。根据脉冲信号的分布可以测出车辆的运动速度。

（2）防盗报警器

由霍尔传感器组成的防盗报警电路如图 6-40 所示。

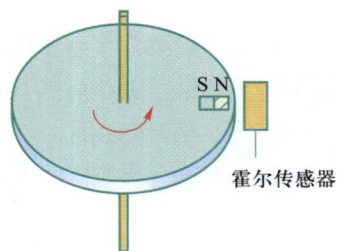

动画：
霍尔测速原理

图 6-39　霍尔传感器转速测量工作原理

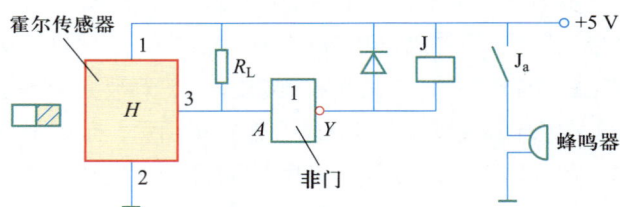

图 6-40　霍尔传感器报警电路

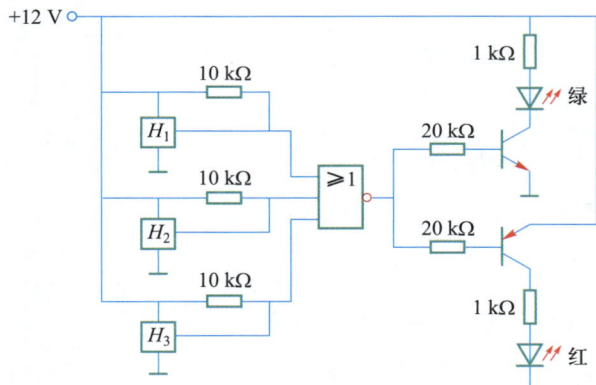

图 6-41　霍尔传感器公共汽车门状态显示电路

将小磁铁固定在门的边缘上，将霍尔传感器固定在门框的边缘上，让两者靠近，即门处于关闭状态时，磁铁靠近霍尔传感器，输出端 3 为低电平。当门被非法撬开时，霍尔传感器输出端 3 为高电平，非门输出端 Y 为低电平，继电器 J 吸合，J_a 闭合，蜂鸣器得电后发出报警声音。

（3）公共汽车门状态显示器

使用霍尔传感器，只要再配置一块小永久磁铁就很容易做成车门是否关好的指示器，例如公共汽车的三个门必须关闭，司机才可开车。电路如图 6-41 所示，三片开关型霍尔传感器分别装在汽车的三个门框上，在车门适当位置各固定一块磁钢，当车门开着时，磁钢远离霍尔开关，输出端为高电平。若三个门中有一个未关好，则**或非**门输出为低电平，红灯亮，表示还有门未关好，若三个门都关好，则**或非**门输出为高电平，绿灯亮，表示车门关好，司机可放心开车。

6.5　磁敏传感器拓展知识

　　磁敏传感器主要是霍尔元件、磁阻元件，其应用的最大特点是非接触测量。其中，霍尔元件主要用于磁场测量中用作高斯计（特斯拉计）的检测探头，用于电流检测时作为电流传感器/变送器的一次元件，在直流无刷电机上用于检测转子位置并提供激励信号，集成开关型霍尔器件的转速/转数测量等。

　　强磁体薄膜磁阻器件作为位移传感器时广泛用于对磁尺的线性长距离位移测量，以及汽车领域的转动角度测量等。

　　霍尼韦尔 HMC5883L 是一种表面贴装的高集成模块，并带有数字接口的弱磁传感器芯片，应用于低成本罗盘和磁场检测领域。HMC5883L 包括最先进的高分辨率 HMC118X 系列磁阻传感器，并附带霍尼韦尔专利的集成电路包括放大器、自动消磁驱动器、偏差校准、能使罗盘精度控制在 $1° \sim 2°$ 的 12 位模数转换器。

　　HMC5883L 采用霍尼韦尔各向异性磁阻（AMR）技术，这些各向异性传感器具有在轴向高灵敏度和线性高精度的特点。传感器带有的对于正交轴低敏感度的固相结构能用于测量地球磁场的方向和大小，其测量范围从毫高斯到 8 高斯（gauss）。

　　霍尼韦尔 HMC5883L 磁阻传感器电路是三轴传感器并应用特殊辅助电路来测量磁场。通过施加供电电源，传感器可以将测量轴方向上的任何入射磁场转变成一种差分电压输出。磁阻传感器是由一个镍铁（坡莫合金）薄膜放置在硅片上，并构成一个带式电阻元件。在磁场存在的情况下，桥式电阻元件的变化将引起跨电桥输出电压的相应变化。这些磁阻元件两两对齐，形成一个共同的感应轴（如引脚图上的箭头所示），随着磁场在感应方向上不断增强，电压也会正向增大。因为输出只与沿轴方向上的磁阻元件成比例，其他磁阻电桥也放置在正交方向上，就能精密测量其他方向的磁场强度。

实训视频：
电子罗盘电路的调试

　　HMC5883L 的基本特性如下：

- 三轴磁阻传感器和 ASIC 都被封装在 3.0 mm × 3.0 mm × 0.9 mm LCC 表面装配中。
- 12-bit ADC 与低干扰 AMR 传感器，能在 ±8 高斯的磁场

中实现 5 毫高斯分辨率。

- 内置自检功能。
- 低电压工作（2.16 ~ 3.6 V）和超低功耗（100 μA）。
- 内置驱动电路。
- I^2C 数字接口。
- 无引线封装结构。
- 磁场范围广（+/−8Oe）。
- 有相应软件及算法支持。
- 最大输出频率可达 160 Hz。

图 6-42 为 HMC5883L 磁阻传感器的外形与引脚功能示意

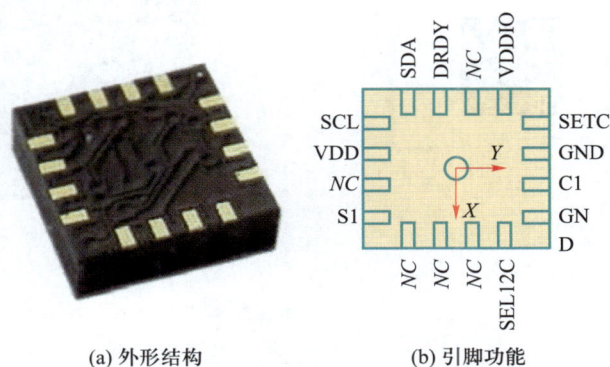

(a) 外形结构　　(b) 引脚功能

图 6-42　HMC5883L 磁阻传感器的外形结构与引脚功能示意图

图，图 6-43 为 HMC5883L 磁阻传感器配合单片机构成的磁角度测量电路原理图。

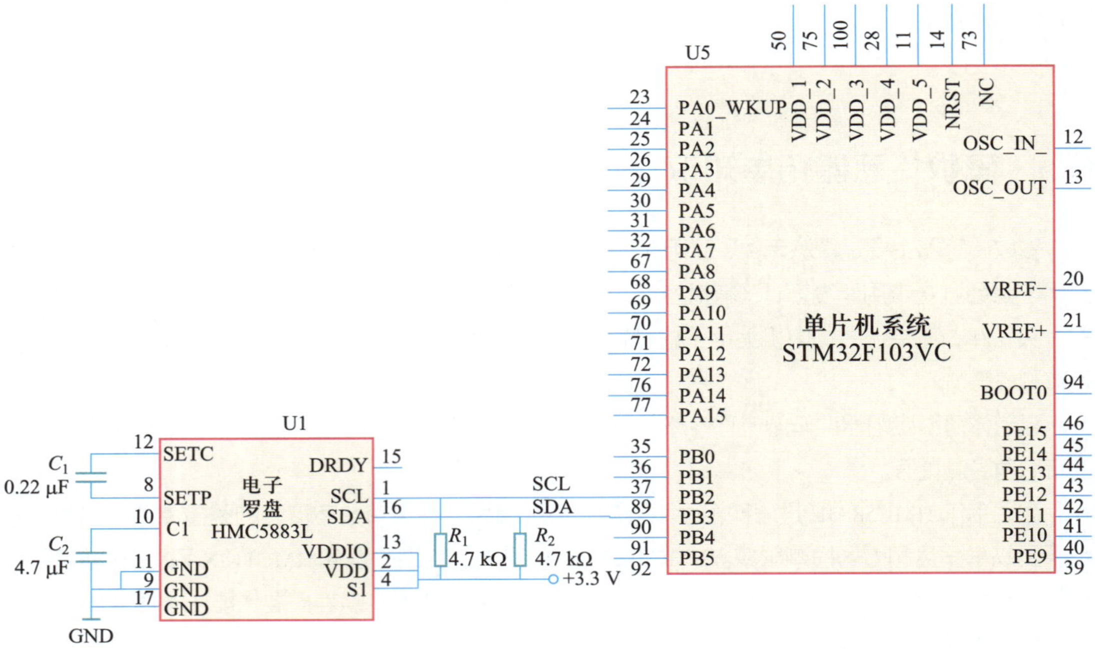

图 6-43　HMC5883L 磁阻传感器配合单片机构成的磁角度测量电路原理图

使用 +5 V 电源接入 HMC5883L 电子罗盘模块的 J4 接口，使用 20P 排线将 HMC5883L 电子罗盘模块 J2 接口和智能显示终端的 J2 接口连接起来，确认无误之后，给模块上电，模块电路如图 6-44 所示，此图也是电子罗盘应用电路 AR 体验识别图。

AR 体验：
扫描二维码下载驱动程序，安装成功后扫描"电子罗盘应用电路 AR 体验识别图"进行体验

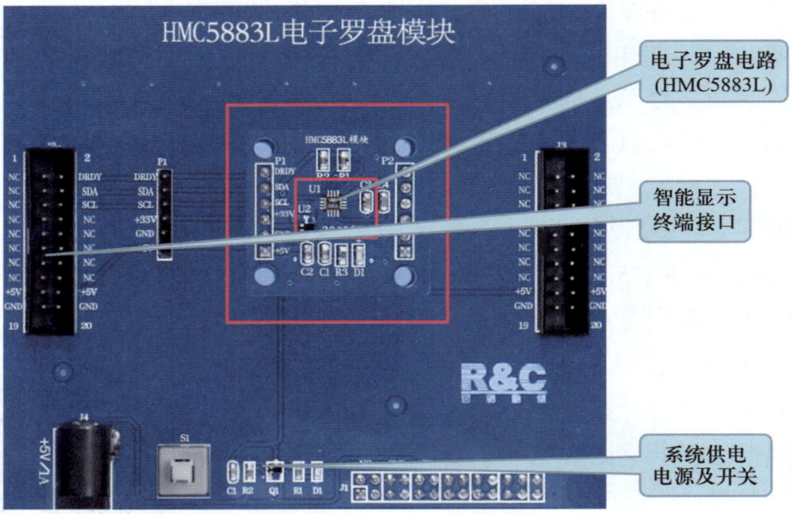

图 6-44　电子罗盘应用电路 AR 体验识别图

通过按键 K1 或 K2 选中电子罗盘实验，单击按键 K5 进入电子罗盘实验，可以观察到智能显示终端上显示当前方向角。

缓慢转动模块，观察智能显示终端上方向角的变化；继续缓慢转动模块，观察智能显示终端上方向角的变化。

📚 思考与练习题

一、填空题

1. 常见的磁敏传感器有_____、_____、_____和_____等。

2. 按照输出特性可将霍尔传感器分为_____、_____和_____三种类型。

3. 磁阻传感器包括_____和_____两大类。

4. 线性型霍尔传感器输出的是_____，开关型霍尔传感器输出的是_____。

5. 霍尔元件一般由_____、_____和_____等组成。

二、判断题

1. 磁敏二极管与普通二极管一样也具有单向导电性。　　　　　　（　　）

2. 霍尔传感器可以用作接近开关。　　　　　　　　　　　　　（　　）

3. 干簧管实际上是一种电子开关。　　　　　　　　　　　　　（　　）

4. 巨磁阻传感器可以用于角度测量。　　　　　　　　　　　　（　　）

5. 利用霍尔传感器可以测量电机转速。　　　　　　　　　　　（　　）

6. 干簧管实际上是一种对磁场敏感的特殊开关。　　　　　　　（　　）

7. 霍尔传感器可用作生产线上的产品计数。　　　　　　　　　（　　）

8. 磁敏三极管与普通三极管可以互换使用。　　　　　　　　　（　　）

9. 巨磁电阻可用作道路车辆参数的检测。　　　　　　　　　　（　　）

10. 霍尔传感器可用作金属探测。　　　　　　　　　　　　　（　　）

三、分析与设计题

1. 什么是霍尔效应，举例说明基于霍尔效应的典型器件及其应用案例。

2. 利用霍尔传感器设计公交车门开关状态检测电路。

项目 7 气敏传感器应用电路设计与调试

项目调研

气敏传感器是一种能够感知环境中气体成分和浓度的敏感元件。在工业生产和家庭生活环境中，气敏传感器被广泛用来对易燃、易爆、有毒气体进行测量与监测，需要对空气质量进行评定等。通过网络资源或实地考察不同场景下气敏传感器的使用环境、测量范围，了解不同气敏传感器的特点。

实施方案

实施本项目的意义在于学会如何根据被测气体成分与浓度的不同进行相关参量的测量来选取合适的气敏传感器。在确定使用的传感器后再根据其输出信号的类型（电压信号、电流信号或电阻信号等）设计出相应的传感器接口电路，将传感器测量得到的与对应气体成分、气体浓度对应的不同种类的信号转换成为标准的电压值输出。

知识目标

（1）气敏传感器的基础
（2）半导体气敏传感器的结构与工作原理
（3）接触燃烧式气敏传感器的结构与工作原理
（4）气敏传感器的应用电路

技能目标

（1）能用万用表初步判断常用气敏传感器质量
（2）能设计、制作与调试气体泄漏检测电路
（3）能设计、制作与调试酒精浓度检测电路

素质目标

（1）培养学生树立科技强国的信念

（2）培养学生爱岗敬业、高度的责任心、团结合作的职业操守

（3）培养学生正确处理人际关系与沟通表达能力

（4）培养学生严谨的科学态度与精益求精的工匠精神

（5）培养学生的规范意识与安全意识

任 务 1 认知气敏传感器

学习目标

（1）了解气敏传感器的定义与作用

（2）熟悉气敏传感器的种类与常用参数

（3）能识别常用的气敏传感器

7.1　气敏传感器基础知识

7.1.1　气敏传感器的定义与作用

教学课件：
气敏传感器定
义与分类

理论微课：
气敏传感器定
义与分类

1. 气敏传感器的定义

气敏传感器是一种能够感知环境中气体成分和浓度的敏感器件，它利用各种化学、物理效应将气体成分、浓度按一定规律转换成电信号，用于检测、监控、报警，也可通过接口电路组成自动控制系统。

2. 气敏传感器的作用

在煤矿、石油、化工、市政、医疗、交通运输、家庭等安全防护方面，气敏传感器常用于探测可燃、易燃、有毒气体的浓度，或氧气的消耗量等。在电力工业等生产制造领域，也常用气敏传感器定量测量烟气中各成分的浓度，以判断燃烧情况和有害气体的排放量等。在大气环境监测领域，采用气敏传感器判定环境污染状况等。

3. 对气敏传感器的性能要求

对气敏传感器的性能主要有以下几个方面的要求：

（1）对被测气体有较高的灵敏度，能有效地检测允许范围内的气体浓度，并能及时给出比较、显示与控制信号。

（2）对被测气体以外的共存气体或物质不敏感。

（3）性能稳定，重复性好。

（4）动态特性好，对检测信号响应迅速。

（5）使用寿命长，安装使用维修方便。

（6）制造成本低，使用与维护方便。

📖 **小常识**

气体传感器的发展史与发展趋势

　　20 世纪初第一只半导体传感器诞生于英国，并一直在欧洲发展和应用，直到 20 世纪 50 年代半导体传感技术才流传到日本，费加罗公司的创始人田口尚义在 1968 年 5 月率先发明了半导体式气体传感器。我国关于气体传感器的研究起步较晚，直到 20 世纪 80 年代才开始研制气体传感器。

　　随着纳米、薄膜技术等新材料新工艺技术以及 MEMS 技术的推广应用，未来气体传感器的发展趋势必然是微型化、智能化和多功能化。

7.1.2　气敏传感器的分类与参数

1. 气敏传感器的分类

气敏传感器种类繁多，特性各异，分类方法也不尽相同。

气敏传感器按照工作原理可分为半导体式气敏传感器、接触燃烧式气敏传感器、电化学型气敏传感器、固体电解质气敏传感器、光学式气敏传感器、高分子气敏传感器、振子式气敏传感器等。

（1）半导体式气敏传感器

半导体式气敏传感器又分为电阻式和非电阻式两大类。它是采用金属氧化物或金属半导体氧化物材料做成的元件，通过与气体相互作用时产生表面吸附或反应，引起以载流子运动为特征的电导率或伏安特性或表面电位变化。

（2）接触燃烧式气敏传感器

接触燃烧式气敏传感器可分为直接接触燃烧式和催化接触燃烧式，其工作原理是气敏材料（如 Pt 电热丝等）在通电状态下，可燃性气体氧化燃烧或者在催化剂作用下氧化燃烧，电热丝由于燃烧而升温，从而使其电阻值发生变化。这种气敏传感器普遍适用于石油化工厂、造船厂、矿井隧道和浴室厨房的可燃性气体的监测和报警，但对不燃烧气体不敏感。

（3）电化学型气敏传感器

电化学型气敏传感器可分为原电池式、可控电位电解式、电量式和离子电极式四种类型。原电池式气敏传感器通过检测电流来检测气体的体积分数；可控电位电解式传感器是通过测量电解时流过的电流来检测气体的体积分数，和原电池式不同的是，需要由外界施加特定电压，除了能检测 CO、NO、NO_2、O_2、SO_2 等气体外，还能检测血液中的氧体积分数；电量式气敏传感器是通过被测气体与电解质反应产生的电流来检测气体的体积分数；离子电极式气敏传感器通过测量离子极化电流来检测气体的体积分数。

电化学式气敏传感器主要的优点是检测气体的灵敏度高、选择性好。

（4）固体电解质气敏传感器

固体电解质气敏传感器是一种以离子导体为电解质的化学电池。固体电解质气敏传感器具有电导率高、灵敏度和选择性好等特点，在环保、节能、矿业、汽车工业等各个领域获得了广泛的应用。

（5）光学式气敏传感器

光学式气敏传感器包括红外吸收型、光谱吸收型、荧光型、光纤化学材料型等，主要以红外吸收型气体分析仪为主，由于不同气体的红外吸收波长不同，通过测量和分析红外吸收波长来检测气体。

（6）高分子气敏传感器

高分子气敏传感器又分为高分子电阻式气体传感器、浓差电池式气体传感器与面波（SAW）式气体传感器等多种类型。

高分子电阻式气体传感器是通过测量高分子气敏材料的电阻来测量气体的体积分数；浓差电池式

教学课件：
气敏传感器结构

理论微课：
气敏传感器结构

教学课件：
气敏传感器原理

理论微课：
气敏传感器原理

气体传感器是利用气敏材料吸收气体时形成浓差电池，测量输出的电动势来测量气体体积分数；面波（SAW）式气体传感器则是制作在压电材料的衬底上，一端的表面为输入传感器，另一端为输出传感器。两者之间的区域淀积了能吸附 VOC 的聚合物膜。被吸附的分子增加了传感器的质量，使得声波在材料表面上的传播速度或频率发生变化，通过测量声波的速度或频率来测量气体体积分数。

（7）振子式气敏传感器

石英振子微秤由直径为数微米的石英振动盘和制作在盘两边的电极构成。当振荡信号加在器件上时，器件会在它的特征频率处发生共振。振动盘上淀积了有机聚合物，聚合物吸附气体后，使器件质量增加，从而引起石英振子的共振频率降低，通过测定共振频率的变化来识别气体。

2. 气敏传感器的主要参数

气敏传感器的主要参数包括灵敏度、响应时间、选择性、稳定性、抗腐蚀性等。

（1）灵敏度

灵敏度是指传感器输出变化量与被测输入变化量之比，主要依赖于传感器结构所使用的技术。大多数气敏传感器的设计原理都采用生物化学、电化学、物理学和光学。首先要考虑的是选择一种敏感技术，它对目标气体的阈限值或最低爆炸限的百分比的检测要有足够的灵敏性。

（2）响应时间

响应时间主要是指对被测气体浓度的响应速度。

（3）选择性

选择性是指在多种气体共存的条件下，气敏元件区分气体种类的能力稳定性。

（4）稳定性

稳定性是指传感器在整个工作时间内基本响应的稳定性，取决于零点漂移和区间漂移。零点漂移是指在没有目标气体时，整个工作时间内传感器输出响应的变化。区间漂移是指传感器连续置于目标气体中的输出响应变化，表现为传感器输出信号在工作时间内的降低。理想情况下，一个传感器在连续工作条件下，每年零点漂移小于 10%。

（5）抗腐蚀性

抗腐蚀性是指传感器暴露于高体积分数目标气体中的能力。在具体设计时，传感器需要能够承受期望气体体积分数 10~20 倍。

图 7-1 为常见气敏传感器的外形结构图。

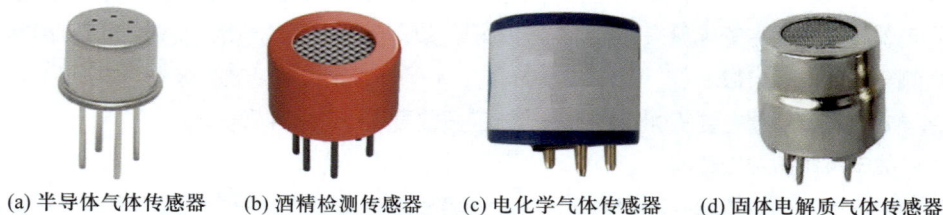

(a) 半导体气体传感器   (b) 酒精检测传感器   (c) 电化学气体传感器   (d) 固体电解质气体传感器

图 7-1 常见气敏传感器的外形结构图

任务 2 半导体气敏传感器及其应用分析

🔖 学习目标

（1）了解半导体气敏传感器的结构、分类与特性

（2）熟悉半导体气敏传感器的工作原理

（3）能调试气体泄漏检测电路

技能训练 26　气体烟雾报警电路制作与调试

任务描述：

利用半导体气敏传感器设计制作一种简易烟雾报警电路。通过本训练项目，加深对气敏电阻传感器特性的理解，熟悉气敏传感器控制电路的组成、工作原理，掌握气敏传感器控制电路的焊接、测试与调整方法。

要求对训练用电子元器件和气敏传感器进行正确识别与质量检测，并在万能板上焊接一个简易烟雾报警器电路，当烟雾达到一定浓度时报警器发出声光报警。使用万用表对电路关键点电压进行测试，并对测量结果进行分析。

器材准备：

气敏传感器，运放、比较器、电阻若干，三极管、蜂鸣器等。

设计制作与调试过程：

MQ-2 型烟雾传感器属于二氧化锡半导体气敏材料，属于表面离子式 N 型半导体。当 MQ-2 型烟雾传感器与烟雾接触时，如果晶粒间界处的势垒受到该烟雾的调制而变化，就会引起表面电导率的变化。利用这一点就可以获得这种烟雾存在的信息，烟雾浓度越大，电导率越大，输出电阻越低。

烟雾报警器使用 MQ-2 烟雾传感器检测火灾烟雾，通过其输出电压与门限电压来比较得出一个高电平驱动报警器。

按照任务要求设计的烟雾报警器电路如图 7-2 所示，图中的 MQ-2 为烟雾传感器，由 4、6 引脚输出电压信号（TP3），一路通过电压跟随电路后进入单片机系统中作为测量使用；另外一路通过与阈值电压 TP7 通过比较器 LMV393 相比较，当烟雾浓度达到一定值时，TP3 处电压大于 TP7 处电压，比较器输出为低电平，MOS 管开启，报警器响起，反之，则报警器不响。

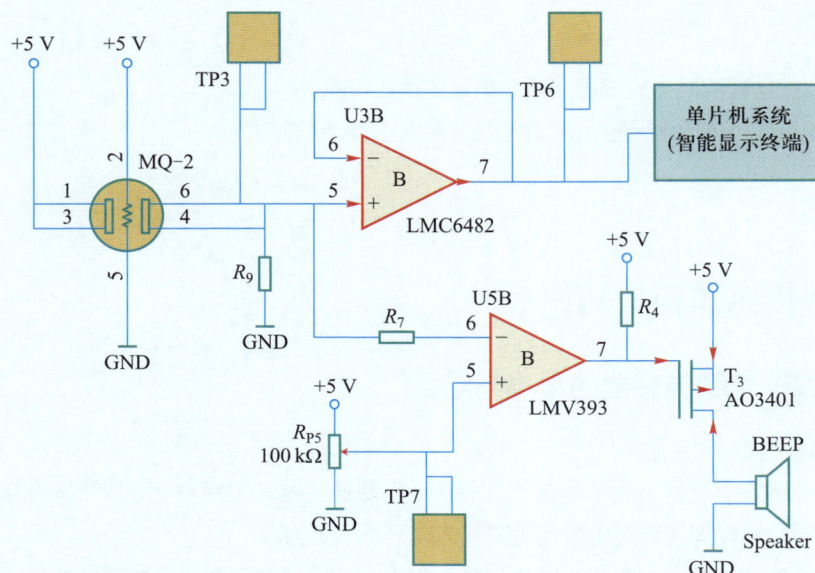

图 7-2　烟雾报警电路原理图

实训视频：
气体烟雾报警电路的调试

在电路板上按照图 7-2 所示电路进行元件排版、布线与焊接，电路焊接样板如图 7-3 所示，此图也是烟雾报警电路 AR 体验识别图。

图 7-3　烟雾报警电路 AR 体验识别图

在图 7-3 所示电路板气敏传感器位置接入 MQ-2 型气敏传感器，检查各相关连接线路无误后接通电源，确认后用数字式万用表测量气敏传感器应用模块的供电电压（+5 V，+12 V，-12 V）是否正常。

设置合适的报警门限电压，将烟雾源放置在烟雾传感器附近，产生烟雾飘入传感头，用万用表测量此时 TP6 处电压变化情况，改变烟雾与传感器之间距离，将结果记录在 7-1 中。

表 7-1　烟雾测量值

次数						
TP6 处电压						

问题思考：

（1）改变烟雾浓度会对测量显示结果造成什么影响？

（2）如果使用传感器测量打火机的气体将会出现什么现象？

7.2　气敏传感器相关知识

7.2.1　半导体气敏传感器的分类与结构

1. 半导体气敏传感器的分类

半导体式气敏传感器是利用半导体气敏元件（主要是金属氧化物）与待测气体接触时，通过测量半导体的电导率等物理量的变化检测特定气体成分或浓度的。

对于半导体气体传感器，按照半导体与气体的相互作用是在其表面还是在其内部，可分为表面控制型和体控制型两种；按照半导体变化的物理性质，又可分为电阻型和非电阻型两种。

电阻型半导体气敏传感器是指半导体金属氧化物陶瓷气体传感器，是一种金属氧化物薄膜制成的阻抗器件，其电阻会随着气体含量不同而发生变化。例如氧化锡（SnO_2）、氧化锰（MnO_2）等金属氧化物制成敏感元件，当它们吸收了可燃气体的烟雾，如氢、一氧化碳、烷、醚、苯以及天然气等时，会发生还原反应，放出热量，使元件温度相应增高，电阻发生变化。利用半导体材料的这种特性，将气体的成分和浓度变换成电信号，进行监测和报警。

非电阻式气敏传感器是根据对气体的吸附和反应，使半导体的某些特性发生变化对气体进行直接或间接检测。具体来讲，非电阻式气敏传感器就是利用 MOS 二极管的电容 - 电压特性的变化以及 MOS 场效应晶体管的阈值电压变化等特性而制成的气体传感器。此类器件的制造工艺成熟，便于器件集成化，因而其性能稳定且价格便宜。

2. 半导体气敏传感器的结构

半导体气敏传感器一般由敏感元件、加热器和外壳三部分组成，常见的气敏传感器的外形结构如图 7-4 所示。

图 7-4　半导体气敏传感器的外形结构

动画：
MQN 型气敏电阻特性

半导体气敏传感器按其结构可分为烧结型、薄膜型和厚膜型，其内部结构如图 7-5 所示。

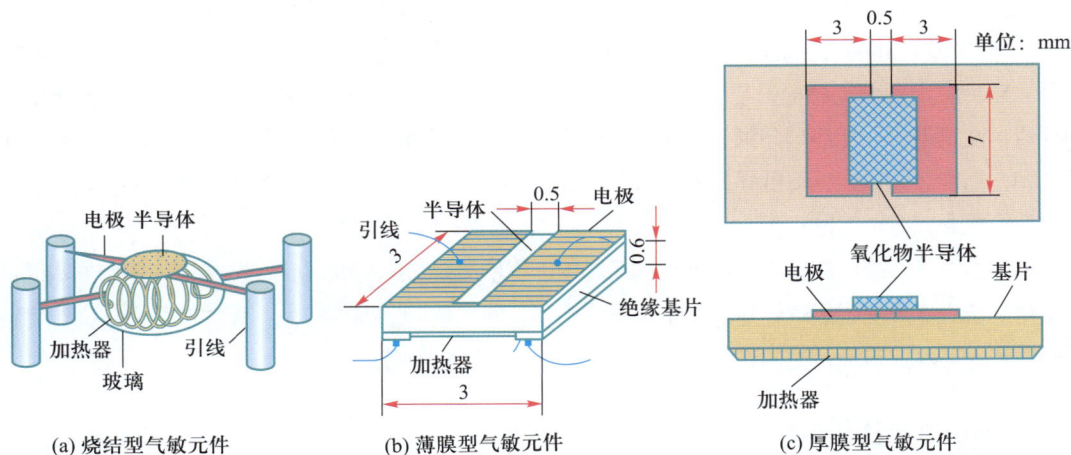

(a) 烧结型气敏元件　　(b) 薄膜型气敏元件　　(c) 厚膜型气敏元件

图 7-5　半导体气敏传感器的内部结构

图 7-5（a）所示为烧结型气敏元件，它以多孔质陶瓷如 SnO_2 为基材，添加不同物质采用低温（700～900 ℃）制陶方法进行烧结，烧结时埋入铂电极和加热丝，最后将电极和加热丝引线焊在管座上制成元件。由于制作简单，它是一种最普通的结构形式，主要用于检测还原性气体、可燃性气体和液体蒸气，但由于烧结不充分，器件的机械强度较差，且所用电极材料较贵重，电特性误差较大，使得其应用受到一定的限制。

图 7-5（b）所示为薄膜型气敏元件，它是用蒸发或溅射方法，在石英或陶瓷基片上形成金属氧

化物薄膜（厚度在 100 nm 以下），用这种方法制成的敏感膜颗粒很小，因此具有很高的灵敏度和响应速度。敏感体的薄膜化有利于器件的低功耗、小型化，以及与集成电路制造技术兼容。

图 7-5（c）所示为厚膜型气敏元件，将气敏材料（SnO_2、ZnO）与一定比例的硅凝胶混合制成能印刷的厚膜胶，把厚膜胶用丝网印刷到事先安装有铂电极的氧化铝的基片上，在 400～800 ℃的温度下烧结 1～2 小时便制成厚膜型气敏元件。用厚膜工艺制成的器件一致性较好，机械强度高，适于批量生产。

上述气敏元件都附有加热器，它的作用是使附着在探测部分处的油雾、尘埃等烧掉，同时加速气体氧化还原反应，从而提高元件的灵敏度和响应速度，一般加热到 200～400 ℃。

加热方式一般有直热式和旁热式两种，因而形成了直热式气敏器件和旁热式气敏器件。

直热式气敏器件的结构及符号如图 7-6（a）所示。

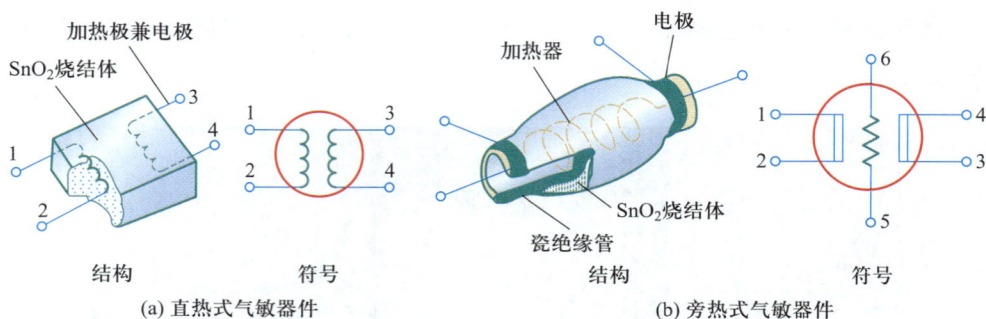

图 7-6　直热式和旁热式气敏器件结构与符号

直热式器件是将加热丝、测量丝直接埋入 SnO_2 或 ZnO 等粉末中烧结而成的，工作时加热丝通电，测量丝用于测量器件阻值。这类器件制造工艺简单、成本低、功耗小，可以在高电压回路下使用，但热容量小，易受环境气流的影响，测量回路和加热回路间没有隔离而相互影响。

旁热式气敏器件的结构及符号如图 7-6（b）所示。它的特点是将加热丝放置在一个陶瓷管内，管外涂梳状金电极作测量极，在金电极外涂上 SnO_2 等材料。旁热式气敏传感器克服了直热式结构的缺点，使测量极和加热极分离，而且加热丝不与气敏材料接触，避免了测量回路和加热回路的相互影响，器件热容量大，降低了环境温度对器件加热温度的影响，所以这类结构器件的稳定性、可靠性都较直热式器件的好。

电阻型气体传感器具有成本低廉、制造简单、灵敏度高、响应速度快、寿命长、对湿度敏感低和电路简单等优点。不足之处是必须工作于高温下，对气体的选择性较差，元件参数分散，稳定性不够理想，功率要求高，当探测气体中混有硫化物时，容易中毒。

3. 电阻式气体传感器的主要参数

电阻式气体传感器的主要参数包括固有电阻、工作电阻、灵敏度、响应时间、恢复时间、加热电阻和加热功率等。

（1）固有电阻

固有电阻 R_0 又称正常电阻，表示气体传感器在正常空气条件下的阻值。

（2）工作电阻

工作电阻 R_s 表示气体传感器在一定浓度被测气体中的阻值。

（3）灵敏度

通常用 $S=R_s/R_0$ 表示，有时也用两种不同浓度（C_1、C_2）检测气体中元件阻值之比 $S=R_s(C_2)/$

$R_0(C_1)$ 来表示。

（4）响应时间

响应时间反映传感器的动态特性，它定义为传感器阻值从接触一定浓度的气体起到该浓度下的稳定值所需时间。也常用达到该浓度下电阻值变化率的 63% 时的时间来表示。

（5）恢复时间

恢复时间又称脱附时间。反映传感器的动态特性，定义为传感器从脱离检测气体起，到传感器电阻值恢复至正常空气条件下的阻值，这段时间称为恢复时间。

（6）加热电阻

加热电阻为传感器提供工作温度的电热丝阻值。

（7）加热功率

加热功率为保持正常工作温度所需要的加热功率。

7.2.2　半导体气敏传感器的工作原理

电阻式气敏传感器的电路符号与阻值变化曲线如图 7-7 所示。

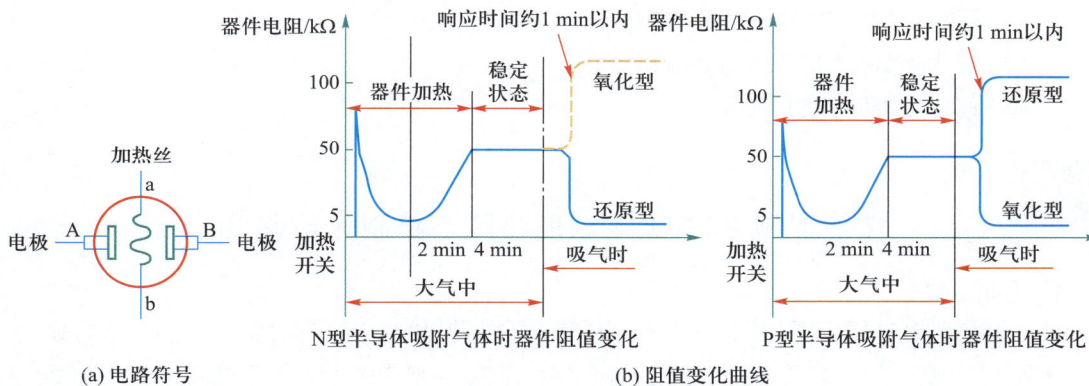

图 7-7　电阻式气敏传感器电路符号与阻值变化曲线

当半导体器件被加热到稳定状态时，气体接触半导体表面而被吸附，吸附的分子首先在表面自由扩散，失去运动能量，一部分分子被蒸发掉，另一部分残留分子产生热分解而固定在吸附处。当半导体的功函数小于吸附分子的电子亲和力时，则吸附分子将从器件夺得电子而变成负离子吸附，半导体表面呈现电荷层。具有负离子吸附倾向的气体，如 O_2 等被称为氧化型气体或电子接收型气体。如果半导体的功函数大于吸附分子的离解能，则吸附分子将向器件释放出电子，而形成正离子吸附。具有正离子吸附倾向的气体有 H_2、CO、碳氢化合物和醇类等，称为还原型气体或电子供给型气体。

半导体气敏元件有 N 型和 P 型之分。N 型材料有 SnO_2、ZnO、TiO 型等，P 型材料有 MoO_2、CrO_3 等。当氧化型气体吸附到 N 型半导体上，还原型气体将使半导体载流子减少，而使电阻值增大；相反，当还原型气体吸附到 N 型半导体上，氧化型气体吸附到 P 型半导体上时，则载流子增多，使半导体电阻值下降。例如：SnO_2 金属氧化物半导体气敏元件，在 200～300 ℃时吸附空气中的氧，形成氧的负离子吸附，使半导体中的电子密度减小，从而使其阻值增大。而当遇到有能供给电子的还原型气体（如 CO 等）时，原来吸附的氧脱附，而以正离子状态吸附在金属氧化物半导体表面，氧脱附放出电子，还原型气体以正离子状态吸附也要放出电子，从而使氧化物半导体导带电子密度增加，电阻值下降。当还原型气体不存在时，金属氧化物半导体又会自动恢复氧的负离子吸附，使电阻值回升到初始状态。

空气中的氧的成分大体上是恒定的，因而氧的吸附量也是恒定的，气敏器件的阻值大致保持不变。如果被测气体流入这种气氛中，器件表面将产生吸附作用，器件的阻值将随气体浓度变化而变化，从浓度与阻值的变化关系即可得知气体的浓度。

气敏元件在工作时都需要加热，其目的是加速气体吸附、脱出的过程，提高器件的灵敏度和反应速度；烧去附着在探测部分的油雾、尘埃等污物，起清洁作用；控制不同的加热温度，可以增强对被测气体的选择性，在实际工作时一般要加热到 200 ～ 400 ℃。

电阻式气体传感器结构简单，使用方便，可以检测还原性气体、可燃性气体、蒸汽等。

任 务 3   接触燃烧式气敏传感器及其应用分析

📝 学习目标

（1）了解接触燃烧式气敏传感器的结构、分类与特性
（2）熟悉接触燃烧式气敏传感器的工作原理
（3）能调试酒精浓度检测电路

技能训练 27   酒精浓度检测电路制作与调试

任务描述：

利用半导体气敏传感器制作一种简易酒精浓度检测电路。通过本训练项目，加深对气敏传感器特性的理解，熟悉气敏传感器控制电路的组成、工作原理，掌握气敏传感器控制电路的焊接、测试与调整方法。

要求对训练用电子元器件和气敏传感器进行正确识别与质量检测，并在万能板上焊接一个简易酒精浓度检测电路，当酒精浓度达到一定值时报警器发出声光报警。使用万用表对电路关键点电压进行测试，并对测量结果进行分析。

器材准备：

MQ-3 型气敏传感器，运放、比较器、电阻若干，三极管、蜂鸣器、测试用酒精、数字式万用表等。

设计制作与调试过程：

本项目采用 MQ-3 型气敏元件，由微型 Al_2O_3 陶瓷管、SnO_2 敏感层、测量电极和加热器构成的敏感元件固定在塑料或不锈钢制成的腔体内，加热器为气敏元件提供了必要的工作条件。MQ-3 型气体传感器适用于酒精气体浓度为 0.05 ～ 10 mg/L，其对应数字显示表头的值为 0 ～ 100 的变化，即数字显示表头显示 100 时，则此时浓度有 10 mg/L，按比例分配。

封装好的气敏元件有 6 只针状管脚，其中 4 个用于信号取出，2 个用于提供加热电流，MQ-3 型气敏传感器应用电路如图 7-8 所示。

实训视频：
酒精浓度检测
电路的调试

　　按照任务要求设计的简易酒精浓度检测电路如图 7-9 所示。酒精传感器采用高精度 MQ-3 型气敏传感器对空气中的乙醇浓度进行检测，当检测到酒精分子时，TP1 处的电压会发生变化，随着 MQ-3 检测到的酒精浓度越高，则 TP1 处的电压越大，其中一路输出信号通过跟随电路后被送入单片机系统中计算酒精浓度，另外一路通过与 TP7 处阈值电压相比较，当大于阈值电压时报警器响起，表示酒精浓度超标。

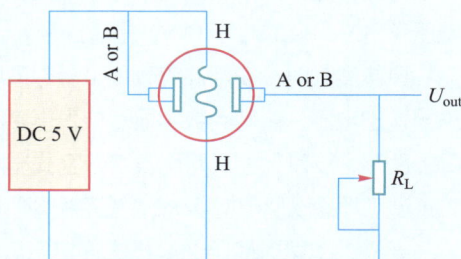

图 7-8　MQ-3 型气敏传感器应用电路

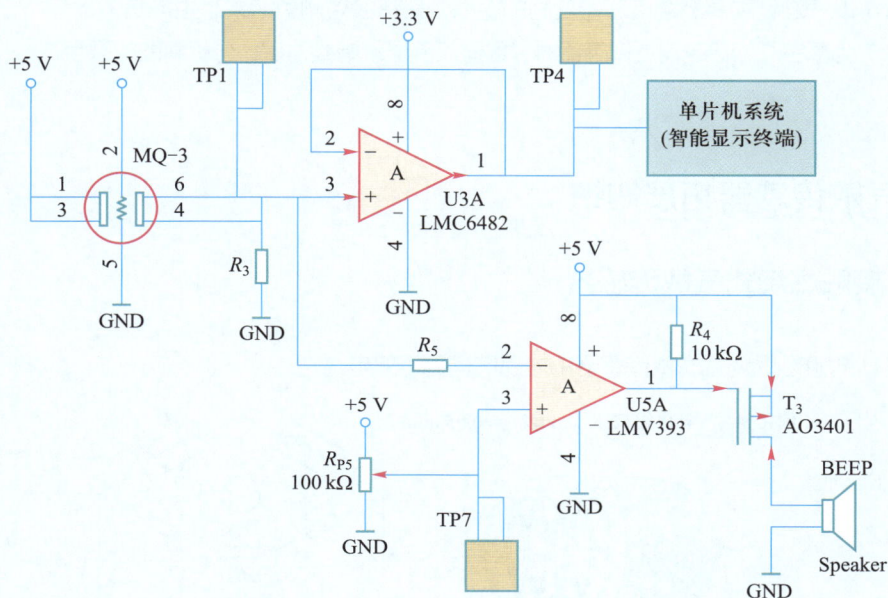

图 7-9　简易酒精浓度检测电路

电路仿真：图 7-9 酒精浓度检测电路仿真

思政聚焦：酒驾立法与安全意识

　　将图 7-9 所示气敏传感器与信号调理电路进行布线、焊接成如图 7-10 所示电路板，此图也是酒精浓度检测电路 AR 体验识别图。

图 7-10　酒精浓度检测电路 AR 体验识别图

AR 体验：扫描二维码下载驱动程序，安装成功后扫描"酒精浓度检测电路 AR 体验识别图"进行体验

　　检查各相关链接线路无误后接通电源，用数字式万用表测量气敏传感器应用模块的供电电压（+5 V，+12 V，−12 V）是否正常。

　　具体实验时，使用棉签蘸取少量白酒后靠近酒精传感器，使用万用表测量 TP4 处酒精传感器输出电压，或利用数字显示仪表直接连接 TP4 处的输出信号。改变棉签与酒精传感器之间的距离，观察数字式万用表或数字式显示表显示值的变化，自拟表格，记录实验数据。

　　调节报警阈值电位器 R_{P5}，设定报警门限，当酒精浓度达到一定值时，将触发蜂鸣器报警。

　　另外，也可以使用 20P 排线连接气敏传感器的 J3 和智能显示终端的 J2 接口，进入酒精浓度测量仪页面，重复以上步骤，观察实验数据。

问题思考：

（1）改变酒精源离酒精传感器之间的距离，是否会对测量结果产生影响？

（2）当蘸白酒的棉花靠近传感器时，数显表头显示始终为零，分析可能的原因？

7.3　气敏传感器拓展知识

7.3.1　接触燃烧式气敏传感器

　　图 7-11 为接触燃烧式气敏传感器的内部结构与等效电路图。

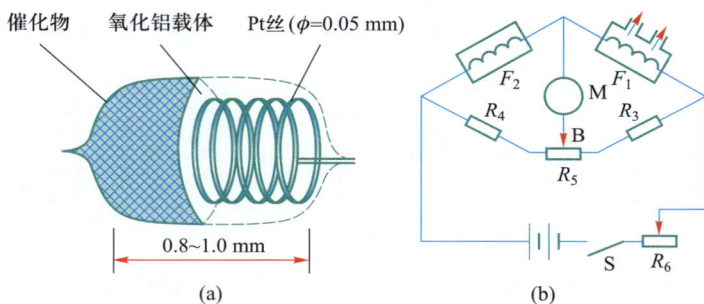

图 7-11　接触燃烧式气敏传感器的内部结构与等效电路图

　　接触燃烧式气体传感器检测原理：可燃性气体（H_2、CO、CH_4 等）与空气中的氧接触，发生氧化反应，产生反应热（无焰接触燃烧热），使得作为敏感材料的铂丝温度升高，电阻值相应增大。一般情况下，空气中可燃性气体的浓度都不太高（低于 10%），可燃性气体可以完全燃烧，其发热量与可燃性气体的浓度有关。空气中可燃性气体浓度愈大，氧化反应（燃烧）产生的反应热量（燃烧热）愈多，铂丝的温度变化（增高）愈大，其电阻值增加的就越多。因此，只要测定作为敏感件的铂丝的电阻变化值（ΔR），就可检测空气中可燃性气体的浓度。但是，使用单纯的铂丝线圈作为检测元件，其寿命较短，所以，实际应用的检测元件，都是在铂丝圈外面涂覆一层氧化物触媒。这样既可以延长其使用寿命，又可以提高检测元件的响应特性。

7.3.2　气敏传感器的选用原则

　　气敏传感器在工业生产与人们的日常生活中获得了较为广泛的应用。针对不同的应用场合，对传感器的选用主要应考虑以下几个方面的问题。

1. 测量对象与测量环境

在选用气体传感器时，首先要考虑的问题是测量对象与测量环境。被测气体的类型不同，传感器所处的测量环境不同，相应要求所选用的气体传感器也不同。即使是测量同一物理量，也有多种原理的传感器可供选用，哪一种原理的传感器更为合适，则需要根据被测量的特点和传感器的使用条件综合进行考虑。具体问题包括传感器的量程的大小、体积大小、测量方式、信号引出方法等。

2. 灵敏度

通常情况下，在传感器的线性范围内总是希望传感器的灵敏度越高越好。因为只有灵敏度高时，与被测量变化对应的输出信号才比较大，有利于信号处理。但是，传感器的灵敏度高，与被测量无关的外界噪声也容易混入，也会被放大系统放大，影响测量精度。因此，要求传感器本身应具有较高的信噪比，尽量减少从外界引入的干扰信号。

3. 响应特性（反应时间）

传感器的频率响应特性决定了被测量的频率范围，必须在允许频率范围内保持不失真的测量条件，实际上传感器的响应总有一定延迟，希望延迟时间越短越好。传感器的频率响应高，可测的信号频率范围就宽，而由于受到结构特性的影响，机械系统的惯性较大，固有频率低的传感器可测信号的频率较低。在动态测量中，应根据信号的特点（稳态、瞬态、随机等）响应特性，以免产生过大的误差。

4. 线性范围

传感器的线形范围是指输出与输入成正比的范围。传感器的线性范围越宽，则其量程越大，并且能保证一定的测量精度。

> **📺 小常识**
>
> #### MEMS 可燃气体传感器
>
> MEMS 可燃气体传感器利用 MEMS 工艺在 Si 基衬底上制作微热板，所使用的气敏材料是在清洁空气中电导率较低的金属氧化物半导体材料。当传感器所处存在气体环境中时，传感器的电导率随空气中被检测气体的浓度变化而发生改变。该气体的浓度越高，传感器的电导率就越高。使用简单的电路即可将电导率的变化转换为与该气体浓度相对应的输出信号。
>
> 与传统半导体气体传感器相比，MEMS 气体传感器具有尺寸小、功耗低、灵敏度高、响应恢复快、驱动电路简单、稳定性好、可集成多种传感器阵列等一系列优点。

7.3.3　气敏传感器综合应用分析

1. 家用可燃气体泄漏报警器

图 7-12 中示出了比较简单的连接气敏传感器 TGS109 与气体泄漏检测系统的电路。传感器对诸如 LP 气体、丙烷、丁烷、甲烷等易燃气体敏感。此外，它还对温度和湿度的波动敏感。为了补偿这些波动的影响，在它的负载电路上加接了一个热敏电阻 R_T（该热敏电阻在室温 25 ℃时的电阻值为 60 Ω）。通过元件 R_3、R_4、R_{P1} 以及热敏电阻的选用，可以抵消温度对 U_{R_L} 的影响。晶闸管必须选用触发电流尽可能小的，因为晶闸管的输入阻抗越低，温度补偿电路的工作性能越好。通过对

教学课件:
气体泄漏检测
电路

理论微课:
气体泄漏检测
电路

动画:
气体报警器原理

思政聚焦:
预防火灾,珍
爱生命

电源电压进行稳压,可以进一步提高传感器的工作性能,因为它可降低电压波动造成的传感器温度的变化。

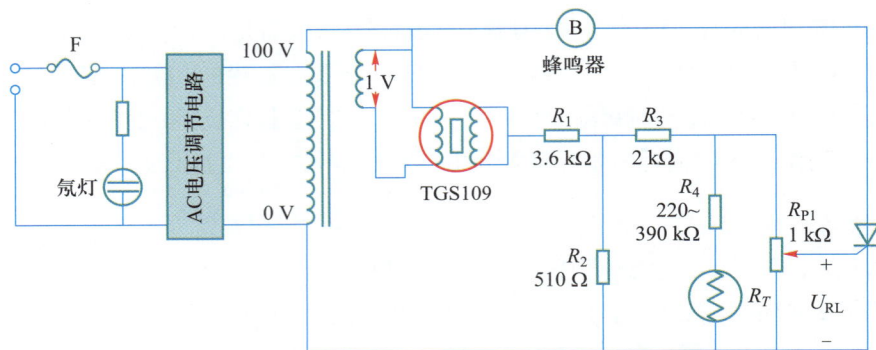

图 7-12   TGS 109 的气体泄漏检测电路

2. 气体烟雾检测报警器

图 7-13 为一款常用的气体烟雾检测报警电路原理图。

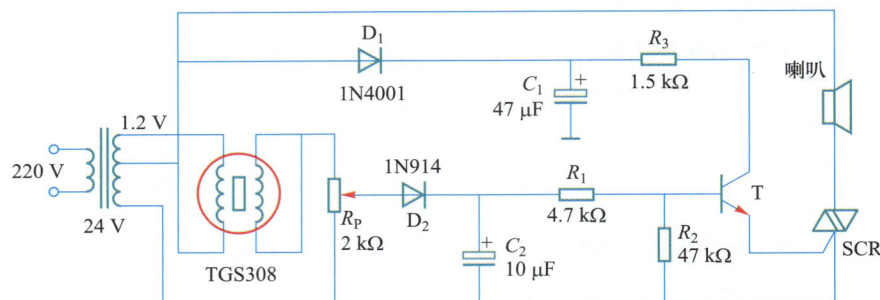

图 7-13   气体烟雾检测报警电路原理图

在图 7-13 中,TGS308 为烟雾检测传感器。当传感器遇到可燃气体时,其相应的阻值降低,电位器 R_P 分得的电压升高,经二极管 D_2、电阻 R_1 后加到三极管 T 的基极并使该三极管处于导通状态,进而触发晶闸管 SCR 导通,喇叭发出声音报警。

3. 酒精浓度检测仪

陶瓷气敏传感器也可以用于分析酒精蒸气的含量,传感器与相应的电路配合能够检测血液中的酒精含量,电路原理图如图 7-14 所示。

工作原理:电路中使用的气敏传感器为 Figaro 公司制造的 TGS822。如果血液中含有一定比例的酒精成分,那么它必定会发散到空气中,血液中酒精浓度越高,发散在空气中的比例也越大。如果用含有一定浓度酒精的空气喷吹传感器,传感器的电阻将发生与酒精浓度相应的变化,这个变化可以用合适的测量电路鉴别。传感器负载电阻上的输出电压反相加载到三个运算放大器的输入端,三者互联成比较器。实际上,电阻 R_1 和 R_2 是基准电压的发生器,基准电压的上限由可变电阻 R_{P1} 设定,而下限则由 R_{P2} 设定。

接通电源,并按下复位按钮后,触发器进入逻辑 0 的状态。这时,发光二极管 $LED_1 \sim LED_3$ 不发光。当酒精蒸气作用在传感器上时,负载电阻上的压降开始变化(逐渐升高)。这些分立的比较器顺序工作的结果导致相应的触发器开启,因而与它们相接的 LED 点亮。如果酒精蒸气停止对传感器作用,那么负载电阻上的电压将缓慢下降。按下复位按钮后,恢复到起始状态。为了补偿温度和湿度对传感器特性的影响，同时为了获得更高的精度，建议使用热敏电阻和（或）湿敏传感器对电路进行补偿。

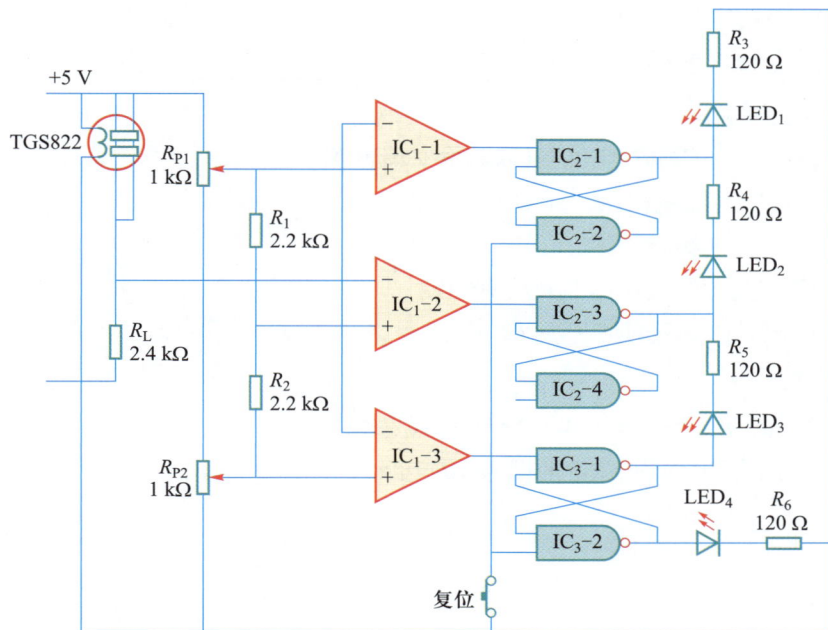

图 7-14　酒精浓度检测电路原理图

教学课件：
酒精浓度检测电路

理论微课：
酒精浓度检测电路

动画：
酒精气体检测原理

4. 瓦斯检测报警器

图 7-15 为一种常用的瓦斯检测报警器电路原理图。

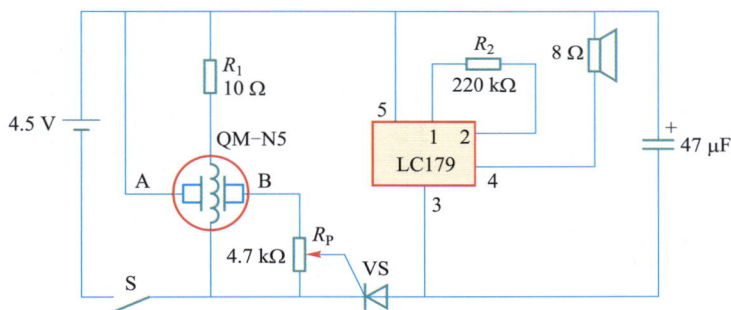

图 7-15　瓦斯检测报警电路原理图

电路中，QM-N5 为旁热式气敏传感器，QM-N5、R_1 和 R_P 组成瓦斯气体检测电路；晶闸管 VS 为无触点电子开关；LC179、R_2 和扬声器组成警笛报警电路。

当环境无瓦斯或瓦斯浓度低时，QM-N5 的 A-B 极间电阻 R_{AB} 很大，则晶闸管 VS 因触发电极电位很低而不能导通；当瓦斯浓度升高时，则 R_{AB} 减小，瓦斯浓度升高到超过安全标准时，A-B 极间电导率迅速增大，R_{AB} 电阻迅速减小，当 R_P 滑动触点电压大于 0.7 V 时，晶闸管 VS 被触发导通，LC179 的 3 脚接通负电源，4 脚输出信号驱动扬声器，发出警笛声，从而达到预防瓦斯超限的目的。

📚 思考与练习题

一、填空题

1. 气体传感器是一种能够感知被测环境中气体的_____和_____的敏感器件。

2. 半导体式气敏传感器按照半导体变化的物理性质分为_____和_____两大类。

3. 接触燃烧式气敏传感器可分为_____和_____两大类。

4. 半导体气敏传感器一般由_____、_____和_____三部分组成。

5. 半导体气敏传感器按其结构可分为_____、_____和_____三种。

二、判断题

1. 交警查酒驾常用的酒精测试传感器属于气体传感器。　　　　　　　　　　　（　　）

2. 半导体气敏传感器一般由敏感元件与冷却器等组成。　　　　　　　　　　　（　　）

3. 瓦斯气体属于可燃烧式气体。　　　　　　　　　　　　　　　　　　　　　（　　）

4. 接触燃烧式气体传感器可以检测甲烷气体。　　　　　　　　　　　　　　　（　　）

5. 接触燃烧式气体传感器可以检测 CO_2 气体。　　　　　　　　　　　　　（　　）

三、分析与简答题

1. 常用的气敏传感器有哪些种类？各自的特点是什么？

2. 设计一款用于煤矿瓦斯气体的检测与报警电路。

项目 8 无线传感器网络应用电路设计与调试

项目调研

无线传感器网络集成了传感器技术、嵌入式计算技术、无线通信技术以及分布式信息处理技术，是新兴的下一代网络。无线传感器网络在军事、医疗健康、交通管理、智能家居、工业监控、环境监测等领域具有广阔的应用前景。通过网络资源或实地考察不同场景下无线传感器网络的使用环境、应用范围，了解无线传感器网络的特点。

实施方案

实施本项目的意义在于如何根据被测参数的不同进行组网。

知识目标

（1）无线传感器网络基础
（2）无线传感器网络结构与特征
（3）ZigBee 通信技术及协议
（4）WiFi 通信技术及协议

技能目标

（1）能识别常用 ZigBee、WiFi 模块
（2）能设计、连接与调试无线传感器网络

素质目标

（1）培养学生树立科教兴国的意识
（2）培养学生的创新能力
（3）培养学生的职业素养与工匠精神
（4）培养学生的团队协作与团队互助能力
（5）培养学生跟踪新技术与应用新技术的能力

任务 1　认识无线传感器网络

学习目标

（1）了解无线传感器网络基本结构与特征
（2）熟悉无线传感器网络的应用领域

8.1　无线传感器网络基础知识

8.1.1　无线传感器网络的结构与特征

1. 无线传感器网络概念

无线传感器网络是由部署在监测区域内大量的廉价、微型传感器节点组成，通过无线通信方式形成的一个多跳的、自组织的网络系统，其目的是协作感知、采集和处理网络覆盖区域中感知对象的信息，并发送给观察者。具有无线射频（radio frequency，RF）通信能力的微型传感器，组成一个无线网络，即无线传感器网络（wireless sensor network，WSN）。

随着传感器技术、微机电系统（MEMS）、无线通信和现代网络等技术的飞速发展，无线传感器网络应运而生。1999 年，美国《商业周刊》将无线传感器网络列为 21 世纪最具影响的 21 项技术之一。2003 年，美国《技术评论》杂志又将其列为未来改变世界的 10 大新兴技术之首。可以预计，无线传感器网络的发展和广泛应用，将对人们的社会生活和产业变革带来极大的影响和产生巨大的推动。

无线传感器网络的基本思想起源于 20 世纪 70 年代。1978 年，美国国防部高级计划研究署（DARPA）成立了新一代分布式传感器网络工作组，拉开了 WSN 研究的序幕，无线传感器网络大致经历了如图 8-1 所示的发展历程。

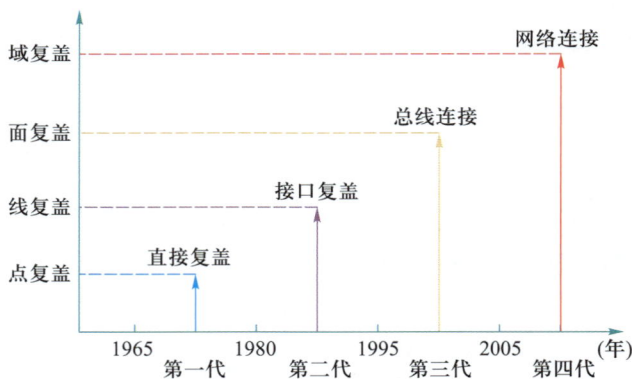

图 8-1　无线传感器网络发展示意图

第一代传感器网络出现在 20 世纪 70 年代，使用具有简单信息信号获取能力的传统传感器，采用点对点传输、连接传感控制器构成传感器网络；第二代传感器网络，具有获得多种信息的综合处理能力，采用串并接口（如 RS-232，RS-485）与传感控制器相连，构成具有综合多种信息的传感器网络；第三代传感器网络出现在 20 世纪 90 年代后期和 21 世纪初，用具有智能获取多种信息的

教学课件：
无线传感器网络结构与特征

理论微课：
无线传感器网络结构与特征

新技术：
无线传感器网络（WSN）技术

思政聚焦：
无线传感器网络技术发展与科技强国

传感器，采用现场总线连接传感控制器，构成局域网络，成为智能化传感器网络；第四代传感器网络正在研究开发，用大量的具有多功能、多信息获取能力的传感器，采用自组织无线接入网络，与传感器网络控制器连接，构成无线传感器网络。

2. 无线传感器网络节点

无线传感器网络的实现，主要得益于微机电系统（MEMS）、数字电子技术和无线射频（RF）通信技术三种技术的整合。微机电系统可以使传感器机械部分放在一块非常微小的芯片中，数字电子技术可以让（带有微控制器的）微型芯片具有足够的能力来处理传入的传感器数据（如数据压缩、数据融合和网络操作），无线射频（RF）通信技术可以实现多个传感器以多跳方式传递数据。

无线传感器网络节点作为一种微型化的嵌入式系统，构成了无线传感器网络的基础层支撑平台。典型的无线传感器网络节点一般由传感器模块、微控制器模块与无线射频收发器模块等组成，其结构如图 8-2 所示。

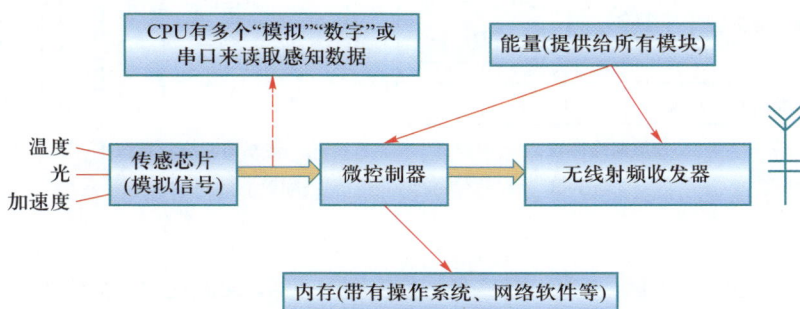

图 8-2　无线传感器网络节点的组成

在图 8-2 中，传感芯片用来感知环境参数信息（如温度、光照等），微控制器用来执行本地数据处理（如数据压缩）和网络操作（如与相邻传感器进行通信），无线射频收发器用来发送和接收模块负责与其他传感器节点进行无线通信、交换控制信息、收发采集数据等。整个传感器可通过电池或其他能源（如太阳能）供电，生命周期一般为几个月到几年不等。

在图 8-2 中仅列出了无线传感器网络的传感器节点中最重要的模块。根据实际的应用需求，无线传感器网络的传感器节点中还可能包含其他电路组成部分，例如可以将全球定位系统（GPS）接收器嵌入传感器节点中以便跟踪获得精确位置，也可以使用太阳能电池板吸收太阳能从而避免使用 AA 电池等。

为了构建一个实际的无线传感器网络应用，无线传感器网络的传感器应该具有以下特征：

（1）体积小

无线传感器网络的传感器应便于携带，以满足大规模和便于部署的需求。例如，在疗养院中，每个病人可以携带多个医疗传感器以进行全天候的健康监控。如果这些传感器体积大，病人携带它们就极其不方便。

（2）成本低

即使网络中有大量传感器（数千以上），无线传感器网络也应能运行良好。因此，每个传感器必须保持低成本才能保证其应用普及。

（3）能耗少

由于在设计时就考虑到了每个传感器用完即可丢弃，因此无须替换传感器中的电池，在大规模网络中更是如此。如果希望无线传感器网络保持长时间运行，就要有低能耗作为保证。

3. 无线传感器网络的体系结构

无线传感器网络节点的体系一般由网络通信协议、传感器网络管理以及应用支撑技术三部分组成，如图 8-3 所示。

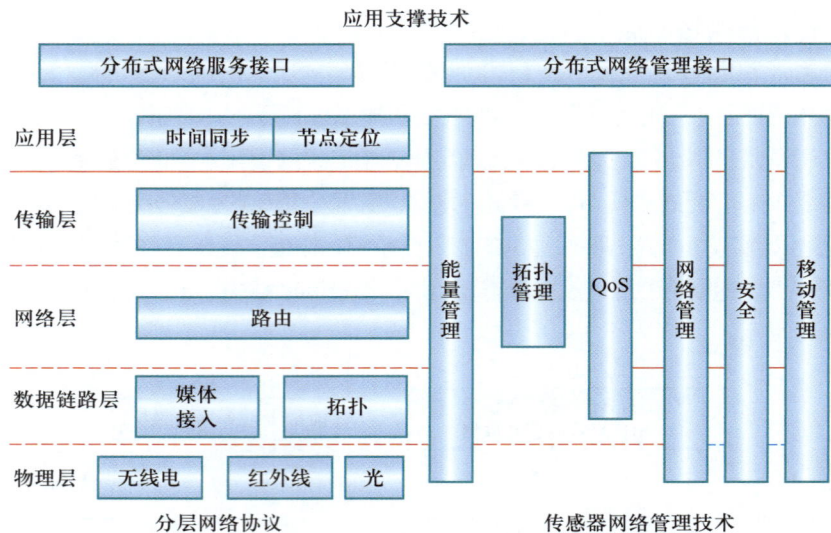

图 8-3　无线传感器网络节点的体系结构

（1）应用层

应用层是协议栈的最上层，它定义了各种类型的应用业务。接收者需要将数据在屏幕上显示出来，而应用层定义了传感器数据的显示格式，并管理传感器数据库。如果传感器数据需要显示在互联网页面上，应用层就需要兼容互联网应用层协议，如 HTTP。

（2）传输层

传输层是最靠近用户数据的一层，主要负责在源和目标之间提供可靠的、性价比合理的数据传输功能。TCP 是典型的传输层协议。传输层的主要功能包括：①实现"端到端"的可靠数据传输；②减少网络拥塞。TCP 通过包重传输（packet retransmission）和超时检验机制来保证"端到端"可靠性传输。TCP 还通过控制数据速率以减少网络拥塞。但是，因其开销大，TCP 并不适用于传感器网络。

（3）网络层

网络层在多个传感器之间实现逐跳数据转发。它搜索低能耗、低延迟或者具有其他优势的最优传输路径。最优路径一旦建立，感知数据就能一个接一个地通过传感器传递出去。路由层还维护路由以应对网络状况随时可能发生变化的情况（例如，路径上某个传感器可能电池耗尽）。

（4）数据链路层

数据链路层主要负责数据流的多路选择、数据帧侦测、媒介访问、差错控制，保证点到点、点到多点的可靠性链接。传输层负责"端到端"传输控制，而数据链路层仅处理相邻（1 跳距离）节点的通信问题。例如，一个传感器可以根据它的上行和下行传感器缓冲区设置来决定是否需要调整自己的发送速率。数据链路层有时称为介质访问控制（medium access control，MAC）层。实际上，MAC 层仅处理距离为 1 跳的相邻节点的无线介质共享问题，就这点而言，它仅是数据链路层的一部分。当数据链路层执行差错检测、数据成帧和其他任务时，MAC 则保证所有相邻传感器不会发生信号传输冲突问题。

（5）物理层

物理层是实现无线网络通信的基石，其可靠性能的优劣直接影响到整个系统的容错能力。物理层主要负责数据的编码调制、解调解码、发送与接收。它通过编码 / 调制和其他无线通信模块将有用的数据转换为无线信号。因为物理层仅能看到"信号"（如代表电压水平的"0"或"1"），所以在此层中不能考虑任何更高层的问题（如路由、数据内容和可靠性等）。

4. 无线传感器网络的特征

无线传感器网络除了具有无线网络的移动性、断接性等共同特征以外，还具有很多其他鲜明的特点。

（1）传感节点体积小，成本低，计算能力有限

无线传感器网络是在 MEMS 技术、数字电路技术基础上发展起来的，传感节点各部分集成度很高，因此具有体积小的优点，当然从应用角度讲，减小节点尺寸也是必须考虑的设计要素。传感器网络是由大量的传感节点组成的，单个节点的成本直接影响到网络的总体成本，如果总体成本比使用传统传感器的成本高，势必会影响无线传感器网络的竞争力。由于体积、成本以及能量的限制，嵌入式处理器和存储器的能力和容量有限，因此传感器的计算能力十分有限。

（2）传感节点数量大、易失效，具有自适应性

根据应用的不同，传感器节点的数量可能达到几百万个，甚至更多。此外，传感器网络工作在比较恶劣的环境中，经常有新节点加入或已有节点失效，网络的拓扑结构变化很快，而且网络一旦形成，人很少干预其运行，因此，传感器网络的硬件必须具有高强壮性和容错性，相应的通信协议必须具有可重构和自适应性。

（3）通信半径小，带宽很低

无线传感器网络是利用"多跳"来实现低功耗下的数据传输，因此其设计的通信覆盖范围只有几十米。和传统无线网络不同，传感器网络中传输的数据大部分是经过节点处理过的数据，因此流量较小。

（4）电源能量是网络寿命的关键

无线传感器网络中通常运行在人无法接近的恶劣甚至危险的远程环境中，能源无法替代，只能选择钮扣式电池供电，电源能量极其有限。网络中的传感器由于电源能量的原因经常失效或废弃，因此电源效率是设计考虑的关键因素。

（5）数据管理与处理是传感器网络的核心技术

对于观察者来说，传感器网络的核心是感知数据，而不是网络硬件。比如在智能家居应用中人们可能希望知道"现在客厅的温度是多少"，而不会关心 2 号节点感测到的温度是多少。以数据为中心的特点要求传感器网络的设计必须以感知数据管理和处理为中心，把数据库技术和网络技术紧密结合。从逻辑概念和软、硬件技术两个方面实现一个高性能的以数据为中心的网络系统，使用户如同使用通常的数据库管理系统和数据处理系统一样自如地在传感器网络上进行感知数据的管理和处理。

8.1.2　无线传感器网络的应用

无线传感器网络能够获取客观物理信息，具有十分广阔的应用前景，目前已在军事国防、工农业生产、环境监测保护、安全监控、智能交通、医疗健康以及家居生活中获得广泛的应用。

1. 军事国防

无线传感器网络以其密集性、快速部署、自组织和容错等特点，使其非常适合用于恶劣的战场环境中，成为军事国防通信控制系统的重要组成部分，可用于兵力、装备弹药和物资的监控，阵地

教学课件：
无线传感器网络应用

理论微课：
无线传感器网络应用

和敌情的侦查，战场的监视，生物化学攻击的判断、目标的指示，战损的评估等。

2. 工农业生产

工业生产过程首要问题是安全。在一些危险的工业环境，例如矿井、钢材冶炼、核电等场合，可以利用无线传感器网络进行过程监控，实施过程检测。在工业自动化生产线上，可以利用无线传感器网络构建监控系统，通过传感器监测设备的震动、润滑和磨损情况，可以迅速得到设备的健康状态，方便地实现在线质量控制。无线传感器网络在提高设备性能、提升产品质量、降低成本等方面，可以提供一种良好的技术方案。

我国是农业大国，深化现代技术在农业中的应用，对推进我国农业生产产业化和现代化进程具有重要作用。将无线传感器网络技术应用于现代农业，可实现农业信息采集以及远程传输，为科学决策提供可靠依据。

3. 环境监测保护

无线传感器网络在环境检测领域主要用于农作物灌溉、土壤空气、牲畜家禽的环境状况，地表监测、气象地理研究、大气质量监测等。在环境保护领域主要用于森林防火、污染监控、生物种群研究等。例如，美国 Berkley 分校的研究人员利用无线传感器网络对位于美国缅因州的 Great Duck 岛对海燕栖息地的生态环境进行监测；肯尼亚 MPala 研究中心通过无线传感器网络对大规模野生动物（野马，斑马等）的栖息地进行考察研究；挪威利用无线传感器网络对冰河观测以了解地球气候的变化。

4. 安全监控

通过在监控场所部署无线传感器网络，利用场所附近的声音、震动、光、温度等物理信息的变化，了解被监控对象的状态，防止非法入侵、安全事故等。目前应用较多的是煤矿、电站、通信枢纽、行政中心等。如实时监控煤矿井下环境来进行灾害预警，实时监控井下人员和设备的位置来对其进行资源调度，并为灾后的辅助救援提供支持。

5. 智能交通

无线传感器网络可应用到智能交通系统。利用无线传感器网络覆盖范围广、灵活性好和易于大规模部署等特点，将采集到的全路段的车辆和路面信息通过无线传感器网络传输，相对于有线交通信息采集通信系统而言，可以大幅度地降低现有交通监控网络的成本。通过车载和道路传感器的配合，驾驶者和交通控制人员可以实时地了解路况和交通信息。通过布置于道路上的速度识别传感器，不仅可以监测交通流量等信息，为出行者提供信息服务，而且可以在发现违章时能及时报警和记录。

6. 医疗健康

利用无线传感器网络节点体积小、易于植入和便于携带等特点，在医疗研究、护理领域可以用于医院药品控制、老年人健康状况和远程医疗等领域。在病人身上安装能够监测病人心率和血压的传感器节点并组成无线传感器网络，医生就可以随时了解被监护病人的病情，并进行及时处理。

7. 家居生活

在家居和家电中嵌入传感器节点，利用无线传感器网络节点，实现自组织无线传感器网络系统，感知居室不同部分的温度、湿度、光照、空气成分等信息。通过无线网络与 Internet 连接在一起，实现对空调、门窗以及其他家电进行自动控制，同时可实现家电之间的交互和远程控制，提供给人们舒适的居住环境。

任务 2 ZigBee 技术及其应用分析

学习目标

（1）了解 ZigBee 技术及特点

（2）熟悉 ZigBee 的通信协议及应用

（3）能调试基于 ZigBee 的点对点通信系统

技能训练 28 基于 ZigBee 的点对点通信系统调试与应用

实训视频：
基于 ZigBee 的
点 对 点 通 信 系
统调试与应用

任务描述：

　　利用 Core_CC2530 模块与无线传感器网络传输模块组建一个通信网络。通过本训练项目，了解 ZigBee 通信模块的工作原理，熟悉基于 Z-stack 协议栈的点对点通信过程，掌握基于 ZigBee 的点对点通信系统调试方法。

　　要求对训练用的 Core_CC2530 模块进行识别，并通过适当连接方式进行组网，实现点对点通信功能。

器材准备：

　　Core_CC2530 模块，无线传感器网络传输模块。

设计制作与调试过程：

　　按照项目要求，选用一款能搭载 Z-stack 协议栈的 ZigBee 模块 Core_CC2530，图 8-4 为 Core_CC2530 模块实物图。Core_CC2530 模块使用串口透传模式与 MCU 相连接，这样用户可以很方便地接入通信系统中，组建一个通信网络。

　　本项目要求实现两个无线传感器网络传输模块之间的点对点通信，这就要求使用 2 个无线传感器网络传输模块来完成。模块的 MCU 采用了 STM32F103 的 ARM 芯片，配备了四个通用按键及 LED 显示，MCU 将数据信号通过 Core_CC2530 模块以 ZigBee 的无线网络方式传输给另一无线传感器网络传输模块。无线传感器网络传输模块 AR 体验识别图如图 8-5 所示，基于 ZigBee 的点对点通信电路框图如图 8-6 所示。

图 8-4 Core_CC2530 模块实物图

图 8-5 无线传感器网络传输模块 AR 体验识别图

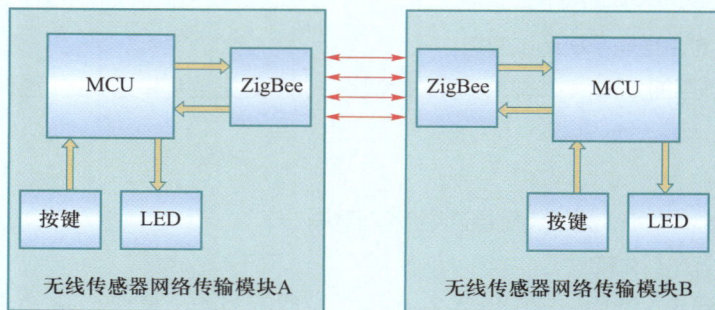

图 8-6 基于 ZigBee 的点对点通信系统

整个系统的设计与连接如图 8-7 所示。

图 8-7 基于 ZigBee 的点对点通信系统的设计与连接

具体工作原理：在模块 A 中按下按键 $K_i(i=1 \sim 4)$，模块 A 的 $D_i(i=1 \sim 4)$ 被点亮，同时模块 B 的 $D_i(i=1 \sim 4)$ 也被点亮，再次按下，则模块 A、B 的 LED 灯熄灭，再次按下，则重复上述过程。若按下模块 B 上的按键，结果同上。

具体调试时，首先检查各相关连接线路，接通电源，确认无误后用数字式万用表测量无线传感器网络传输模块的供电电压（+5 V）是否正常。

使用 J-Link V8 仿真器，使用 20P 排线连接模块 J2（ARM_JTAG）接口（不能接到其他接口上），烧写 STM32 程序（已备光盘）。

利用 CC Debugger 仿真器 10P 排线连接模块 J4（ZigBee_JTAG）接口，烧写 ZigBee 模块

HEX 文件，程序在已备光盘中。

按下模块 A 上的按键 K_1，则 LED 灯 D_1 被点亮，同时模块 B 的 LED 灯 D_1 也被点亮，再次按下则两个 LED 灯都熄灭。依次按下模块 A 按键 K_2、K_3、K_4，可观察到模块 B 的对应 LED 灯被点亮或熄灭。

将 A、B 模块复位之后，按下模块 B 上的按键，同样可以观察到模块 A 上的相关变化。

通过上述测试，就可实现基于 ZigBee 的点对点通信系统。

问题思考：

（1）使用不同的 ZigBee 频段通信，所得结果是否一致？

（2）若要提高通信质量、提高通信距离，有什么更好的方案？

8.2　ZigBee 通信技术相关知识

教学课件：
ZigBee 通信技术及协议

理论微课：
ZigBee 通信技术及协议

8.2.1　ZigBee 技术

1. ZigBee 技术概述

ZigBee 是 IEEE 802.15.4 协议的代名词。根据这个协议规定的技术是一种短距离、低功耗的无线通信技术。其特点是近距离、低复杂度、低功耗、低数据速率、低成本。主要适用于自动控制和远程控制领域，可以嵌入各种设备。简而言之，ZigBee 是一种便宜的、低功耗的近距离无线组网通信技术。

ZigBee 的底层技术基于 IEEE 802.15.4。物理层和 MAC 层直接引用了 IEEE 802.15.4。IEEE 802.15.4 规范是一种经济、高效、低数据速率（<250 kbit/s）、工作在 2.4 GHz 和 868/928 MHz 的无线技术，用于个人区域网和对等网络，它是 ZigBee 应用屋和网络层协议的基础，主要用于近距离无线连接。它依据 802.15.4 标准，在数千个微小的传感器之间相互协调实现通信。这些传感器只需要很少的能量，以接力的方式通过无线电波将数据从一个传感器传到另一个传感器，所以它们的通信效率非常高。

简单地说，ZigBee 是一种高可靠的无线数传网络，类似于 CDMA 和 GSM 网络。ZigBee 数传模块类似于移动网络基站。通信距离从标准的 75 m 到几百米、几公里，并且支持无限扩展。

ZigBee 是由可多到 65 000 个无线数传模块组成的无线数传网络平台，在整个网络范围内，每一个 ZigBee 网络数传模块之间可以相互通信，每个网络节点间的距离可以从标准的 75 m 无限扩展。

每个 ZigBee 网络节点不仅本身可以作为监控对象，例如其所连接的传感器直接进行数据采集和监控，还可以自动中转别的网络节点传过来的数据资料。除此之外，每一个 ZigBee 网络节点（FFD）还可在自己信号覆盖的范围内，和多个不承担网络信息中转任务的孤立子节点（RFD）无线连接。

2. ZigBee 的自组织网通信方式

每个 ZigBee 网络模块终端，只要它们彼此间在网络模块的通信范围内，通过彼此自动寻找，很快就可以形成一个互联互通的 ZigBee 网络。而且，由于模块终端的移动，彼此间的联络还会发生变化。因而，模块还可以通过重新寻找通信对象，确定彼此间的联络，对原有网络进行刷新，这就是自组织网。

网状网通信实际上就是多通道通信，在实际工业现场，由于各种原因，往往并不能保证每一个无线通道都能够始终畅通，就像城市的街道一样，可能因为车祸、道路维修等，使得某条道路的交通出现暂时中断，此时由于有多个通道，车辆仍然可以通过其他道路到达目的地。而这一点对工业现场控制而言则非常重要。

自组织网通常要采用动态路由方式。所谓动态路由是指网络中数据传输的路径并不是预先设定的，而是传输数据前，通过对网络当时可利用的所有路径进行搜索，分析它们的位置关系以及远近，然后选择其中的一条路径进行数据传输。

3. ZigBee 技术的特点

ZigBee 技术的特点主要包括以下几个方面：

（1）低功耗。在低耗电待机模式下，使用两节 5 号干电池可支持 1 个节点工作 6 ~ 24 个月，甚至更长。在同等条件下，蓝牙能工作数周、WiFi 可工作数小时。

（2）低成本。通过大幅简化协议（不到蓝牙的 1/10），降低了对通信控制器的要求，按预测分析，以 8051 的 8 位微控制器测算，全功能的主节点需要 32 KB 代码，子功能节点少至 4 KB 代码，而且 ZigBee 免协议专利费。

（3）低速率。ZigBee 工作在 20 ~ 250 kbit/s 的较低速率，分别提供 250 kbit/s（2.4 GHz）、40 kbit/s（915 MHz）和 20 kbit/s（868 MHz）的原始数据吞吐率，满足低速率传输数据的应用需求。

（4）近距离。传输范围一般介于 10 ~ 100 m 之间，在增加 RF 发射功率后，亦可增加到 1 ~ 3 km。这里指的是相邻节点间的距离。如果通过路由和节点间通信的接力，传输距离将可以更远。

（5）短时延。ZigBee 的响应速度较快，一般从睡眠转入工作状态只需 15 ms，节点连接进入网络只需 30 ms，进一步节省了电能。相比较，蓝牙需要 3 ~ 10 s、WiFi 需要 3 s。

（6）高容量。Zigbee 可采用星状、片状和网状网络结构，由一个主节点管理若干子节点，最多一个主节点可管理 254 个子节点；同时主节点还可由上一层网络节点管理，最多可组成 65 000 个节点的大网。

（7）高安全。ZigBee 提供了三级安全模式，包括无安全设定、使用接入控制清单（ACL）防止非法获取数据以及采用高级加密标准（AES 128）的对称密码，以灵活确定其安全属性。

（8）免执照频段。采用直接序列扩频在工业、科学、医疗（ISM）频段，2.4 GHz 频段（全球）、915 MHz 频段（美国）和 868 MHz 频段（欧洲）。

8.2.2   ZigBee 的通信协议

IEEE 802.15.4 工作组主要负责制定物理层（PHY 层）和媒介层（MAC 层），其余协议主要参照和采用现有的标准。

IEEE 802.15.4 定义了两个物理层标准，分别是 2.4 GHz 物理层和 868/915 MHz 物理层。其中，2.4 GHz 是全球统一的、免许可证的 ISM（工业科学医疗）频段，868 MHz 是欧洲的 ISM 频段，915 MHz 是美国的 ISM 频段，这两个频段的引入主要是为了避免 2.4 GHz 附近各种无线通信设备的相互干扰。两个物理层虽然都使用相同的物理层数据包格式，都是基于直接序列扩频（DSSS）技术，但其工作频率不同、调制技术不同，扩频码片长度以及传输速率也不同。

ZigBee 联盟在此基础上建立了网络层（NWK 层）以及应用层（APL 层）的框架。ZigBee 协议将上述三个频段划分为 26 个信道，信道 0 占用 868.6 MHz 频率；信道 1 ~ 10 占用 902 ~ 928 MHz 频率段，每个信道间隔 2 MHz；信道 11 ~ 26 占用 2.4 ~ 2.4835 GHz 频段，每个信道间隔 5 MHz。

8.2.3 ZigBee 技术应用

CC2530 是专门针对 2.4 GHz IEEE 802.15.4、ZigBee 和 RF4CE 应用的一个真正的片上系统（SoC）解决方案，是 ZigBee 网络数据传输的其中一个核心芯片，具备了领先的 RF 收发器的优良性能，业界标准的增强型 8051CPU，系统内可编程闪存，8 KB RAM 和许多其他强大的功能。核心芯片的优良性再加上外围电路的配合，可以实现多功能，高效率的无线数据传输，它能够以非常低的总材料成本建立强大的网络节点。

CC2530 单片机具有 32 KB、64 KB、128 KB、256 KB 四种不同的闪存版本，芯片工作时具有不同的运行模式，使得它适应超低功耗要求的系统。CC2530 具有高达 256 KB 的闪存和 20 KB 的擦除周期，以支持无线更新和大型应用程序；8 KB RAM 用于更为复杂的应用和 ZigBee 应用；可编程输出功率达 +4 dBm；在掉电模式下，只有睡眠定时器运行时，仅有不到 1 μA 的电流损耗；具有强大的地址识别和数据包处理引擎。

CC2530 单片机包括许多不同的外设，允许设计者开发先进的应用，其提供的外设主要包括：

- 具有 5 个通道的 DMA 控制器；
- 21 个通用的 I/O 引脚；
- 4 个定时器；
- 1 个睡眠定时器；
- 2 个串行通信接口；
- 8 通道 12 位 ADC；
- 1 个随机数发生器；
- 1 个看门狗定时器；
- AES 安全协处理器；
- 闪存控制器。

CC2530 的外形与引脚功能图如图 8-8 所示，CC2530 的内部结构图如图 8-9 所示。

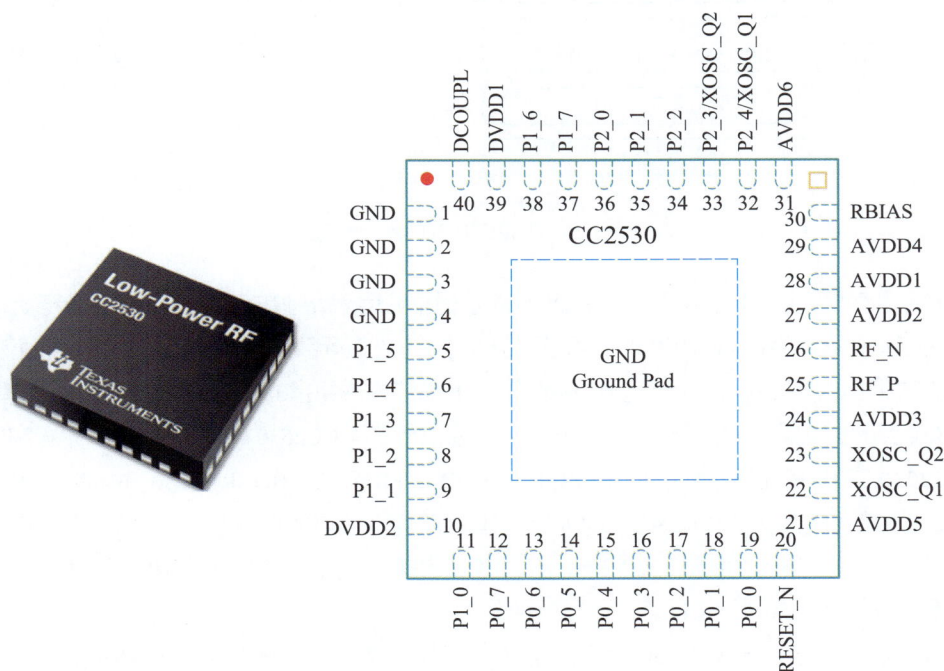

图 8-8　CC2530 外形与引脚功能图

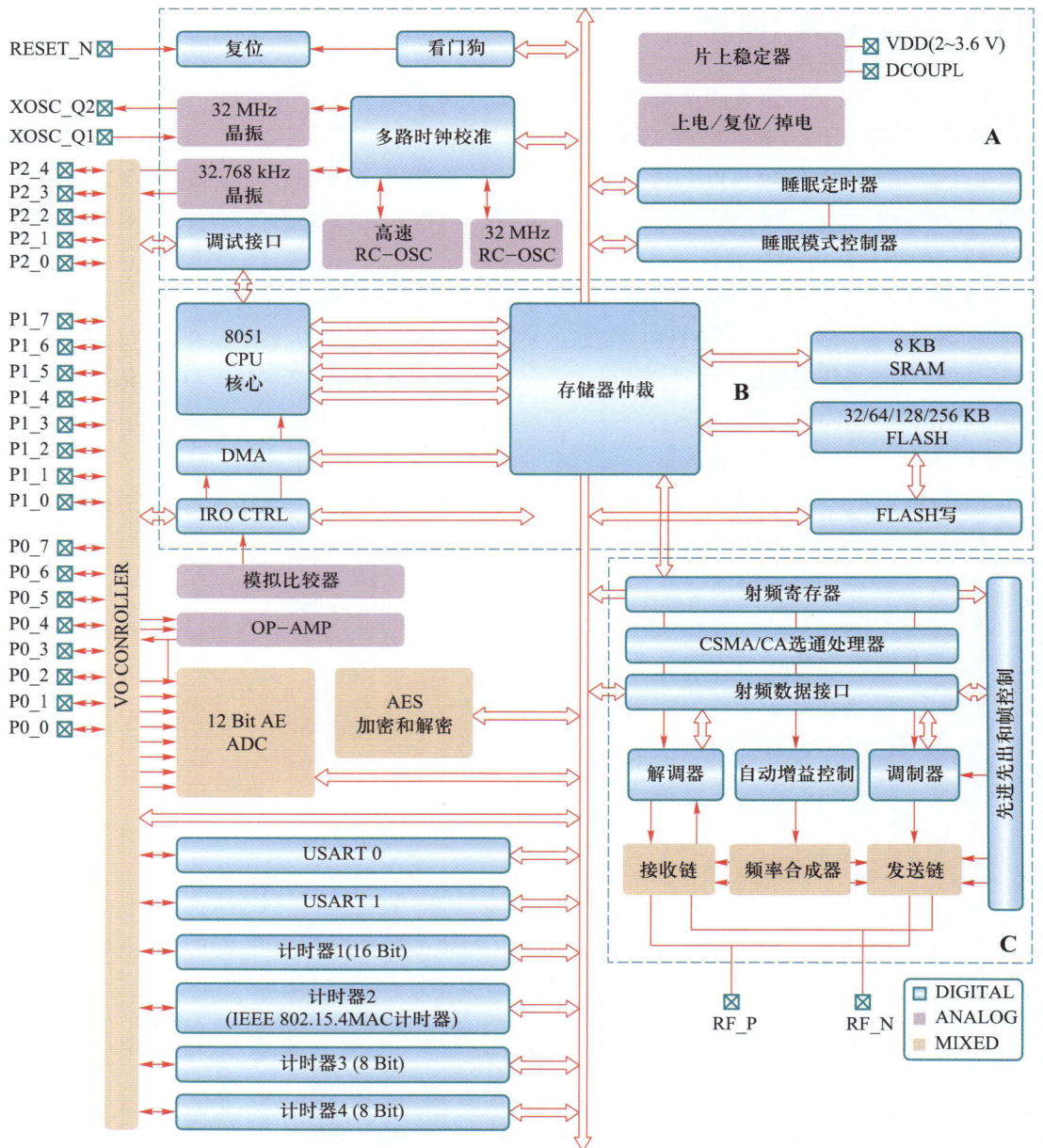

图 8-9   CC2530 的内部结构图

从信号处理方面来划分，图中的蓝色部分表示该部分用来处理数字信号，紫色部分表示该部分用来处理模拟信号，模拟信号和数字信号都可以处理的部分使用浅棕色来表示。从功能方面来划分，A 虚线框内包含的是时钟和电源管理相关的模块，B 虚线框内包含的是 8051CPU 核心和存储器相关模块，C 虚线框内包含的是无线收发相关模块，剩余部分则是 CC2530 单片机的其他外设模块。

CC2530 突出的特性是：支持 ZigBee/ZigBee PRO，ZigBee RF4CE，6LoWPAN，WirelessHART 及其他所有基于 IEEE802.15.4 标准的解决方案；卓越的接收机灵敏度和可编程输出功率；在接收、发射和多种低功耗的模式下具有极低的电流消耗，能保证较长的电池使用时间；具备一流的选择和阻断性能（50 dB ACR）。

基于 CC2530 的 Core_CC2530 模块，是一款能搭载 Z-stack 协议栈的 ZigBee 模块。采用了 CC2530F256RHAR 主控芯片，配套三种串口透传固件：协调器、路由器及终端，出厂默认配置为路由器（通过下载协调器或终端固件，可改为协调器或终端），支持上位机软件设置工作模式、串口通道、波特率、信道等参数；支持自动组网（至少需要一个协调器和一个路由器才能组网），可实时监测协调器和路由、终端之间的信号强度。

- 可通信的距离超过 350 m，可靠通信距离超过 250 m，可自动重连；
- 工作频段：2.4 GHz；
- 工作电压：2.0 ~ 3.6 V，温度范围：−40 ~ 85 ℃；
- 串口波特率：38400 bit/s（默认），可设为其他波特率；
- 使用 2.4 GHz，2 dB 全向天线。

模块外围可以安装传感器模块，采集温度、湿度、高度、网口等数据传输模块，并对数据进行 A/D 转换，数字化后进行数据与 PC 间的串口数据传输，在计算机上进行数据深度处理。Core_CC2530 模块所接收的信号不全是模拟信号，还可以接受其他无线设备所发送的数字信号。在接收到数据后，芯片对数据进行简单的分类后，再发送给其他接收终端，这需要软件的控制，芯片中所集成的增强型 8051CPU 完全可以处理这些逻辑问题。在数据传输的同时，由 LED 灯亮灯灭等去辨别模块工作的正常性，LED 灯出现正常的闪烁，其模块工作正常。模块还设置了专门的供电线路和滤波电路，确保电压的正常。

任务 3　WiFi 技术及其应用分析

学习目标

（1）了解 WiFi 通信技术及特点
（2）熟悉 WiFi 的通信协议及应用
（3）能调试基于 WiFi 的传感器数据采集系统

技能训练 29　基于 WiFi 的传感器数据采集系统调试与应用

任务描述：

利用 HLK-RM04 WiFi 通信模块及常用的温湿度、气敏、PM2.5 等环境参数测试等，构建一个基于 WiFi 的传感器数据采集系统。通过本训练项目，了解 WiFi 通信模块的工作原理，熟悉基于 WiFi 的传感器数据采集系统通信过程，掌握基于 WiFi 的通信系统调试方法。

要求对训练用的 HLK-RM04 模块进行识别，并通过适当连接方式进行组网，实现对常用环境参数的数据采集与通信功能。

器材准备：

HLK-RM04 模块、温湿度传感器应用模块、气敏传感器应用模块、PM2.5 测量传感器应用模块、光电传感器应用模块、直流电机测速模块。

设计制作与调试过程：

HLK-RM04 是一款可以实现串口与无线网（WiFi）接口之间互相转换的 WiFi 通信模块，

实训视频：
基于 WiFi 的传感器数据采集系统调试与应用

借助这个 WiFi 通信模块可以将底层采集到的传感器数据发送到移动设备终端上显示,其结构框图如图 8-10 所示。

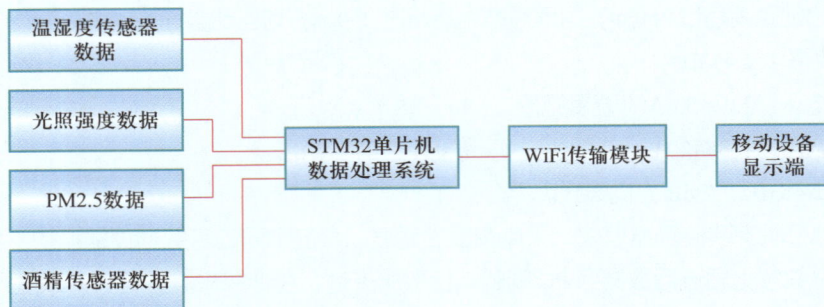

图 8-10　数据传输结构框图

具体调试时,首先检查各相关链接线路,按图 8-10 连接各模块。接通电源,确认无误后用数字式万用表测量无线传感器网络传输模块的供电电压(+5 V)是否正常。

在 Android 系统的移动终端上安装应用控制软件,并连接无线传感器网络传输模块上的 WiFi,密码默认为 12345678。

利用 J-Link V8 仿真器,使用 20P 排线连接模块 J2(ARM_JTAG)接口(不能接到其他接口上),烧写 STM32 程序。

使用 20P 灰排线将无线传感器网络传输模块的 J1 接口与温湿度、热敏电阻应用模块的 J2 接口相连接,打开应用软件,调整到温湿度传感器数据显示界面,则可以正常接收到传送回来的温湿度传感器数据,如图 8-11 所示。

使用 20P 灰排线将无线传感器网络传输模块的 J1 接口与 PM2.5 测量传感器应用模块的 J2 接口相连接,打开应用软件,调整到 PM2.5 数据显示界面,则可以正常接收到传送回来的 PM2.5 测量传感器数据,如图 8-12 所示。

图 8-11　温湿度数据显示　　　　图 8-12　PM2.5 数据显示

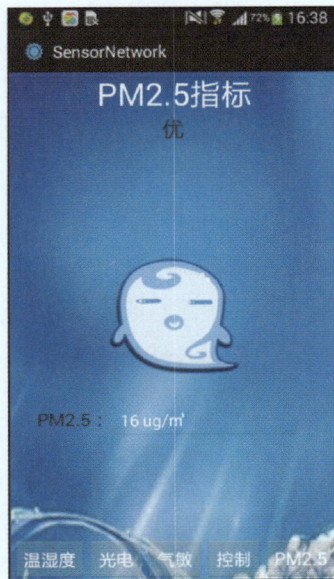

使用 20P 灰排线将无线传感器网络传输模块的 J1 接口与酒精传感器应用模块的 J3 接口相连接，打开应用软件，调整到酒精浓度显示界面，则可以正常接收到传送回来的酒精传感器数据，如图 8-13 所示。

使用 20P 灰排线将无线传感器网络传输模块的 J1 接口与光电传感器应用模块的 J2 接口相连接，打开应用软件，调整到光电传感器显示界面，则可以正常接收到传送回来的光电传感器数据，如图 8-14 所示。

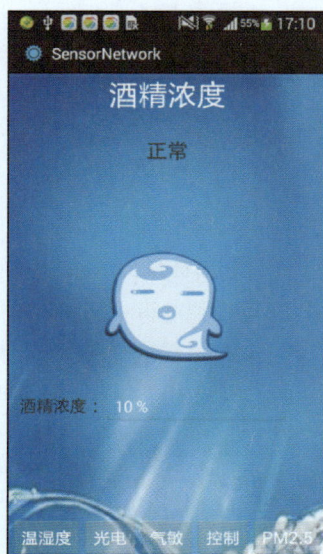

図 8-13　酒精浓度显示　　　　　図 8-14　光照强度显示

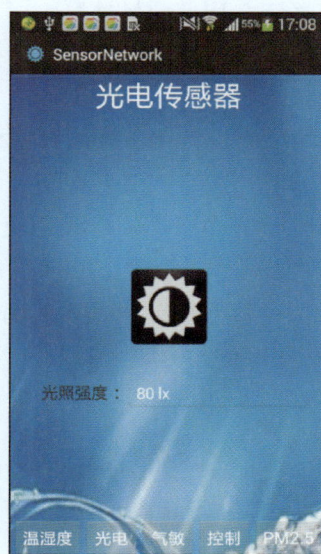

如需进行基于 WiFi 的传感器数据采集系统 AR 体验，可扫描二维码下载驱动程序，安装成功后再扫描图 8-15 所示识别图即可。

図 8-15　WiFi 数据采集 AR 体验识别图

AR 体验：
扫描二维码下载驱动程序，安装成功后扫描"WiFi 数据采集 AR 体验识别图"进行体验

问题思考：

（1）如果多个 WiFi 模块同时使用，所得测试结果是否会有延迟？

（2）若 WiFi 模块供电不稳定，所得结果是否有差异？

技能训练 30　基于 WiFi 的无线控制系统调试与应用

任务描述：

利用 HLK-RM04 WiFi 通信模块及直流电机测速模块，构建一个基于 WiFi 的无线控制系统。通过本训练项目，熟悉 WiFi 通信模块的工作原理，掌握基于 STM32 的无线控制系统设计，掌握无线网络传输协议的设计方法。

要求对训练用的 HLK-RM04 模块进行识别，并通过适当连接方式进行组网，实现对直流电机的转速调节与控制功能。

器材准备：

HLK-RM04 模块、光电传感器应用模块、直流电机测速模块。

设计制作与调试过程：

HLK-RM04 是一款可以实现串口与无线网（WiFi）接口之间互相转换的 WiFi 通信模块，借助这个 WiFi 模块，可以将上位机的控制指令下传到单片机 STM32 系统，控制直流的转速和转向，也可以控制无线传感器网络传输模块上 LED 灯与蜂鸣器等；同时，单片机 STM32 系统采集直流电机转速，将其上传回上位机并显示。整个系统结构框图如图 8-16 所示。

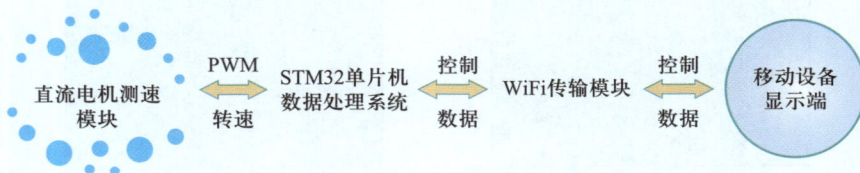

图 8-16　基于 WiFi 的无线控制系统结构框图

数据采集及控制对象采用了直流电机测速模块，电路模块实物如图 8-17 所示。电机可采用两种控制方式，通过拨挡开关进行切换，拨到模拟控制一端，通过旋动电位器，可以调整电机转速；拨到 PWM 控制一端，使用单片机输出 PWM 信号，使用 L298N 来驱动直流电机，改变电机转速。

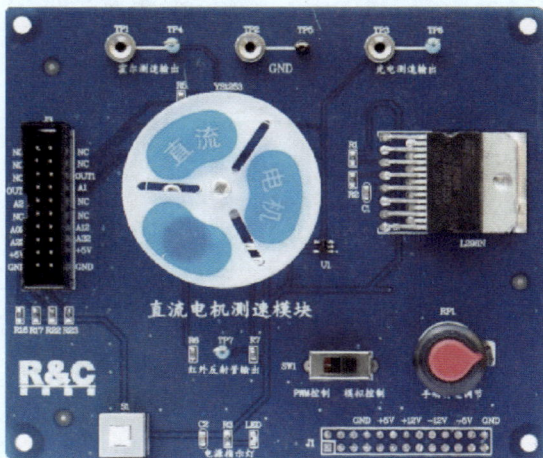

图 8-17　直流电机测速模块

数据采集与传输及 WiFi 信号采用无线传感器网络传输模块。直流电机的转速控制信号及转速数据通过 J1 接口与 STM32 单片机进行交换，STM32 单片机通过 HLK-RM04 WiFi 通信模块将数据传送给移动终端，同时也接收来自移动终端的转速控制命令数据。基于 WiFi 电机无线控制设计与实物连接图如图 8-18 所示。

图 8-18　基于 WiFi 电机无线控制设计与实物连接图

具体调试时，首先检查各相关连接线路，按图 8-18 连接各模块。接通电源，确认无误后用数字式万用表测量无线传感器网络传输模块的供电电压（+5 V）是否正常。

在 Android 系统的移动终端上安装应用控制软件，并连接无线传感器网络传输模块上的 WiFi，密码默认为 12345678。

使用 J-Link V8 仿真器，用 20P 排线连接模块 J2（ARM_JTAG）接口（不能接到其他接口上），烧写 STM32 程序（已备光盘）。

使用 20P 灰排线将无线传感器网络传输模块的 J1 接口与直流电机模块 J3 相连，打开软件，调整到电机控制界面，如图 8-19 所示。

单击控制软件的 LED、蜂鸣器前的方框，可以控制无线传感器网络传输模块上的 LED 灯和蜂鸣器，拖动进度条可以改变电机 PWM 控制的占空比，同时界面显示电机当前转速。

如需进行基于 WiFi 的无线控制系统 AR 体验，可扫描二维码下载驱动程序，安装成功后再扫描图 8-20 所示识别图即可。

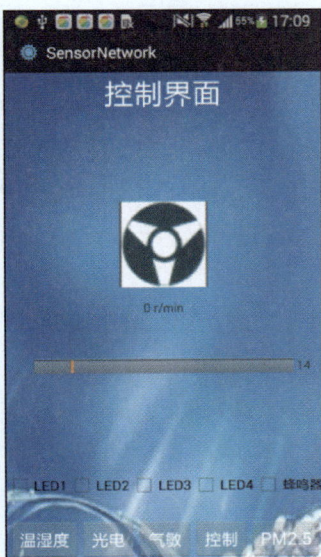

图 8-19　控制界面显示

图 8-20　WiFi 无线控制 AR 体验识别图

AR 体验：
扫描二维码下载驱动程序，安装成功后扫描"WiFi 无线控制 AR 体验识别图"进行体验

8.3   WiFi 通信技术相关知识

8.3.1   WiFi 通信技术

WiFi 全称 Wireless Fidelity，实际上 WiFi 是无线局域网联盟（WLANA）的一个商标，该商标仅保障使用该商标的商品互相之间可以合作，与标准本身实际上没有关系。但是后来人们逐渐习惯用 WiFi 来称呼 IEEE802.11b 协议。它的最大优点就是传输速度较高，可以达到 11 Mbit/s，另外它的有效距离也很长，同时也与已有的各种 IEEE802.11 DSSS 设备兼容。

IEEE802.11b 无线网络规范是 IEEE 802.11 网络规范的变种，最高带宽为 11 Mbit/s，在信号较弱或有干扰的情况下，带宽可调整为 5.5 Mbit/s、2 Mbit/s 和 1 Mbit/s，带宽的自动调整，有效地保障了网络的稳定性和可靠性。其主要特性为：速度快、可靠性高。在开放性区域，通信距离可达 305 m；在封闭性区域，通信距离为 76～122 m，方便与现有的有线以太网络整合，组网的成本更低。

WiFi 无线保真技术与蓝牙技术一样，同属于在办公室和家庭中使用的短距离无线技术。该技术使用的是 2.4 GHz 附近的频段，该频段目前尚属没用许可的无线频段。其目前可使用的标准有两个，分别是 IEEE 802.11a 和 IEEE 802.11b。该技术由于有着自身的优点，因此受到厂商的青睐。

主流的 WiFi 标准是 802.11（1999 年）、802.11g（2003 年）、802.11n（2009 年）、802.11ac（2013 年）和 802.11ax（2017 年）。它们之间是向下兼容的，旧协议的设备可以连接到新协议的 AP，新协议的设备也可以连接到旧协议的 AP，只是传输速率会降低。

8.3.2   WiFi 技术特点

WiFi 技术具有以下几个方面的特点。

（1）无线电波的覆盖范围广，基于蓝牙技术的电波覆盖范围非常小，半径大约只有 50 英尺左右，约合 15 m，而 WiFi 的半径则可达 300 英尺左右，约合 100 m，办公室自不用说，就是在整栋大楼中也可使用。

（2）虽然由 WiFi 技术传输的无线通信质量不是很好，数据安全性能比蓝牙差一些，传输质量也有待改进，但传输速度非常快，可以达到 11 Mbit/s，符合个人和社会信息化的需求。

（3）厂商进入该领域的门槛比较低。厂商只要在机场、车站、咖啡店、图书馆等人员较密集的地方设置"热点"，并通过高速线路将因特网接入上述场所。这样，由于"热点"所发射出的电波可以达到距接入点半径数十米至 100 m 的地方，用户只要将支持无线 LAN 的笔记本电脑或 PDA 拿到该区域内，即可高速接入因特网。也就是说，厂商不用耗费资金来进行网络布线接入，从而节省了大量的成本。

根据无线网卡使用的标准不同，WiFi 的速度也有所不同。其中 IEEE 802.11b 最高为 11 Mbit/s（部分厂商在设备配套的情况下可以达到 22 Mbit/s），IEEE 802.11a 为 54 Mbit/s、IEEE 802.11g 也是 54 Mbit/s，IEEE 802.11n 的传输速率理论上最快可以达到 600 Mbit/s，802.11ac 的传输速率理论上最快可以达到 6.9 Gbit/s，IEEE 802.11ax 的传输速率理论上最快可以达到 10 Gbit/s。

8.3.3   WiFi 技术应用

HLK-RM04 是一款可以实现串口与无线网（WiFi）接口之间互相转换的 WiFi 通信模块，是基于通用串行接口的符合网络标准的嵌入式模块，内置 TCP/IP 协议栈，能够实现用户串口、以太网、无线网（WiFi）3 个接口之间的任意转换。

通过 HLK-RM04 模块，传统的串口设备在不需要更改任何配置的情况下，即可通过 Internet 网络传输自己的数据，为用户的串口设备通过以太网传输数据提供了快速的解决通道。

HLK_RM04 模块支持无线网络标准的：IEEE 802.11n、IEEE 802.11g、IEEE 802.11b 及有线网络标准的：IEEE 802.3、IEEE 802.3u；其无线传输速率：在 IEEE 802.11n 标准时，最高可达 150 Mbit/s；IEEE 802.11g 标准时，最高可达 54 Mbit/s；IEEE 802.11b 标准时，最高可达 11 Mbit/s；模块提供 1–14 个信道可选，频率范围在 2.4 ~ 2.4835 GHz，发射功率在 12 ~ 15 dBm；提供 2 个以太网口、2 个串口、1 个 USB 口（host/slave）及 GPIO 接口；在 WiFi 工作模式下可以分别作为无线网卡 / 无线接入点 / 无线路由器使用，最高传输速率达 500 000 bit/s，TCP 连接最大连接数 >20，UDP 连接最大连接数 >20。

HLK_RM04 模块与 MCU 之间通过串口进行通信，其串口波特率在 1 200 ~ 500 000 bit/s（支持非标准波特率）。

模块功能可以分为 4 大模式：默认模式、串口转以太网、串口转 WiFi Client 及串口转 WiFi AP。

串口转以太网模型如图 8-21 所示。在串口转以太网模式下，ETH1 使能，WiFi、ETH2 功能关闭。通过适当的设置，COM1 的数据与 ETH1 的网络数据相互转换。

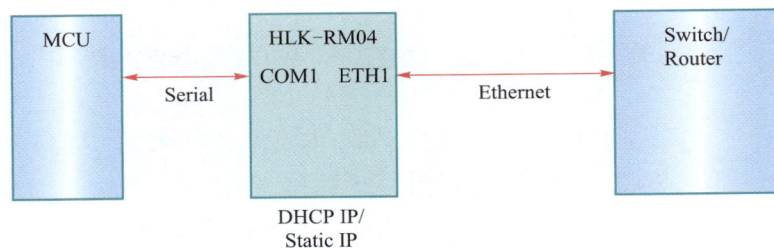

图 8-21　串口转以太网模型

串口转 WiFi Client 模型如图 8-22 所示。在串口转 WiFi Client 模式下，WiFi 使能，工作在 Client 模式下，ETH1、ETH2 功能关闭。通过适当的设置，COM1 的数据与 WiFi 的网络数据相互转换。

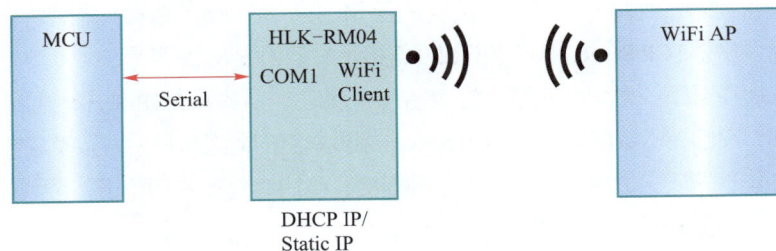

图 8-22　串口转 WiFi Client 模型

WiFi Client 可以配置为动态 IP 地址（DHCP），也可以配置为静态 IP 地址（Static）。WiFi 安全方面支持目前所有的加密方式。

串口转 WiFi AP 模型如图 8-23 所示。在串口转 WiFi AP 模式下，WiFi 使能，工作在 AP 模式下，ETH1、ETH2 功能关闭。通过适当的设置，COM1 的数据与 WiFi 的网络数据相互转换。

WiFi 安全方面支持目前所有的加密方式。此模式下，WiFi 设备能连接到模块，成为 WiFi 局域网下的设备。

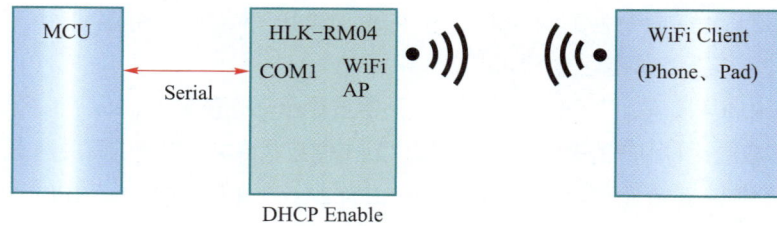

图 8-23　串口转 WiFi AP 模型

默认模式模型如图 8-24 所示。在默认模式下，WiFi 使能，工作在 AP 模式下，ETH1、ETH2 功能使能，ETH1 作为 WAN，ETH2 作为 LAN。通过适当的设置，COM1 的数据与网络数据相互转换。

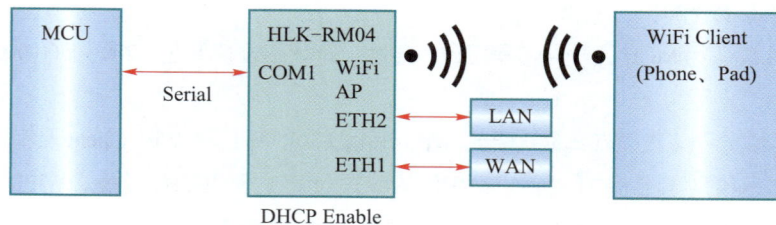

图 8-24　默认模式模型

WiFi 安全方面支持目前所有的加密方式。此模式下，WiFi 设备能连接到模块，成为 WiFi 局域网下的设备。

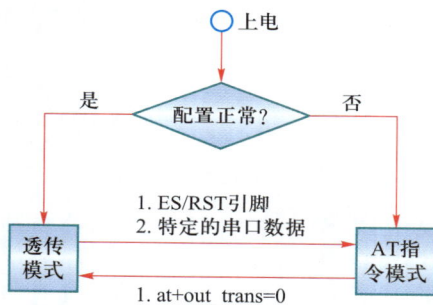

图 8-25　串口工作状态模式转换

模块将串口的工作状态定义为 2 种模式：透传模式、AT 指令模式。串口工作状态的模式转换示意图如图 8-25 所示。

正常上电后，模块会检查当前的网络串口配置是否正常，如果网络连接正常，则模块自动进入透传模式，否则模块进入 AT 指令模式。

模块的串口 – 网络数据转换分为 4 种模式：TCP Server、TCP Clinet、UDP Server 和 UDP Client。

在 TCP Server 模式下，模块监听指定的端口，等待 TCP Client 连接，连接上后，所有 TCP 数据直接发送到串口端，串口端的数据发送到所有的 TCP Client 端。TCP Server 模式下的数据连接示意图如图 8-26 所示。

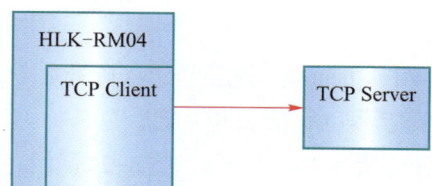

在 TCP Client 模式下，模块连接指定的域名 /IP、端口。所有从 TCP Server 端发送来的数据直接发送到串口端，串口端的数据发送到 TCP Server 端。异常的网络断开会导致模块主动重连。TCP 主动重连功能使能情况下，TCP Server 主动断开连接，模块会立即主动重连，否则模块不会重连。TCP Client 模式下的数据连接示意图如图 8-27 所示。

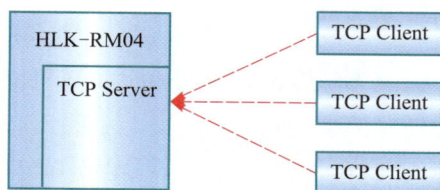

图 8-26　TCP Server 模式下的数据连接示意图　　　图 8-27　TCP Client 模式下的数据连接示意图

在 UDP Server 模式下，模块打开本地的指定端口，一旦收到发往该端口的数据，模块会将数据发送到串口，并记录远端的 IP、端口。模块只会记录最后一次连接上的远端信息。串口接收的数据会直接发送到已记录的远端 IP、端口。UDP Server 模式下的数据连接示意图如图 8-28 所示。

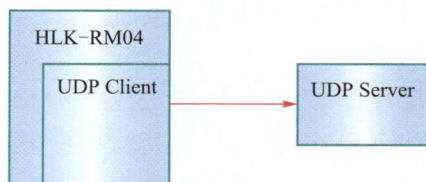

在 UDP Client 模式下，模块直接将串口数据发送到指定的 IP、PORT。从服务端返回的数据将会发送给串口端。UDP Client 模式下的数据连接示意图如图 8-29 所示。

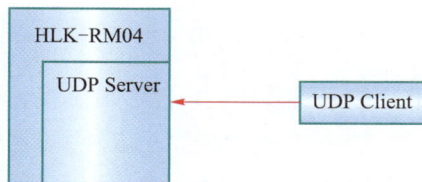

图 8-28　UDP Server 模式下的数据连接示意图　　　　图 8-29　UDP Client 模式下的数据连接示意图

小贴士

ESP8266WiFi 通信模块

ESP8266 是一块典型的通信模块，该芯片最大的特点是性价比高。ESP8266 芯片方案是一个完整且自成体系的 WiFi 网络解决方案，能够搭载软件应用或通过另一个应用处理器卸载所有 WiFi 网络功能。

ESP8266 芯片强大的片上处理和存储能力，使其可通过 GPIO 口集成传感器及其他应用的特殊设备，实现了最低的前期开发和运行中最少地占用系统资源。ESP8266 高度片内集成，包括天线开关、电源管理转换器，因此仅需极少的外围电路，且包括前端模块在内的整个解决方案在设计时可以将所占 PCB 空间降到最低。

ESP8266 配套一套软件开发工具包（SDK），该 SDK 为用户提供了一套数据接收、发送的函数接口，用户不必关心底层网络，如 WiFi、TCP/IP 等的具体表现，只需要专注于物联网上层应用程序的开发，利用相应接口完成网络数据的收发即可。

任务 4　无线传感器网络综合应用系统分析

学习目标

（1）了解智能家居系统的结构
（2）了解远程医疗监护系统的结构
（3）能调试智能家居模拟系统
（4）能调试远程医疗监护系统

8.4　无线传感器网络综合应用

无线传感器网络是一种新型网络，作为一种全新的信息获取和处理技术，通过传感器节点可以连续不断地进行数据采集、事件检测、事件标识、位置监测和节点控制，能够广泛应用于环境监测和预报、健康护理、智能家居、建筑物状态监控、复杂机械监控、城市交通、空间探索、大型车间和仓库管理，以及机场、大型工业园区的安全监测等领域。随着无线传感器网络的深入研究和广泛应用，无线传感器网络逐渐深入人类生活的各个领域而受到业内人士的重视。

8.4.1   智能家居模拟系统

随着近年来科学技术的迅速发展和普及，人们的工作、生活观念也发生了巨大的改变，现代家庭生活追求的新方向——智能化生活已经悄然走进我们的生活，"智能家居"已成为家庭信息化和智能化的一种表现。智能家居是指在小区内部宽带网络已经普及的基础上利用小区内部的网络环境搭建的以家庭为单位的控制系统，其目的是为住户提供以住宅为平台，兼备建筑、网络通信、信息家电、设备自动化，集系统、结构、服务、管理于一体的高效、舒适、安全、便利的居住环境。智能家居是个复杂的综合体。首先，在一个家居中建立一个通信网络，为家庭信息提供必要的通路，在家庭网络操作系统的控制下，通过相应的硬件和执行机构，实现对所有家庭网络上的家电和设备的控制和监测。其次，通过一定的媒介，构成与外界的通信通道，以实现与家庭以外的世界沟通信息，满足远程控制 / 监测和交换信息的需求。最后，智能家居的最终实现目的都是为满足人们对安全、舒适、方便和符合绿色环境保护的需求。智能家居从功能上来说，主要分为家庭安防功能、家庭数据采集功能、家电及家庭电子设备控制、家庭信息管理平台和家庭能源控制功能五大功能。

智能家居系统平台结构如图 8-30 所示。

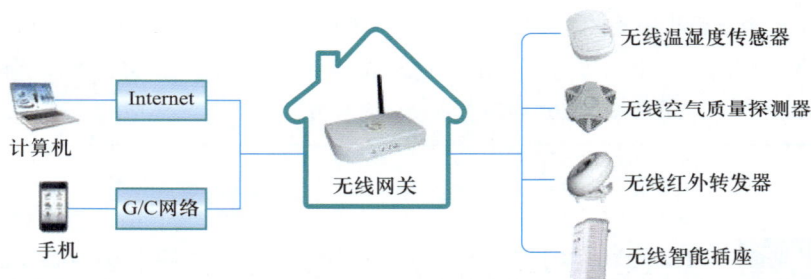

图 8-30   智能家居系统平台结构

由智能家居系统平台的结构图可见，无线网关（sink 节点）是整个网络平台的核心，各个不同协议子网之间的互联和信息共享都需要通过网关进行，它可以接收各种家电、灯具、安防监控设备、居室环境监控单元以及通用遥控器等无线发送上来的信息，也可以对这些信息进行智能处理后反馈给相应的设备。另一方面，无线网关还可以同局域网 / 互联网、公用电话网、短信系统等连接，在非现场区域对家庭网络进行遥控和监测。在家庭无线网络平台中，通用遥控设备上有 GUI（graphical user interface，图形用户接口），它不仅可以控制各种家用电器以及各种监测控制单元的运行状态，还可以对各种受控设备进行设备添加、删除、参数设置等操作，实现对家庭无线网络平台的现场控制。在网络平台中，各种网络家电设备，例如电视、冰箱、空调、热水器等，形成了一个应用平台。这些设备可以接受无线网关或通用遥控器的控制，也可以把自身的工作状态、甚至故障告警信息上传到无线网关，进而通过互联网或电话网告知相关人员。

利用无线传感器网络节点加上 ZigBee 协议构成的低数据率无线家庭网络个性化明显，用户通常会选择符合自己个性化需求的产品。

技能训练 31　智能家居模拟系统调试与应用

实训视频：
智能家居模拟系
统调试与应用

任务描述：

采用多个 ZigBee 节点进行组网通信实验，由各节点负责采集传感器数据并将其发往协调器，协调器收到数据后通过 WiFi 转发，将数据上传到移动设备客户端。

要求利用无线传感器网络传输模块、温湿度传感器应用模块、PM2.5 测量传感器应用模块、光电传感器应用模块、直流电机测速模块、直流稳压电源等构建的一个模拟智能家居无线传感器网络综合应用系统。

器材准备：

无线传感器网络传输模块、温湿度传感器应用模块、PM2.5 测量传感器应用模块、光电传感器应用模块、直流电机测速模块、数字式万用表等。

设计制作与调试过程：

在本训练项目中采用 4 个 ZigBee 节点进行组网通信，实训项目电路框图如图 8-31 所示。

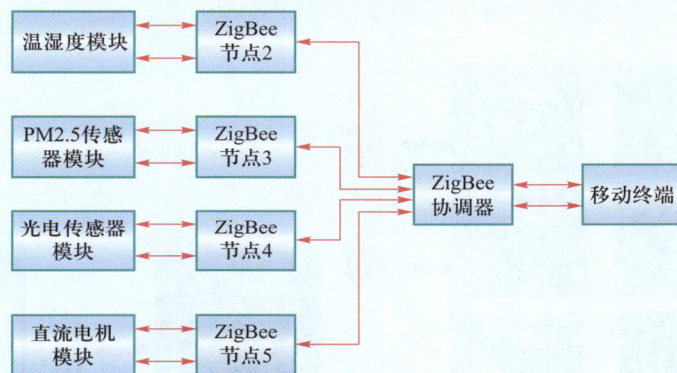

图 8-31　智能家居无线传感器网络综合应用系统

具体操作是，首先选用一块无线传感器网络传输模块作为 ZigBee 协调器，使用 20P 排线连接模块 J2（ARM_JTAG）接口，烧写无线传感器网络协调器 STM32 程序，模块连接如图 8-32 所示。

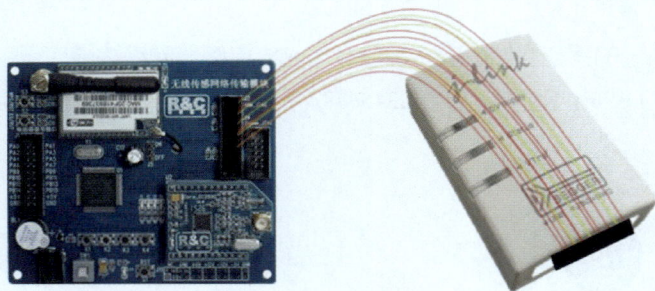

图 8-32　烧写协调器程序模块连接示意图

使用 CC Debugger 仿真器 10P 排线连接模块 J4（ZigBee_JTAG）接口，烧写 ZigBee 模块的通信程序。烧写协调器 ZigBee 模块通信程序示意图如图 8-33 所示。

然后采用同样方式分别烧写无线传感器网络节点 2（温湿度）STM32 程序及与协调器同一信道的节点 2 的 ZigBee 通信程序；无线传感器网络节点 3（PM2.5）STM32 程序及同一信

道的节点 3 的 ZigBee 通信程序、无线传感器网络节点 4（光照度）STM32 程序及同一信道的
节点 4 的 ZigBee 通信程序；无线传感器网络节点 5（电机控制）STM32 程序及同一信道的节
点 5 的 ZigBee 通信程序。

图 8-33　烧写协调器 ZigBee 模块通信程序示意图

　　图 8-34 为智能家居无线传感器网络综合应用系统实物构成图，左边分别是温湿度测试
节点 2、PM2.5 测试节点 3、光照度测试节点 4 及电机控制节点 5；中间为 ZigBee 无线网络
的协调点，ZigBee 无线网络与移动智能终端则通过 WiFi 进行数据交换。

图 8-34　智能家居无线传感器网络综合应用系统实物图

　　在 Android 系统的移动终端上安装智能家居无线传感器网络综合应用系统的应用 App，
并连接协调器上的 WiFi，密码默认为 12345678。打开应用软件，可以查看当前在线的节点，
如图 8-35 所示。

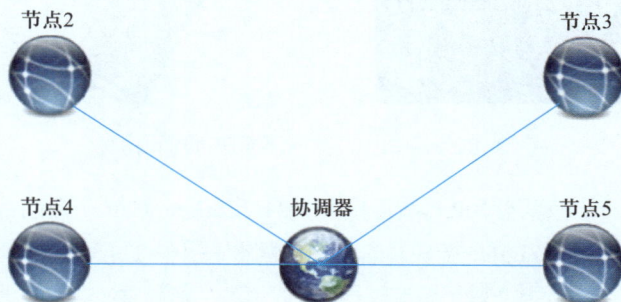

图 8-35　智能家居无线传感器网络综合应用系统联网节点在线示意图

　　单击屏幕上的节点，可以打开节点界面，查看对应传感器数据，同时可以控制节点上的 LED 灯和蜂鸣器，如图 8-36 所示。

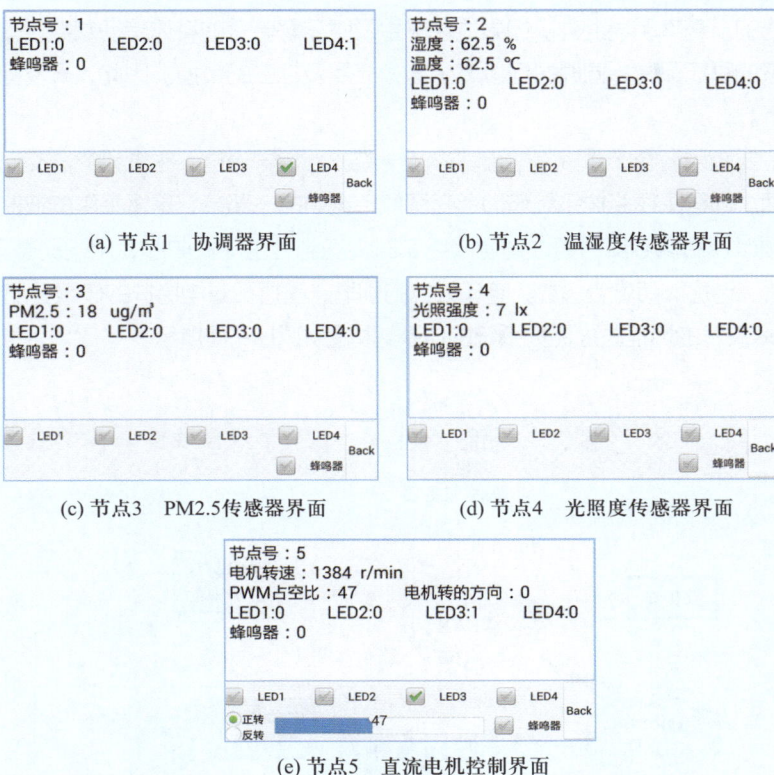

(a) 节点1　协调器界面

(b) 节点2　温湿度传感器界面

(c) 节点3　PM2.5传感器界面

(d) 节点4　光照度传感器界面

(e) 节点5　直流电机控制界面

图 8-36　控制节点示意图

　　如需进行智能家居模拟系统调试与应用的 AR 体验，可扫描二维码下载驱动程序，安装成功后再扫描图 8-37 所示识别图即可。

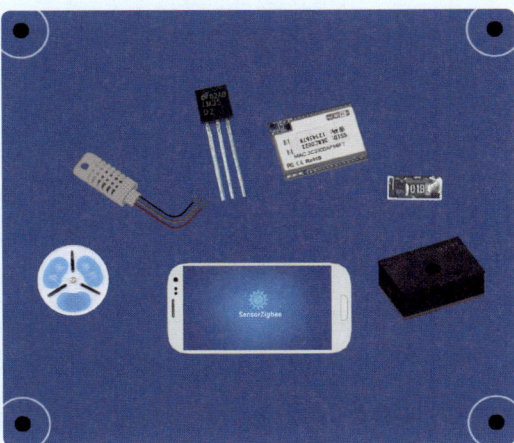

图 8-37　智能家居 AR 体验识别图

AR 体验：
扫描二维码下载驱动程序，安装成功后扫描"智能家居 AR 体验识别图"进行体验

问题思考：

　　（1）若节点上的 WiFi 模块都开启了，实验结果是否会有影响？

　　（2）若节点上连接的传感器与节点编号没有对应，会出现什么现象？

8.4.2　远程医疗监护系统

随着生活和工作节奏的加快，人们面对着事业及家庭的双重压力，近几年，冠心病和心源性猝死等心血管疾病的发病率明显上升。如果能使医生及时了解患者的身体特征参数，使病人在医院或家庭中得到更好的医疗保健，同时又可以减少病人家属及社会的负担。因此，开发构建远程医疗监护系统势在必行。

远程医疗主要应用在临床会诊、检查、诊断、监护、指导治疗、医学研究、交流、医学教育和手术观摩等方面。远程医疗监护系统作为远程医疗系统中的一部分，是将采集的被监护者的生理参数与视频、音频以及影像等资料通过通信网络实时传送到社区监护中心，用于动态跟踪病态发展，以保障及时诊断、治疗。随着当今社会老年人口的剧增，医疗资源中监护的作用更加突出。

基于 ZigBee 技术的远程医疗监护系统的体系结构图如图 8-38 所示。

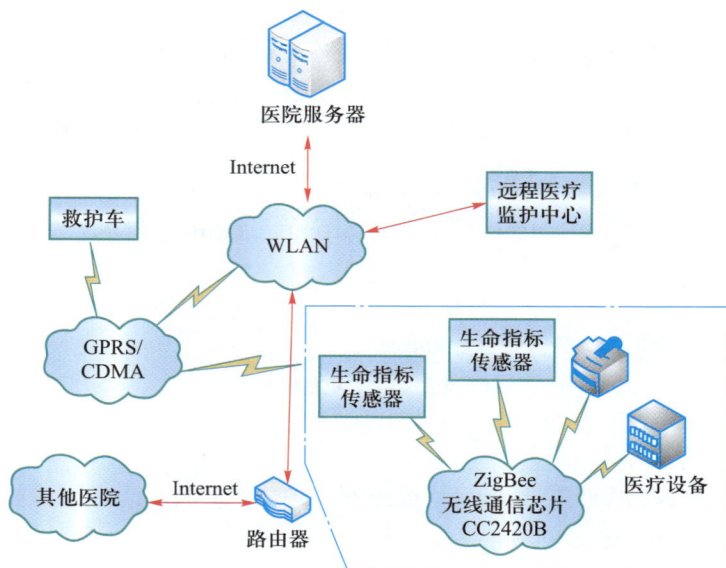

图 8-38　基于 ZiBee 技术的远程医疗监护系统的体系结构图

系统由监护基站设备和 ZigBee 传感器节点构成一个微型监护网络。传感器节点上使用中央控制器对需要监测的生命指标传感器进行控制并采集数据，通过 ZigBee 无线通信方式将数据发送至监护基站设备，并由该基站装置将数据传输至所连接的 PC 或者其他网络设备上，通过 Internet 网络可以将数据传输至远程医疗监护中心，由专业医疗人员对数据进行统计观察，提供必要的咨询服务，实现远程医疗。在救护车中的急救人员还可通过 GPRS 实现将急救病人的信息实时传送，以利于医院抢救室及时做好准备工作。医疗传感器节点可以根据不同的需要而设置，因此该系统具有极大的灵活性和扩展性。同时，将该系统接入 Internet 网络，可以形成更大的社区医疗监护网络、医院网络乃至整个城市和全国的医疗监护网络。

技能训练 32　无线医疗模拟系统调试与应用

任务描述：

采用多个 ZigBee 节点进行组网通信，由各节点负责采集传感器数据并将其发往协调器，协调器收到数据后通过 WiFi 转发，将各个节点采集的脉搏信号传送到协调器上，并通过 WiFi 转发，将数据上传到移动设备客户端实现远程医疗监控。

器材准备：

无线传感器网络传输模块、光电传感器应用模块、数字式万用表等。

设计制作与调试过程：

本训练项目需要使用到 5 个无线传感器网络传输模块（称为节点）、5 个光电脉搏传感器模块，其结构框图如图 8-39 所示。

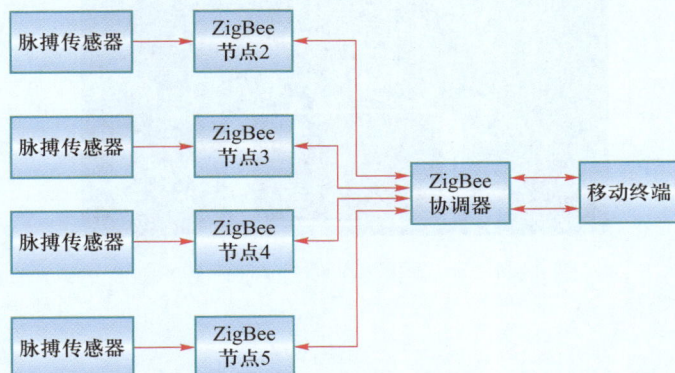

图 8-39　无线医疗模拟系统结构框图

对照图 8-39 所示电路框图，将无线传感器网络传输模块、光电脉搏传感器模块放置到传感器综合应用创新实训平台相应位置。

检查各相关连接线路，接通综合实训平台电源，确认后用数字式万用表测量无线传感器网络传输模块的供电电压（+5 V）是否正常。

使用 J-Link V8 仿真器，使用 20P 排线连接模块 J2（ARM_JTAG）接口（不能接到其他接口上），烧写 STM32 程序。

在 Android 设备上安装文件夹内应用控制软件，并连接协调器上的 WiFi，密码默认 12345678（注意：为避免实验干扰，建议将节点上的 WiFi 模块关闭）。

使用 20P 排线将光电脉搏传感器模块和对应传感器模块连接起来，并上电。

打开应用软件，可以查看当前节点所传递过来的脉搏数据，如图 8-40 所示。注意：当节点不在线时会出现节点掉线提示。

图 8-40　无线远程医疗模拟系统截图

如需进行无线远程医疗模拟系统 AR 体验，可以扫描二维码下载驱动程序，安装成功后再扫描图 8-41 所示识别图即可。

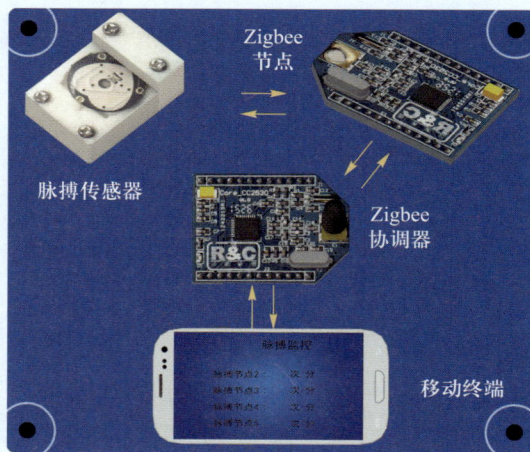

AR 体验：

扫描二维码下载驱动程序，安装成功后扫描"无线医疗模拟系统 AR 体验识别图"进行体验

图 8-41　无线医疗模拟系统 AR 体验识别图

问题思考：

（1）若节点上的 WiFi 模块都开启了，实验结果是否会有影响？

（2）影响脉搏测量精度的因素有哪些？该如何避免？

由此可见，无线传感器网络由多个功能相同或不同的无线传感器节点组成，对设备或环境进行监控，从而形成一个无线传感器网络，通过网关接入互联网系统，采用一种基于星形结构的混合星形无线传感器网络结构系统模型。传感器节点在网络中负责数据采集和数据中转节点的数据采集，模块采集户内的环境数据，如温度、湿度等，由通信路由协议直接或间接地将数据传输给远方的网关节点。

上述传感器网络综合了嵌入式技术、传感器技术、短程无线通信技术，有着广泛的应用。该系统不需要对现场结构进行改动，不需要原先任何固定网络的支持，能够快速布置、方便调整，并且具有很好的可维护性和拓展性。

思考与练习题

一、填空题

1. 无线传感网的协议栈一般包括＿＿＿＿、＿＿＿＿、＿＿＿＿、＿＿＿＿与＿＿＿＿等。

2. ZigBee 是 IEEE＿＿＿＿协议的代名词，可以由多到＿＿＿＿个无线数传模块组成的无线网络平台，每个网络节点的距离可以从标准的＿＿＿＿无限扩展。

3. IEEE802.15.4 定义了＿＿＿＿和＿＿＿＿两个物理层标准。

4. WiFi 的中文全称是＿＿＿＿，传输速度可高达＿＿＿＿。

5. 与蓝牙技术相比，WiFi 技术的无线电波的覆盖范围＿＿＿＿，数据安全性＿＿＿＿。

二、判断题

1. 无线传感器网络节点一般都是由传感器模块、微控制器模块与无线射频收发器模块组成。

（　　）

2. 蓝牙、ZigBee、WiFi 都属于无线通信技术。　　　（　　）

3. CC2530 是一种典型的 ZigBee 无线通信模块。　　　（　　）

4. ZigBee 技术与蓝牙相比传输距离更远。　　　（　　）

5. WiFi 的最高传输速度可达 11 Mbit/s。　　　（　　）

三、分析与设计题

画出一个智慧农业大棚温湿度检测与控制的无线传感器网络综合应用系统框图，简述其工作原理。

传感器综合应用创新实训平台使用手册

一、结构与传感器模块

传感器综合应用创新实训平台是由电源模块、显示模块、传感器功能模块、单片机系统等组合为一体的传感器综合测试系统。

（一）外形结构

传感器综合应用创新实训平台整体结构图如附图 1 所示。

1. 外形尺寸
实验箱外形尺寸：50 cm × 35.5 cm × 13.5 cm
传感器模块尺寸：10.5 cm × 9.0 cm

2. 电源配置
输入：AC 220 V
输出：DC +5 V/2 A　DC−5 V/1 A
　　　DC +12 V/3 A　DC−12 V/1.5 A

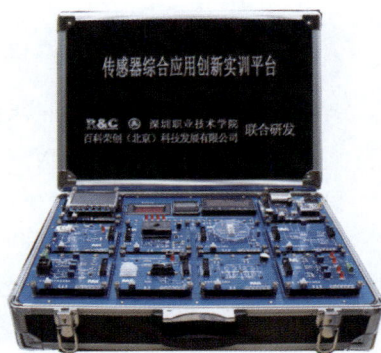

附图 1　传感器综合应用创新实训平台整体结构图

3. 显示模块
（1）3 位半数字显示表（量程为 0~2 V，尺寸：8 cm × 4 cm）
（2）智能显示终端（3.5 寸 TFT 液晶屏，分辨率：320×480）
（3）智能温控器（尺寸：48 mm × 48 mm）

主要功能：

热电偶：（显示值的 ±0.3% 或 ±1 ℃，取较大值）±1 位以下

铂电阻：（显示值的 ±0.2% 或 ±0.8 ℃，取较大值）±1 位

模拟量输入：±0.2% FS ±1 位以下

CT 输入：±5% FS ±1 位以下

一路电压输出：+12 V

两路继电器辅助输出

（4）转速表与频率计显示（尺寸：9.5 cm × 4.8 cm）

输入信号：开关量

电平脉冲（低电平：−30 ~ +0.6 V，高电平：+4 ~ +30 V）

4. 单片机系统

处理器型号：STM32F103C8T6

内核：ARM 32-bit Cortex-M3

主频：72 MHz

内存：64 KB Flash，20 KB RAM

（二）传感器应用主功能模块配置与功能

1. 温湿度、热敏电阻应用模块

1）传感器配置

（1）热敏电阻

PTC：MZ5 热敏电阻 10K　1% 精度

NTC：NTC-MF52AT 10K　1% 精度

（2）集成温度传感器

型号：LM35

灵敏度：10.0 mV/℃，测量范围：0～+100 ℃

测量精度：±0.25 ℃（在 +25 ℃时）

（3）湿度传感器

型号：AM2001

测量范围 20%～90%RH，测量精度 ≤ 5%RH

输出电压 0.6～2.7V

2）可开设实训项目

（1）热敏电阻温度上下限报警电路的调试

（2）集成温度传感器的电路测试

（3）湿度测量电路的调试

2. 热电偶、热电阻应用模块

1）传感器配置

（1）热电偶

型号：热电偶 K 型

测量范围：0～1300 ℃，测量精度：±0.5 ℃

（2）热电阻

型号：Pt100

测量范围：-200～+850 ℃，测量精度：±0.5 ℃

2）可开设实训项目

（1）热电偶温度测量电路的调试

（2）热电阻温度测量电路的调试

3. 光电传感器应用模块

1）传感器配置

（1）光敏电阻

型号：GL5616

　　　　光谱峰值：560 nm，亮电阻：5 ~ 10 kΩ，暗电阻：0.8 MΩ

　　（2）脉搏传感器

　　　　型号：Pulse Sensor

　　　　供电电压 V_{cc}：3.3 ~ 5 V，输出信号大小：0 ~ V_{cc}

　　　　信号放大倍数：330 倍，LED 峰值波长：515 nm

　　（3）光照度传感器

　　　　型号：BH1750

　　　　光谱峰值：560 nm

　　　　输入光范围：1 ~ 65535 lx

2）可开设实训项目

　　（1）光敏电阻感光灯电路的调试

　　（2）人体脉搏测量电路的调试

　　（3）光照度传感器电路的调试

4. 红外人体感应与红外测距传感器应用模块

1）传感器配置

　　（1）红外人体感应传感器

　　　　型号：KP500B

　　　　灵敏元面积：2.0 mm × 1.1 mm，窗口尺寸：4 mm × 3 mm

　　　　输出信号：>2.2 V，灵敏度：3300 V/W

　　　　工作电压：2.2 ~ 15 V，视场：中心角 138° × 125°

　　（2）红外测距传感器

　　　　型号：夏普 GP2Y0A21YK0F

　　　　距离测量范围：10 ~ 80 cm，供电电压：4.5 ~ 5.5 V

2）可开设实训项目

　　（1）人体红外感应报警电路的测试

　　（2）红外测距电路的测试

5. PM2.5 测量传感器应用模块

1）传感器配置

　　PM2.5 测量传感器型号：夏普 GP2Y1010AU0F

　　电源电压：5 ~ 7 V

　　最小粒子检出值：0.8 μm，灵敏度：0.5 V/（0.1 mg/m³）

2）可开设实训项目

　　PM2.5 测量电路的测试

6. 压力传感器应用模块

1）传感器配置

　　压力传感器型号：悬臂梁式 2 kg

　　尺寸：8 cm × 1.27 cm × 1.27 cm（长 × 宽 × 高），推荐激励电压：5 ~ 10 V

　　灵敏度（mV/V）：1.0 ± 0.5，零点输出（mV/V）：± 0.5

　　零点温度漂移（%F.S/10 ℃）：0.5，非线性（%F.S）：0.05

2）可开设实训项目

简易电子秤电路的测试与调整

7. 超声波传感器应用模块

1）传感器配置

超声波传感器型号：TCT40-16R/T（直径 16 mm）

标称频率（kHz）：40 kHz

测量范围：3~20 cm，测量精度：±0.5 cm

2）实物模型

（1）倒车雷达实物模型

（2）液位测量控制实物模型

3）可开设实训项目

（1）倒车雷达电路的调试

（2）超声波液位测量系统

8. 磁敏传感器应用模块

1）传感器配置

（1）霍尔传感器

型号：YS1253

电源电压 VCC：4.5~24 V

（2）干簧管

型号：MKA-14103

触点负载：10 W

最大开关电压：100 V DC / V AC，最大开关电流：0.5 A

（3）磁角度传感器

型号：TLE5011

电源电压 V_{cc}：4.5~24 V

有效测角范围：0 ~ 360°

2）可开设实训项目

（1）磁敏信号检测电路的调试

（2）磁传感器角度测量电路的调试

9. 气敏传感器应用模块

1）传感器配置

（1）酒精传感器

型号：MQ-3

供电电压：5 V

（2）烟雾传感器

型号：MQ-2

供电电压：5 V

2）可开设实训项目

（1）酒精浓度检测电路的调试

（2）气体烟雾报警电路的调试

10. 直流电机测速模块

1）传感器配置

（1）反射式光电开关

型号：RPR220

（2）霍尔传感器

型号：YS1253

电源电压 V_{CC}：4.5～24 V

（3）5 V 直流电机

（4）直流电机驱动器 L298N

（5）功能切换开关，切换 PWM 控制与调速旋钮模拟控制

（6）带磁钢三孔光电码盘

2）可开设实训项目

（1）光电测速系统电路的调试

（2）霍尔测速电路的调试

11. 无线传感器网络传输模块

1）WiFi 通信模块

型号：HLK-RM04

最高传输速率 230 400 bit/s

TCP 连接最大连接数 >20

UDP 连接最大连接数 >20

串口波特率 50～230 400 bit/s

工作温度：-20～60 ℃，工作湿度：10%～90%RH（不凝结）

2）主控制器

型号：STM32F103C8T6

内核：ARM 32-bit Cortex-M3

主频：72 MHz

内存：64 KB Flash，20 KB RAM

3）ZigBee 模块

型号：CC2530F256，无线频率：2.4 GHz

工作电压：2～3.6 V，输出功率：4.5 dBm

工作温度范围：-40～+125 ℃

4）模块功能

该模块使用 STM32F103 作为主控制器，完成传感器数据的采集与处理，利用 WiFi 模块可以将传感器数据上传到移动安卓等网络设备上，利用有线网、无线网等可以远程访问传感器数据；利用 ZigBee 模块组建无线传感器网络。

5）可开设的实训项目

（1）基于 ZigBee 的点对点通信系统调试与应用

（2）基于 WiFi 的传感器数据采集系统调试与应用

（3）基于 WiFi 的无线控制系统调试与应用

（4）智能家居模拟系统调试与应用

（5）无线医疗模拟系统调试与应用

（三）传感器应用选配功能模块配置

1. 温度测量模块

1）传感器配置

（1）1N4148

1N4148 二极管 PN 结温度特性

（2）DS18B20 温度传感器

测温范围：－ 55 ~ +125 ℃，精度为 ± 0.5 ℃

单总线通信

2）可开设实训项目

（1）PN 结温度测量电路的测试

（2）温度回差调节电路的调试

（3）数字式温度传感器测温电路的测试

2. 红外测温传感器模块

1）传感器配置

TN901 红外测温传感器

测量范围：－10 ~ 50 ℃

响应时间：1 s

波长：5 ~ 14 μm

SPI 数字通信接口

2）可开设实训项目

红外测温传感器电路的测试

3. 雨量检测传感器模块

1）传感器配置

雨量检测传感器

检测面积：5.4 mm×4.0 mm 表面抗氧化镀镍处理，导电性能优越

2）可开设实训项目

雨量检测电路的调试

4. 光电传感器模块

1）传感器配置

（1）光电池传感器

型号：BPW34S　　　波长：850 nm

频谱范围 400 ~ 1100 nm　响应时间 20 ns

电压：反向（U_R）（最大值）32 V DC 电流：暗（典型值）2 nA

有效面积 2.65 mm × 2.65 mm（7 mm^2）视角 120°

（2）红外光电开关传感器

　　　　型号：MOC70T4　槽距：8 mm

　　　　规格：对射式传感器

2）可开设实训项目

　　（1）光电池检测电路调试与应用

　　（2）红外光电开关检测电路设计与调试

5. 颜色识别传感器模块

1）传感器配置

　　颜色识别传感器

　　可编程彩色光到频率的传感器

　　在单一芯片上集成了红绿蓝（RGB）三种滤光器

2）可开设实训项目

　　颜色识别电路的调试

6. 电容触摸传感器模块

1）传感器配置

　　电容触摸按键传感器

　　16 路电容触摸按键

　　TTP229 专业电容感应式触摸 IC

2）可开设实训项目

　　电容触摸按键电路的调试

7. 金属探测传感器模块

1）传感器配置

　　金属探测传感器

　　探测距离：8 mm　　NPN 动合型

　　反应频率：1000 Hz

2）可开设实训项目

　　金属探测电路的调试

8. 声控、振动传感器模块

1）传感器配置

　　（1）电容式语音咪头声音传感器

　　　　灵敏度：−32 dB　　　　　声道数：单声道

　　　　频率响应：20 ~ 16 000 Hz　输出阻抗：2 kΩ

　　（2）振动传感器

　　　　型号：SW−420　　　灵敏度：高灵敏方向角：全方位

2）可开设实训项目

　　（1）声音检测电路的调试

　　（2）振动检测电路的调试

9. MPU6050 姿态传感器

1）传感器配置

　　MPU6050 姿态传感器

　　数字 I²C 接口的 6 轴运动处理组件，内部整合了 3 轴陀螺仪和 3 轴加速度传感器

2）可开设实训项目

　　MPU6050 姿态检测电路的调试

10. HMC5883L 电子罗盘模块

1）传感器配置

　　HMC5883L 电子罗盘传感器

　　数字 I²C 接口的弱磁传感器芯片

　　罗盘航向精度精确到 1°～2°

2）可开设实训项目

　　电子罗盘应用电路的调试

二、配件

1. 温度源（附图 2）

1）工作电压：DC12 V/5 A（配备电源适配器）。

2）配备 K 型热电偶、Pt100 热电阻两种温度传感器。

3）配备数字温度显示仪表。

4）采用半导体制冷片进行加热与制冷。

2. 砝码（附图 3）

提供 100 g×1、50 g×1、20 g×2、10 g×1、5 g×1，共 205 g。

3. 倒车雷达系统（附图 4）

1）配备超声波发射、接收探头，已固定在可移动滑块上。

2）配备障碍物挡板及带刻度的导轨。

4. 液位自动控制系统（附图 5）

1）配备两个带刻度的亚克力水槽。

2）配备超声波发射、接收探头，并固定在液位自动控制检测板上。

3）配备两个 DC 5 V 水泵及水管。

  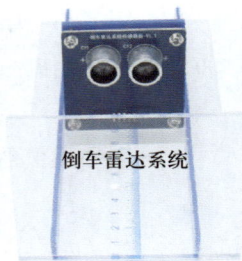 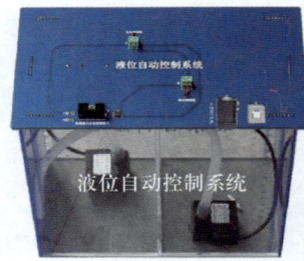

附图 2　温度源　　　　附图 3　砝码　　　　附图 4　倒车雷达系统　附图 5　液位自动控制系统

三、传感器综合应用创新实训平台实训项目指导

1. 传感器认知与质量检测

（1）项目介绍

传感器种类繁多，分类方法各异。在传感器工程应用案例设计时，不仅要考虑选用传感器的功能、测量范围、灵敏度等参数，还要考虑选用传感器的应用环境、安装尺寸等问题。本项目通过对常用传感器的外观、结构辨识，使读者进一步了解常用传感器的功能，熟悉常用传感器的结构，掌握常用传感器的质量检测方法。

要求对给定的部分常用传感器进行功能辨识，使用万用表相关功能挡位对传感器进行简单的质量鉴别。

（2）视频演示（请扫描二维码观看视频演示）

实训视频：传感器认知与质量检测

2. PN 结温度测量电路的调试

（1）项目介绍

PN 结二极管是半导体器件，最主要的特性是单向导电性。本项目利用 PN 结的负温度系数特性，并作为温度传感器设计制作一款数字式温度仪表。通过项目训练，可进一步理解二极管的温度特性，掌握利用 PN 结二极管作为温度传感器制作温度测量仪表的方法。

要求测温范围：0～100 ℃，测量精度为 ±1 ℃。

（2）视频演示（请扫描二维码观看视频演示）

实训视频：PN 结温度测量电路的调试

3. 热敏电阻温度上下限报警电路的调试

（1）项目介绍

热敏电阻是一种半导体元件，常用的有正温度系数热敏电阻 PTC、负温度系数热敏电阻 NTC 和临界系数热敏电阻 CTR 三大类。本项目利用正温度系数与负温度系数热敏电阻分别构成温度上下限报警电路，通过项目训练，可进一步理解和掌握热敏电阻的基本特性、工作原理与典型应用方法。

要求温度高于某一设定的上限报警值时对应的上限报警指示灯亮，当温度下降到设定的下限报警值时对应的下限报警指示灯亮。

（2）视频演示（请扫描二维码观看视频演示）

实训视频：热敏电阻温度上下报警电路的调试

4. 热电阻温度测量电路的调试

（1）项目介绍

热电阻是一种金属材料，常用的热电阻有铂热电阻与铜热电阻两大类，铜热电阻通常用于较低温度的测量，而铂热电阻通常用于中高温度的测量。在进行温度测量时，热电阻的电阻值会随着温度的升高而变大，并可以通过查热电阻分度值表的方法根据被测电阻的大小换算出被测温度值的大小。本项目利用金属铂热电阻 Pt100 构成温度测量电路，通过项目训练，可进一步理解和掌握热电阻的基本特性、工作原理与典型应用方法。

要求测温范围：0～100 ℃ ，测量精度：±1 ℃。

（2）视频演示（请扫描二维码观看视频演示）

实训视频：热电阻温度测量电路的调试

5. 热电偶温度测量电路的调试

（1）项目介绍

热电偶是一种基于导体热电效应的温度测量传感器，它可以把温度信号转换成热电动势信号输

出，并通过电气仪表（二次仪表）转换成被测介质的温度。标准热电偶按照构成的材料不同可分为 S、B、E、K、R、J、T、N 八种分度号，是一种高温测量用传感器。本项目利用 K 型热电偶构成温度测量电路，通过项目训练，可进一步理解和掌握热电偶的基本特性、工作原理与典型应用方法。

要求测温范围：$0 \sim 100 ℃$，测量精度：$\pm 1 ℃$。

（2）视频演示（请扫描二维码观看视频演示）

实训视频：
热电偶温度测量电路的调试

6. 集成温度传感器测量电路的调试

（1）项目介绍

集成温度传感器是把温度敏感器件、信号放大电路、温度补偿电路、基准电源电路等在内的各个单元集成在一块芯片内构成的一种专用温度测量传感器，是一种低温测量传感器。LM35 是一种电压型精密温度传感器，其温度特性是温度每升高 $1 ℃$，输出电压增加 10 mV。本项目利用 LM35 构成温度测量电路，通过项目训练，可进一步理解和掌握集成温度传感器的特点、工作原理与典型应用方法。

要求测温范围：$0 \sim 100 ℃$，测量精度：$\pm 1 ℃$。

（2）视频演示（请扫描二维码观看视频演示）

实训视频：
集成温度传感器的电路调试

7. 温度回差调节电路的调试

（1）项目介绍

在工业生产与控制系统以及家用电子产品中，回差调节与控制具有广泛的应用价值，它可以使输出信号始终保持在最大值与最小值之间，避免机械设备的频繁起动而影响寿命。本项目利用同相滞回比较器构成计算机机箱的温度调节与控制系统，使得计算机机箱内温度始终保持在一定的温度范围内。通过项目训练，可进一步理解和掌握回差调节与控制电路的特点、工作原理与典型应用方法。

要求被控温度范围 $20 \sim 40 ℃$，即机箱内温度高于 $40 ℃$时报警灯亮，起动电风扇散热；当温度下降到 $20 ℃$时报警灯灭，电风扇停止工作。

（2）视频演示（请扫描二维码观看视频演示）

实训视频：
温度回差调节电路的调试

8. 湿度测量电路的调试

（1）项目介绍

湿度有绝对湿度与相对湿度之分。通常所说的湿度指的是相对湿度。湿度传感器有湿敏电阻型、湿敏电容型等多种类型。本项目利用湿敏电阻型湿度传感器构成相对湿度测量电路，通过项目训练，可进一步理解和掌握湿度传感器的基本特性、工作原理与典型应用方法。

要求湿度测量范围：$20\% \sim 99\%RH$，精度：$\leqslant 5\%RH$

（2）视频演示（请扫描二维码观看视频演示）

实训视频：
湿度测量电路的调试

9. 人体红外感应报警电路的调试

（1）项目介绍

热释电红外传感器是基于热电效应原理的热电型红外传感器，由传感探测元件、干涉滤光片和场效应管匹配器三部分组成。热释电红外传感器在热辐射能量发生改变时，会产生电荷变化。本项目利用 KP500B 型热释电红外传感器作为人体红外感应传感器，配合红外热释电专用处理芯片 BSS0001 进行信号处理构成红外人体感应报警电路，通过项目训练，可进一步了解和掌握热释电红外传感器的特性、工作原理与典型应用方法。

要求当有人体接近热释电传感器时，电路发出声光报警。

（2）视频演示（请扫描二维码观看视频演示）

10. 光敏电阻感光灯电路的调试

（1）项目介绍

光敏电阻是一种利用半导体光电导效应制成的特殊电阻，对光线十分敏感，它的电阻值能随着外界光照强弱（明暗）变化而变化。在无光照射时，呈高阻状态；当有光照射时，其电阻值迅速减小。本项目利用光敏电阻构成自动感光灯电路，通过项目训练，可进一步理解和掌握光敏电阻的基本特性、工作原理与典型应用方法。

要求照射到光敏电阻表面光线越暗，发光二极管越亮；照射到光敏电阻表面光线越亮，发光二极管越暗。

（2）视频演示（请扫描二维码观看视频演示）

11. 光电测速系统电路的调试

（1）项目介绍

光电码盘是直流电机测速最常用的方法之一，无论是采用反射式光电传感器还是透射式光电传感器，都可以根据光电二极管在一定时间间隔内接收到的脉冲数计算得到被测电机转速值的大小。本项目采用反射式光电开关作为电机测速传感器，通过项目训练，可进一步理解和掌握光电开关的基本特性、工作原理与典型应用方法。

要求采用模拟调节与 PWM 两种控制方式调节电机速度，并通过单片机智能显示终端或转速表显示出被测电机转速的大小。

（2）视频演示（请扫描二维码观看视频演示）

12. 人体脉搏测量电路的调试

（1）项目介绍

人体脉搏传感器是一款用于脉搏心率测量的传感器，常见的有红外脉搏传感器、心率脉搏传感器、光电脉搏传感器等。光电脉搏传感器又分为光电反射式与光电透射式两大类。本项目采用光电反射式脉搏传感器构成人体脉搏测量电路，通过项目训练，可进一步理解和掌握光电脉搏传感器的基本特性、工作原理与典型应用方法。

要求通过红色发光二极管指示脉搏跳动次数，并通过示波器测出的脉搏波形计算被测脉搏信号的频率。

（2）视频演示（请扫描二维码观看视频演示）

13. 红外测距电路的调试

（1）项目介绍

对距离（位移）的测量有很多方法，无论是激光测距、红外测距还是超声波测距，其原理基本相同，就是利用光源发出的光或超声波遇到障碍物被反射，只要得到光或波从发射到反射回来所经历的时间，再根据光或超声波在相应介质中传播的速度，即可得到被测量的距离（位移）大小。本项目利用红外测距传感器发出的红外信号遇到障碍物距离不同其反射信号强度也不同的原理，进行障碍物距离的检测。通过项目训练，可进一步理解和掌握红外测距传感器的基本特性、工作原理与典型应用方法。

要求测距范围：10 ~ 80 cm，测量精度：±1 cm

（2）视频演示（请扫描二维码观看视频演示）

实训视频：
人体红外感应报警电路的调试

实训视频：
光敏电阻感光灯电路的调试

实训视频：
光电测速系统电路的调试

实训视频：
人体脉搏测量电路的调试

实训视频：
红外测距电路的调试

14. PM2.5 测量电路的调试

（1）项目介绍

PM2.5 传感器也称粉尘传感器、灰尘传感器，主要用于检测周围空气中的粉尘浓度，即 PM2.5 值大小。PM2.5 测量传感器通常由一个红外发光二极管（IRED）和红外接收管组成光学传感系统，成对角分布，由红外接收管接收来自发射管发出的红外光，当被检测的空气流经光路，通过检测经过空气中灰尘折射过后的光线强弱来判断灰尘的含量。本项目采用 PM2.5 传感器配合单片机系统与门电路，由单片机输出一定频率的脉冲波经门电路送 PM2.5 传感器，用于控制红外发射管发出红外光，传感器输出的电压信号送到单片机处理，通过计算即可得到 PM2.5 值。通过项目训练，可进一步理解和掌握 PM2.5 传感器的基本特性、工作原理与典型应用方法。

（2）视频演示（请扫描二维码观看视频演示）

实训视频：
PM2.5 测量电路的调试

15. 简易电子秤电路的测试与调整

（1）项目介绍

在电子秤测重系统中广泛采用的是基于应变效应的电阻应变式压力传感器，或者是基于压阻效应的压阻式压力传感器。本项目采用电阻应变式压力传感器配合仪表放大器构成简易电子秤测量电路，利用应变片将弹性元件的形变转换为阻值的变化，再通过转换电路转变成电压输出。通过项目训练，可进一步理解和掌握电阻应变式压力传感器的基本特性、工作原理与典型应用方法。

要求测重范围：0 ~ 150 g，测量精度：±1 g

（2）视频演示（请扫描二维码观看视频演示）

实训视频：
简易电子秤电路的测试与调整

16. 倒车雷达电路的调试

（1）项目介绍

超声波被广泛应用于倒车雷达、机器人避障、超声焊接、清洗、探伤、医疗等。由于声波在空气中传播的速度已知，而且声波从声源到达目标然后返回声源的时间可以测量得到，从声波到目标的距离就可以精确地计算出来。本项目利用超声波传感器配合倒车雷达系统板构成模拟的倒车雷达系统，通过不断检测超声波发射后遇到障碍物所反射的回波，从而测出超声波传输的往返时间，然后求出声波传播距离。通过项目训练，可进一步理解和掌握超声波传感器的基本特性、工作原理与典型应用方法。

要求测距范围：5 ~ 20 cm，精度：±1 cm

（2）视频演示（请扫描二维码观看视频演示）

实训视频：
倒车雷达电路的调试

17. 超声波液位测量系统的调试

（1）项目介绍

超声波液位检测系统由两个水槽、水泵和控制电路组成，水泵由单片机智能显示终端控制，可以实现两个容器之间水位相互转换。

超声波发射和接收头水平安装，超声波发射头发射 40 kHz 信号，当遇到水面时，信号被反射回来，超声波接收头接收到信号后送智能显示终端，由于容器的高度已知，利用容器的高度减去超声波测量的高度即可得到水位的高度，经处理并显示测量结果。通过手动控制水泵起动，可以改变液位高度。本项目利用超声波传感器配合液位检测系统板构成超声波液位检测系统，通过项目训练，可进一步理解和掌握超声波传感器的基本特性、工作原理与典型应用方法。

要求测距范围：5 ~ 20 cm，精度：±1 cm

（2）视频演示（请扫描二维码观看视频演示）

实训视频：
超声波液位测量系统的调试

18. 磁敏传感器角度测量电路的调试

（1）项目介绍

在实际工程应用中，用于角度测量的传感器很多，例如光学旋转编码器、电磁感应式传感器、电容式传感器、电位器式传感器、磁敏传感器等。本项目采用巨磁电阻 TLE5011 作为角度测量传感器，通过测量角度的正弦和余弦值来检测 360° 磁场方向，配合单片机系统进行信号处理，构成角度测量电路。通过项目训练，可进一步理解和掌握磁敏电阻传感器的基本特性、工作原理与典型应用方法。

要求角度测量范围：0～360°，测量精度： ±2°

（2）视频演示（请扫描二维码观看视频演示）

实训视频：
磁敏传感器角度
测量电路的调试

19. 磁敏信号检测电路的调试

（1）项目介绍

磁敏传感器是感知磁性物体的存在或者磁性强度（在有效范围内）的检测元件，常用磁敏传感器有干簧管、霍尔元件、磁敏二极管、磁敏电阻器等。本项目分别使用干簧管、霍尔传感器配合门电路、声光报警电路构成磁场信号检测电路。通过项目训练，可进一步理解和掌握磁敏传感器的基本特性、工作原理与典型应用方法。

要求：当有磁钢靠近干簧管或霍尔传感器时，发光二极管发光、蜂鸣器报警。

（2）视频演示（请扫描二维码观看视频演示）

实训视频：
磁敏信号检测
电路的调试

20. 霍尔电机测速电路的调试

（1）项目介绍

霍尔传感器是根据霍尔效应制作的一种磁场传感器，广泛应用于工业自动化、信号检测与处理等领域。利用霍尔传感器测量电机转速时，可在电机主轴上相连的码盘上安装一个磁钢，当电机旋转时，磁钢经过霍尔传感器，传感器可以直接输出脉冲信号，送数字转速表/频率计单元中进行显示，也可计算单位时间内的脉冲数，再换算出转速。通过项目训练，可进一步理解和掌握霍尔传感器的基本特性、工作原理与典型应用方法。

要求测速范围：0～2000 转/分，测量精度：±5 转/分

（2）视频演示（请扫描二维码观看视频演示）

实训视频：
霍尔电机测速
电路的调试

21. 气体烟雾报警电路的调试

（1）项目介绍

气体传感器是一种将某种气体成分、浓度等信息转化成对应电信号的器件或装置。常用的气体传感器有半导体气体传感器、电化学气体传感器、催化燃烧式气体传感器、红外气体传感器等。本项目利用 MQ-2 型烟雾传感器构成烟雾检测传感器，当传感器与烟雾接触时，会引起传感器表面电导率的变化，这样就可以获得这种烟雾存在的信息，烟雾浓度越大，电导率越大，输出电阻越低。通过项目训练，可进一步理解和掌握气敏传感器的基本特性、工作原理与典型应用方法。

要求当传感器上感应到的烟雾浓度超过设定值时，电路发出声光报警。

（2）视频演示（请扫描二维码观看视频演示）

实训视频：
气体烟雾报警
电路的调试

22. 酒精浓度检测电路的调试

（1）项目介绍

酒精浓度检测主要利用气体传感器检测人体是否摄入酒精及摄入酒精的量值大小，既可以作为交通警察执法检测工具以有效减少重大交通事故的发生，也可以用在其他场合检测人体呼出气体中

的酒精含量。本项目利用 MQ-3 型气敏元件作为酒精浓度检测传感器，配合比较器、报警电路或单片机系统，通过项目训练，可进一步理解和掌握气敏传感器的基本特性、工作原理与典型应用方法。

要求当传感器上感应到的酒精浓度超过设定值时，电路发出声光报警。

（2）视频演示（请扫描二维码观看视频演示）

23. 数字式温度传感器测温电路的调试

（1）项目介绍

集成温度传感器按照输出信号类型可分为模拟式与数字式两大类。数字式温度传感器是一种直接将温度变化转换为数字信号，并通过串行通信方式输出的传感器。常用的数字式温度传感器有 DS18B20、MAX6575、DS1722 等。本项目利用 DS18B20 构成数字式温度传感器测温电路，配合单片机进行数据处理，直接显示出被测温度值的大小。通过项目训练，可进一步理解和掌握气敏传感器的基本特性、工作原理与典型应用方法。

要求测温范围：$0 \sim 100 \, ℃$，测量精度：$\pm 1 \, ℃$。

（2）视频演示（请扫描二维码观看视频演示）

24. 红外测温传感器电路的调试

（1）项目介绍

红外温度传感器工作原理是基于一切温度高于绝对零度（$-273 \, ℃$）的物体都在不停地向周围空间发出红外辐射能量，物体的红外辐射能量大小及其按波长的分布，与它的表面温度有着十分密切的关系。如果把这种辐射能转变成电信号，便能准确地测定它的表面温度。本项目利用 TN901 红外数字测温模块配合单片机系统进行信号处理，可以直接显示出被测温度值的大小。通过项目训练，可进一步理解和掌握红外温度传感器的基本特性、工作原理与典型应用方法。

要求测温范围：$0 \sim 200 \, ℃$，测量精度：$\pm 2 \, ℃$。

（2）视频演示（请扫描二维码观看视频演示）

25. 光电池检测电路的调试

（1）项目介绍

光电池是一种直接将光能转换为电能（电动势）的光电器件，主要应用于光电转换、光电探测及光能利用等方面。本项目利用硅光电池 BPW34 作为感光传感器，将光线照射在光电池上产生的热电动势进行放大后，与一定基准电压进行比较，输出的高低电变化即可驱动场效应管的导通与截止，进而控制发光二极管的亮灭状态。通过项目训练，可进一步理解和掌握光电池传感器的基本特性、工作原理与典型应用方法。

要求当光照强度达到一定的设定值时，发光二极管被点亮。当无光照或光照强度不足时，发光二极管不亮。

（2）视频演示（请扫描二维码观看视频演示）

26. 颜色识别电路的调试

（1）项目介绍

颜色识别传感器是指能够将物体表面的颜色转换成相应的电压或频率输出的器件或装置。颜色识别传感器在图书馆中可以利用颜色区分文献进行分类，在包装行业可以利用不同颜色表示产品不同性质或用途等。本项目利用 TCS230 颜色传感将得到颜色的 R、G、B 分量送 STC89C52 单片机系统进行数据，单片机通过监测 TCS230 的输出频率来判断 R、G、B 分量的值。通过项目训练，可进一步理解和掌握颜色识别传感器的基本特性、工作原理与典型应用方法。

要求通过监测 TCS230 的输出频率来判断 R、G、B 分量的值，并将其显示在智能显示终端上。

（2）视频演示（请扫描二维码观看视频演示）

实训视频：
颜色识别电路
的调试

27. 电容触摸按键电路的调试

（1）项目介绍

电容式传感器是以各种类型的电容器作为传感元件，将被测物理量或机械量转换成电容量变化的一种转换装置，广泛应用于位移、角度、振动、压力、速度等参数的检测。本项目采用电容感应式触摸芯片 TTP229 作为触摸传感器，当人的手指在接触到电路上的电容按键时将会引起该点的电气特性发生改变，电容会发生变化，同时这种变化会被芯片 TTP229 所感知，通过芯片内部处理，将会把被触碰的点的坐标输出，再通过单片机与芯片 TTP229 通信，就可以将这个点的坐标显示在智能显示终端上。通过项目训练，可进一步理解和掌握电容触摸按键传感器的基本特性、工作原理与典型应用方法。

要求在智能显示终端上显示当前电容触摸按键的键值。

（2）视频演示（请扫描二维码观看视频演示）

实训视频：
电容触摸按键
电路的调试

28. 金属探测电路的调试

（1）项目介绍

电感式传感器主要可分为自感式、差动变压器式与电涡流式三大类，主要是利用电磁感应原理把被测得物理量如位移、压力、流量、振动等转换成线圈的自感系数或互感系数的变化，再由电路转换成电压或电流的变化量输出，实现非电量到电量的转换。本项目采用电涡流传感器构成电感接近开关实现对金属物体探测。通过项目训练，可进一步理解和掌握电感式接近开关的基本特性、工作原理与典型应用方法。

当传感器探测到金属时，蜂鸣器报警。

（2）视频演示（请扫描二维码观看视频演示）

实训视频：
金属探测电路
的调试

29. 雨量检测电路的调试

（1）项目介绍

雨量传感器主要用于气象台、水文站、农林、国防等部门用来遥测降水强度、降水量等，也可用于汽车前挡风玻璃后，根据落在玻璃上雨水量的大小来调节雨刮器的动作。本项目采用的雨量传感器由两路镀锡防氧化的互相交叉环绕的导线组成，当有导电液体例如水等介质覆盖在传感器面板上时，传感器内阻会减小，经信号处理电路控制发光二极管的工作状态。可进一步理解和掌握雨量传感器的基本特性、工作原理与典型应用方法。

要求有水滴滴落到传感器上时，LED 灯被点亮。

（2）视频演示（请扫描二维码观看视频演示）

实训视频：
雨量检测电路
的调试

30. 电子罗盘应用电路的调试

（1）项目介绍

电子罗盘又称数字指南针，分为平面电子罗盘与三维电子罗盘两大类，主要用于导航仪器或姿态传感器。目前广泛使用的是三维电子罗盘，它主要由三轴磁阻传感器、双轴倾角传感器和 MCU 等组成。本项目采用霍尼韦尔 HMC5883L 弱磁检测芯片构成电子罗盘，通过项目训练，可进一步理解和掌握磁阻传感器的基本特性、工作原理与典型应用方法。

要求用 HMC5883L 测量当前的方位角，并在智能显示终端上显示出来。

（2）视频演示（请扫描二维码观看视频演示）

31. 姿态检测电路的调试

（1）项目介绍

姿态传感器是一种基于 MEMS 技术的高性能三维运动姿态测量系统，它包含有三轴陀螺仪、三轴加速度计等，主要用于航模无人机、机器人、机械云台、虚拟现实、人体运动分析等设备中。本项目采用 MPU6050 构成姿态测量传感器，通过项目训练，可进一步理解和掌握姿态传感器的基本特性、工作原理与典型应用方法。

要求通过 MPU6050 测得当前姿态角度，并显示在智能显示终端上。

（2）视频演示（请扫描二维码观看视频演示）

32. 声音检测电路的调试

（1）项目介绍

拾音器又称麦克风，常用的拾音器是电容式咪头，其基本结构是利用两片导电板及两板之间的绝缘空气层来形成一个基本电容。当受到声压作用时会产生振动，使该结构的电容值随之改变，将此电容值的变化转换成电压信号输出，便可实现对负载（发光二极管）的控制。通过项目训练，可进一步理解和掌握电容式传感器的基本特性、工作原理与典型应用方法。

要求当电容咪头采集到声音信号时，LED 灯被点亮。

（2）视频演示（请扫描二维码观看视频演示）

33. 振动检测电路的调试

（1）项目介绍

振动传感器主要用于机械中的振动和位移、转子与机壳的热膨胀量的长期监测，生产线的在线自动检测与自动控制，以及科学研究中的微小距离和微小运动的测量等。本项目采用 SW-420 振动传感器来检测物体的振动，通过项目训练，可进一步理解和掌握振动传感器的基本特性、工作原理与典型应用方法。

（2）视频演示（请扫描二维码观看视频演示）

34. 基于 ZigBee 的点对点通信系统调试与应用

（1）项目介绍

ZigBee 是 IEEE 802.15.4 协议的代名词。根据这个协议规定的技术是一种短距离、低功耗的无线通信技术。本项目利用 Core_CC2530 模块与无线传感器网络传输模块组建一个通信网络。通过训练项目，可进一步了解 ZigBee 通信模块的工作原理，熟悉基于 Z-stack 协议栈的点对点通信过程，掌握基于 ZigBee 的点对点通信系统调试方法。

要求利用 ZigBee 的短距离无线传输，实现两个点之间的 LED 灯点亮、熄灭控制。

（2）视频演示（请扫描二维码观看视频演示）

35. 基于 WiFi 的传感器数据采集系统调试与应用

（1）项目介绍

WiFi 全称 Wireless Fidelity，是一种允许电子设备连接到一个无线局域网（WLAN）的技术，由 WiFi 联盟所持有，允许任何在 WLAN 范围内的设备可以连接上。HLK-RM04 是一款可以实现串口与无线网（WiFi）接口之间互相转换的 WiFi 通信模块，是基于通用串行接口的符合网络标准的嵌入式模块，内置 TCP/IP 协议栈，能够实现用户串口、以太网、无线网（WiFi）3 个接口之间的任意转换。本项目利用 HLK-RM04 WiFi 通信模块及常用的温湿度、气敏、PM2.5 等环境参数测试等，构建一个基于 WiFi 的传感器数据采集系统。通过该训练项目，可进一步了解 WiFi 通信模块的工作原理，熟悉基于 WiFi 的传感器数据采集系统通信过程，掌握基于 WiFi 的通信系统调试方法。

要求通过 WiFi 通信将传感器测得的参数传送到移动终端上，并进行数字显示。

（2）视频演示（请扫描二维码观看视频演示）

实训视频：基于 WiFi 的传感器数据采集系统调试与应用

36. 基于 WiFi 的无线控制系统调试与应用

（1）项目介绍

WiFi 无线保真技术与蓝牙技术一样，同属于在办公室和家庭中使用的短距离无线技术。通过 HLK-RM04 模块，传统的串口设备在不需要更改任何配置的情况下，即可通过 Internet 网络传输自己的数据，为用户的串口设备通过以太网传输数据提供了快速的解决同道。本项目利用 HLK-RM04 WiFi 通信模块及直流电机测速模块，构建一个基于 WiFi 的无线控制系统。通过训练项目，可进一步熟悉 WiFi 通信模块的工作原理，掌握基于 STM32 的无线控制系统设计，掌握无线网络传输协议的设计方法。

要求通过移动平台，利用 WiFi 的无线传输实现远程的电机转速控制。

（2）视频演示（请扫描二维码观看视频演示）

实训视频：基于 WiFi 的无线控制系统调试与应用

37. 智能家居模拟系统调试与应用

（1）项目介绍

智能家居是指利用小区内部的网络环境搭建的以家庭为单位的控制系统，其目的是为住户提供以住宅为平台，兼备建筑、网络通信、信息家电、设备自动化，集系统、结构、服务、管理于一体的高效、舒适、安全、便利的居住环境。本项目采用多个 ZigBee 节点进行组网通信，由各节点负责采集传感器数据并将其发往协调器，协调器收到数据后通过 WiFi 转发，将数据上传到移动设备客户端。通过项目训练，可进一步了解 ZigBee 通信模块的工作原理，掌握基于 STM32 的传感器数据采集方法。

要求利用无线传感器网络传输模块作为 ZigBee 节点进行组网通信，实现室内相关参数经过无线传输到移动终端，同时移动终端也可通过无线控制室内相关设备。

（2）视频演示（请扫描二维码观看视频演示）

实训视频：智能家居模拟系统调试与应用

38. 无线医疗模拟系统调试与应用

（1）项目介绍

远程医疗监护系统作为远程医疗系统中的一部分，是将采集的被监护者的生理参数与视频、音频以及影像等资料通过通信网络实时传送到社区监护中心，用于动态跟踪病态发展，以保障及时诊断、治疗。本项目采用多个 ZigBee 节点进行组网通信，由各节点负责采集传感器数据并将其发往协调器，协调器收到数据后通过 WiFi 转发，将各个节点采集的脉搏信号传送到协调器上，并通过 WiFi 转发，将数据上传到移动设备客户端实现远程医疗监控。通过项目训练，可进一步熟悉 ZigBee 通信模块的工作原理，掌握基于 STM32 的传感器数据采集方法，掌握基于 Z-stack 协议栈的 ZigBee 组网设计过程。

要求利用无线传感器网络传输模块作为 ZigBee 节点进行组网通信，实现人体心律及脉搏无线传输至移动终端，并在移动终端上显示其参数。

（2）视频演示（请扫描二维码观看视频演示）

实训视频：无线医疗模拟系统调试与应用

参 考 文 献

[1] 王煜东. 传感器应用电路 400 例 [M]. 北京：中国电力出版社，2008.

[2] 胡向东. 传感器与检测技术 [M]. 4 版. 北京：机械工业出版社，2021.

[3] 陈卫. 传感器应用 [M]. 2 版. 北京：高等教育出版社，2021.

[4] 吴建平. 传感器原理及应用 [M]. 3 版. 北京：机械工业出版社，2016.

[5] 许磊. 传感器技术与应用 [M]. 北京：高等教育出版社，2014.

[6] 李善仓. 无线传感器网络原理与应用 [M]. 北京：机械工业出版社，2008.

[7] 何希才. 常用传感器应用电路的设计与实践 [M]. 北京：科学出版社，2011.

[8] 孙余凯. 传感技术基础与技能实训教程 [M]. 北京：电子工业出版社，2006.

[9] 吴迪，朱金秀，范新南. 无线传感器网络实践教程 [M]. 北京：化学工业出版社，2014.

读者意见反馈

为收集对教材的意见建议,进一步完善教材编写并做好服务工作,读者可将对本教材的意见建议通过如下渠道反馈至我社。

咨询电话 400-810-0598

反馈邮箱 gjdzfwb@pub.hep.cn

通信地址 北京市朝阳区惠新东街 4 号富盛大厦 1 座

　　　　 高等教育出版社总编辑办公室

邮政编码 100029